U0413372

太阳能光伏产业——硅材料系列教材编审委员会

主　任：陈元进

副主任：周应胜

委　员：（按汉语拼音排序）

陈元进　邓　丰　邓永智　何　燕　黄刚娅

黄　玫　黄有志　康伟超　乐栋贤　李志伟

刘　斌　刘秀琼　潘家平　唐正林　王　丽

王晓忠　巫显会　徐筱跃　杨　岍　易正义

尹建华　张和平　张　怡　周应胜

太阳能光伏产业——硅材料系列教材

多晶硅生产技术

邓　丰　唐正林　主编
刘　斌　何　燕　主审

化学工业出版社
·北京·

本书主要讲述了改良西门子法生产多晶硅的制备原理。内容包括多晶硅原料制备、原料提纯、多晶硅制备、尾气回收、硅芯的制备等核心内容，同时对超纯水的制备，氢气、氯气的制备和净化作了详细介绍。本书紧密结合生产实践，注重了理论与实践的有机结合。

本书可作为高职高专太阳能光伏产业硅材料技术专业的教材，同时也可作为中专、技校和从事单晶硅生产的企业员工的培训教材，还可供相关专业工程技术人员学习参考。

图书在版编目（CIP）数据

多晶硅生产技术/邓丰，唐正林主编. —北京：化学工业出版社，2009.6（2024.7重印）
太阳能光伏产业——硅材料系列教材
ISBN 978-7-122-05501-9

Ⅰ. 多… Ⅱ. ①邓…②唐… Ⅲ. 半导体材料-硅-生产工艺-教材 Ⅳ. TN304.1

中国版本图书馆CIP数据核字（2009）第065938号

责任编辑：张建茹　　文字编辑：孙凤英
责任校对：宋　玮　　装帧设计：郑小红

出版发行：化学工业出版社（北京市东城区青年湖南街13号　邮政编码100011）
印　　装：北京建宏印刷有限公司
787mm×1092mm　1/16　印张12¾　字数319千字　2024年7月北京第1版第13次印刷

购书咨询：010-64518888　　售后服务：010-64518899
网　　址：http://www.cip.com.cn
凡购买本书，如有缺损质量问题，本社销售中心负责调换。

定　　价：30.00元

前言

目前世界光伏产业以31.2%的年平均增长率高速发展，位于全球能源发电市场增长率的首位，预计到2030年光伏发电将占世界发电总量的30%以上，到2050年光伏发电将成为全球重要的能源支柱产业。各国根据这一趋势，纷纷出台有力政策或制订发展计划，使光伏市场呈现出蓬勃发展的格局。目前，中国已经有各种光伏企业超过1000家，中国已成为继日本、欧洲之后的太阳能电池生产大国。2008年，可以说是中国光伏材料产业里程碑式的一年。由光伏产业热潮催生了上游原料企业的遍地开花。一批新兴光伏企业不断扩产，各地多晶硅、单晶硅项目纷纷上马，使得中国光伏产业呈现出繁华景象。

发展太阳能光伏产业，人才是实现产业可持续发展的关键。硅材料和光伏产业的快速发展与人才培养相对滞后的矛盾，造成了越来越多的硅材料及光伏生产企业人力资源的紧张；人才培养的基础是课程，而教材对支撑课程质量举足轻重。作为新开设的专业，没有现成的配套教材可资借鉴和参考，编委会根据硅技术专业岗位群的需要，依托多家硅材料企业，聘请企业的工程技术专家开发和编写出了硅材料和光伏行业的系列教材。

本系列教材以光伏材料的主产业链为主线，涉及硅材料基础、硅材料的检测、多晶硅的生产、晶体硅的制取、硅片的加工与检测、光伏材料的生产设备、太阳能电池的生产技术、太阳能组件的生产技术等。

本系列教材在编写中，理论知识方面以够用实用为原则，浅显易懂，侧重实践技能的操作。

本书主要讲述了改良西门子法生产多晶硅的原理、工艺流程、工艺条件的选择原则、生产过程操作要点、安全控制等内容。本书注重理论与实践的紧密结合，以职业岗位能力为主线贯穿全书，面向工作过程设计教学内容，突出强调应用性和实践性。

本书可作为高职高专太阳能光伏产业硅材料技术专业学生的教材，同时可作为企业对员工的岗位培训教材，也可作为相关专业的工程技术人员参考学习。

本书由邓丰、唐正林主编；参加编写的人员还有王丽、李志伟；本书由刘斌、何燕主审。参加审稿的老师提出了许多宝贵意见和建议，在此表示衷心的感谢。

教材的开发是一个循序渐进的过程，本系列教材只是一个起步，在编写过程中难免存在不足之处，恳请社会各界批评指正，编委们将在今后的工作中不断修改和完善。我们相信，本系列教材的出版发行，将促进我国硅材料及光伏事业的进一步发展。

教材编审编委会

2009年3月

目　录

第1章 概 述

学习目标

1. 掌握硅的性质。
2. 了解多晶硅行业的发展状况。

1.1 硅的简介

1.1.1 硅的简介

如图 1-1 所示。

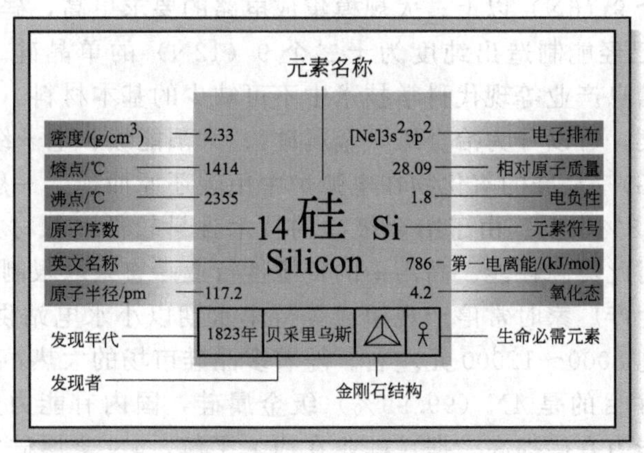

图 1-1 硅的简介

硅（Silicon），源自 Silex，意为“打火石”；1823 年发现，为世界上第二丰富的元素——占地壳四分之一。砂石中含有大量的二氧化硅，同时也是玻璃和水泥的主要原料。纯硅则用在电子元件上，譬如启动人造卫星一切仪器的太阳电池，便用得上它。

硅在地壳中的丰度为 27.7%，地壳中含量最多的元素氧和硅化合形成的二氧化硅（SiO_2）占地壳总质量的87%。硅以大量的硅酸盐矿和石英矿的形式存在于自然。如果说碳是组成生物界的主要元素，那么硅就是构成地球上矿物界的主要元素。

人们脚下的泥土、石头和沙子，使用的砖、瓦、水泥、玻璃和陶瓷等，这些人们在日常生活中经常遇到的物质，都是硅的化合物。

由于硅易于与氧结合，自然界中没有游离态的硅存在。

硅，由于它的一些良好性能和丰富的资源，自 1953 年作为整流二极管元件问世以来，随着硅纯度的不断提高，目前已发展成为电子工业和太阳能产业中应用最广泛的一种半导体材料。有关它的基础理论也得到了发展和完善。

传统的高纯度多晶硅生产工艺是运用化学或物理化学方法，以工业硅为原料，经氯化合成三氯氢硅液体，再经精馏提纯、氢还原获得多晶硅，此方法称改良西门子法。由此可见，多晶硅的生产实际上是一化工过程，而单晶硅的制备技术属于物理学的范畴。

此外，硅和其他元素半导体材料一样，其电学性能与内含杂质的关系非常密切，故整个生产过程对原材料和试剂的质量要求是严格的，中间产品也必须符合规定的质量要求，否则，即使是一些细微的环节，都会对最终产品质量带来不可估量的危害。

1.1.2 硅的性质

(1) 物理性质

硅有晶态和无定形两种同素异形体。晶态硅根据晶面取向不同又分为单晶硅和多晶硅，它们均具有金刚石晶格，晶体硬而脆，具有金属光泽，能导电，但导电率不及金属，且随温度升高而增加，具有半导体性质。晶态硅的熔点1414℃，沸点2355℃，密度2.32～2.34g/cm^3，莫氏硬度为7。

单晶硅和多晶硅的区别是：当熔融的单质硅凝固时，硅原子以金刚石晶格排列成许多晶核，如果这些晶核长成晶面取向相同的晶粒，则形成单晶硅。如果这些晶核长成晶面取向不同的晶粒，则形成多晶硅。多晶硅与单晶硅的差异主要表现在物理性质方面。例如在力学性质、电学性质等方面，多晶硅均不如单晶硅。多晶硅可作为拉制单晶硅的原料，也是太阳能电池片以及光伏发电的基础材料。单晶硅可算得上是世界上最纯净的物质了，一般的半导体器件要求硅的纯度六个9（6N）以上。大规模集成电路的要求更高，硅的纯度必须达到九个9（9N）。目前，人们已经能制造出纯度为十二个9（12N）的单晶硅。单晶硅是电子计算机、自动控制系统及信息产业等现代科学技术中不可缺少的基本材料。

多晶硅按纯度分类，可以分为冶金级（金属硅）、太阳能级、电子级。

① 冶金级硅（MG） 是硅的氧化物在电弧炉中用碳还原而成。一般含硅为90%～95%以上，有的可高达99.8%以上。由于冶金级硅的技术含量较低，取材方便，因此产能一直处于过剩状态，国家对此类高耗能、高污染的资源性行业一直采取限制态度。利润不高，同时受电价影响较大，生产厂家时常停产观望或等待丰水期以小水电站供电。根据等级定价，普通金属硅售价在每吨8000～12000元左右。随着多晶硅市场的大热，高纯金属硅逐步得到青睐，目前比较引人注目的是4N（99.99%）级金属硅，国内有能力生产的厂家不超过5家，而且对杂质控制能力有待提高。据《硅业在线》了解，4N金属硅主要有三个用途：用于提炼多晶硅，客户大多在日本；掺纯度较高的硅料用于生产太阳能电池；直接用于太阳能电池。国内厂家大多对磷、硼这些影响电阻的杂质控制有待提高，目前售价依据杂质含量的不同每吨在（12～18）万元不等。

② 太阳能级硅（SG） 一般认为含硅在99.99%～99.9999%，一般提的多晶硅多是指太阳能级和IC级多晶硅。近来由于光伏发电领域发展迅速，目前6N多晶硅在国内价格甚至已经涨到400美元/kg（人民币3000元/kg），单晶硅高达450美元/kg（人民币3300～3500元/kg）。

1996年美国太阳级硅股东集团把太阳能级硅确定为：B、P低到掺杂时不必补偿；25℃时的电阻率大于1Ω·cm（欧姆·厘米）；O、C含量不超过熔硅的饱和值；非掺杂杂质元素总浓度不超过1ppm[1]。

③ 电子级硅（EG） 一般要求含硅＞99.9999%以上，超高纯的达到99.9999999%～

[1] 1ppm＝1mg/kg，1mg/L，下同。

99.999999999%。其导电性介于0.0004～100000Ω·cm（欧姆·厘米）。

无定形硅是一种黑灰色的粉末，实际是微晶体。无定形硅（α-Si）是硅的一种同素异形体。而无定性硅不存在延展开的晶格结构，原子间的晶格网络呈无序排列。换言之，并非所有的原子都与其他原子严格地按照正四面体排列。由于这种不稳定性，无定形硅中的部分原子含有悬空键。这些悬空键对硅作为导体的性质有很大的负面影响。然而，这些悬空键可以被氢原子所填充，经氢化之后，无定形硅的悬空键密度会显著减小，并足以达到半导体材料的标准。但很不如愿的一点是，在光的照射下，氢化无定形硅的导电性能将会显著衰退，这种特性被称为SWE效应（Staebler-WronskiEffect），它们的成本较相应的晶体硅制成品要低很多。

（2）化学性质

硅在常温下不活泼，其主要的化学性质如下。

① 与非金属作用　常温下硅只能与F_2反应，在F_2中瞬间燃烧，生成SiF_4。

$$Si+2F_2 = SiF_4$$

加热时，能与其他卤素反应生成卤化硅，与氧反应生成SiO_2。

$$Si+2X_2 \xlongequal{\triangle} SiX_4 \quad (X=Cl, Br, I)$$

$$Si+O_2 \xlongequal{\triangle} SiO_2$$

在高温下，硅与碳、氮、硫等非金属单质化合，分别生成碳化硅（SiC_2）、氮化硅（Si_3N_4）和硫化硅（SiS_2）等。

$$Si+C \xlongequal{\triangle} SiC$$

$$3Si+2N_2 \xlongequal{\triangle} Si_3N_4$$

$$Si+2S \xlongequal{\triangle} SiS_2$$

② 与酸作用　Si在含氧酸中被钝化，但与氢氟酸及其混合酸反应，生成SiF_4或H_2SiF_6。

$$Si+4HF \xlongequal{\triangle} SiF_4\uparrow+2H_2$$

$$3Si+4HNO_3+18HF = 3H_2SiF_6+4NO\uparrow+8H_2O$$

③ 与碱作用　无定形硅能与碱猛烈反应生成可溶性硅酸盐，并放出氢气。

$$Si+2NaOH+H_2O = Na_2SiO_3+2H_2\uparrow$$

④ 与金属作用　硅还能与钙、镁、铜、铁、铂、铋等化合，生成相应的金属硅化物。

⑤ 硅能与Cu^{2+}、Pb^{2+}、Ag^{+}、Hg^{+}等金属离子发生置换反应，从这些金属离子的盐溶液中置换出金属。如能从铜盐（硝酸铜、硫酸铜）溶液中将铜置换出来。

1.1.3 硅的用途

① 高纯的单晶硅是重要的半导体材料。在单晶硅中掺入微量的第ⅢA族元素，形成P型硅半导体；掺入微量的第ⅤA族元素，形成N型半导体，将N型和P型半导体结合在一起，就可做成P-N结。P-N结是电子元器件的基础，而太阳能电池实际就是一个大面积的P-N结。太阳能电池能将辐射能转变为电能。硅在开发能源方面是一种很有前途的材料。

② 是金属陶瓷、宇宙航行的重要材料。将陶瓷和金属混合烧结，制成金属陶瓷复合材料，它耐高温，富韧性，可以切割，既继承了金属和陶瓷各自的优点，又弥补了两者的先天缺陷。第一架航天飞机"哥伦比亚号"能抵挡住高速穿行稠密大气时摩擦产生的高温，全靠它那31000块硅瓦拼砌成的外壳。

③ 用于光导纤维通信——最新的现代通信手段。用纯二氧化硅拉制出高透明度的玻璃纤维，激光在玻璃纤维的通路里，无数次地全反射向前传输，代替了笨重的电缆。光纤通信容量高，一根头发丝那么细的玻璃纤维可以同时传输 256 路电话，它还不受电、磁干扰，不怕窃听，具有高度的保密性。光纤通信使 21 世纪人类的生活发生革命性的巨变。

④ 性能优异的硅有机化合物，例如有机硅塑料是极好的防水涂布材料。在地下铁道四壁喷涂有机硅，可以一劳永逸地解决渗水问题。在古文物、雕塑的外表，涂一层薄薄的有机硅塑料，可以防止青苔滋生，抵挡风吹雨淋和风化。天安门广场上的人民英雄纪念碑，便是经过有机硅塑料处理表面的，因此永远洁白、清新。

硅橡胶具有良好的绝缘性，长期不龟裂、不老化，没有毒性，还可以作为医用高分子材料等。

硅油是一种很好的润滑剂，由于它的黏度受温度变化的影响小，流动性好，蒸气压低，在高温或寒冷的环境中都能使用。

硅元素进入有机世界，将它优异的无机性质揉进有机物里，使有机硅化合物别具一格，开辟了新的领域。

1.2 硅材料工业概况

目前研究得最多、实用价值最大的非晶态半导体主要有两类：一类是硫系非晶态半导体四面体结构非晶态半导体；另一类是其中主要有ⅣA 族元素的非晶态半导体，如非晶硅和非晶锗（分别表示为 α-Si 和 α-Ge）；特别是非晶态硅，在理论上和应用方面的研究都非常活跃。

1.2.1 非晶硅

晶态硅自 20 世纪 50 年代以来，已研制成功名目繁多、功能各异的各种固态电子器件和高集成度的集成电路。非晶硅（α-Si∶H）是一种新兴的半导体薄膜材料，它作为一种新能源材料和电子信息新材料，自 20 世纪 70 年代问世以来，取得了迅猛发展。非晶硅太阳能电池是目前非晶硅材料应用最广泛的领域，也是太阳能电池的理想材料，光电转换效率已达到 13%，这种太阳能电池将成为无污染的特殊能源。与晶态硅太阳能电池相比，它具有制备工艺相对简单、原材料消耗少、价格比较便宜等优点。

非晶硅的用途很多，可以制成非晶硅场效应晶体管；用于液晶显示器件、集成式 α-Si 倒相器、集成式图像传感器以及双稳态多谐振荡器等器件中作为非线性器件；利用非晶硅膜可以制成各种光敏、位敏、力敏、热敏等传感器；利用非晶硅膜制作静电复印感光膜，不仅复印速率会大大提高，而且图像清晰，使用寿命长等。目前非晶硅的应用正在日新月异地发展，可以相信，在不久的将来，还会有更多的新器件产生。

非晶硅的制备：一般来说，要获得非晶态，需要有高的冷却速率，而对冷却速率的具体要求随材料而定。硅要求有极高的冷却速率，用液态快速淬火的方法目前还无法得到非晶态。近年来，发展了许多种气相沉积非晶态硅膜的技术，其中包括真空蒸发、辉光放电、溅射及化学气相沉积等方法。一般所用的主要原料是单硅烷（SiH_4）、二硅烷（Si_2H_6）、四氟化硅（SiF_4）等，纯度要求很高。非晶硅膜的结构和性质与制备工艺的关系非常密切，目前认为以辉光放电法制备的非晶硅膜质量最好，设备也并不复杂。以下简介辉光放电法。

辉光放电法是利用反应气体在等离子体中发生分解而在衬底上沉积成薄膜，实际上是在等离子体帮助下进行的化学气相沉积。对这一过程的细节目前了解得还很不充分，但这一过程对于膜的结构和性质有很大影响。

硫属半导体是S、Se或Te的金属化合物，或这几种化合物的混合物。这类材料在性质上属于半导体材料，但又像玻璃一样是非晶态。为与一般氧化物玻璃和结晶半导体相区别，故把它们称为玻璃半导体。又因为它们的主要成分是周期表中的硫属元素，故又称为硫属半导体，或叫硫属玻璃。硫属半导体的品种很多，迄今研究得比较充分的硫属半导体有As_2S_3、As_2Se_3、As_2Te_3及As_2Se_3-As_2Te_3、As_2Se_3-As_2Te_3-Te_2Se等。硫属半导体的应用主要是基于它在光、热、电场等外界条件作用下引起的性能和结构变化。可用于制作太阳能电池、全息记录材料、光-电记录材料、复印机感光膜、硫属玻璃光刻胶等。

1.2.2 多晶硅

(1) 国外多晶硅生产现状及预测

① 国外多晶硅生产现状　近年来，集成电路每年所消耗的多晶硅在18000～21000t，分立器件每年所消耗的多晶硅在1000t以内。目前全球的多晶硅产能为29000t/a，2000年前后，全球多晶硅的总产量在20000t左右，而2005年的总产量提高到29000t，仍供不应求，集成电路与分立器件消耗的多晶硅量相对稳定，快速增长是因为太阳能电池片对硅材料的需求大幅度增加。

全球多晶硅主要被七大公司的十大工厂所控制，近年来世界多晶硅的实际生产情况如表1-1。

表1-1　世界多晶硅实际生产情况

企业名称	国别	生产规模/(t/a)	实际产量/t				
			2001	2002	2003	2004	2005
黑姆洛克	美国	7000	4300	5100	5300	7000	7400
先进硅	美国	2600	2500	1900	2150	2400	3000
MEMC	美国	2700	1000	1500	1500	1500	1500
三菱硅	美国	1200	800	1000	1000	1200	1200
SGS	美国	2200	—	150	1900	2200	2200
德山曹达	日本	4800	3300	3600	4000	4800	5200
三菱多晶硅	日本	1600	1200	1400	1400	1600	1600
住友	日本	700	550	700	700	700	700
瓦克电子	德国	5000	3000	4000	4200	4600	5000
MEMC	意大利	1000	1000	1000	1000	1000	1000
合计		28800	17650	20350	23150	27000	28800

从表1-1中可以看出，近年来多晶硅产量增长较快，目前生产线的产能发挥已经彻底，但太阳能电池用多晶硅仍供不应求，价格不断攀升，同时与集成电路和分立器件争抢原料，造成集成电路和分立器件用多晶硅市场价格不断上升。专家预测，未来相当一段时间，多晶硅价格仍在高位运行，供求关系仍在未来3～5年内严重失衡，这一局面主要与太阳能电池产业发展密切相关。

② 多晶硅生产预测　1973年第一次石油危机，1999年至今的又一次石油涨价，对世界经济是一个极大的冲击，人们认识到"地球的化石能源终将耗尽"，环境保护已刻不容缓，开发绿色能源、替代能源已被预测为改变人们未来10年生活的十大新科技之一。在未来10年内，风力、阳光、地热等替代能源可望供应全世界所需能源的30%。

利用太阳光发电是人类梦寐以求的愿望。从20世纪50年代太阳能电池的空间应用到如今的太阳能光伏集成建筑，世界光伏工业已经走过了近半个世纪的历程。由于太阳能发电具有充分的清洁性、绝对的安全性、资源的相对广泛性和充足性、长寿命以及维护费用低等其他常规能源所不具备的优点，光伏能源被认为是21世纪最重要的新能源。在世界各国，尤其是美、日、德等西方发达国家先后发起的大规模国家光伏发展计划和太阳能屋顶计划的刺激和推动下，世界光伏工业近年来保持着年均30%以上的高速增长，是比IT发展还快的产业。专家预测，光伏发电将在21世纪前半期超过核电，成为最重要的基础能源之一。

《京都协议》签订以后，西方发达国家为履行控制温室气体排放的义务，纷纷推出了可再生能源发展计划，推动光伏工业的发展。

日本通产省（MITI）第二次新能源分委会宣布了光伏、风能和太阳热利用计划，按照计划，2010年日本光伏发电装机容量将达到5GW。

美国能源部制定了从2000年1月1日开始的新5年国家光伏计划和保持光伏产业世界领导地位的战略目标，按预计的发展速度，2010年美国光伏系统将达到4.7GW。

欧盟计划至2010年光伏发电总装机容量将达到3GW。澳大利亚计划2010年光伏发电总装机容量达到0.75GW。

按照日本新能源计划、欧盟可再生能源白皮书、美国光伏计划等推算，2010年全球光伏发电并网装机容量将达到15GW（15000MW，届时仍不到全球发电总装机容量的1%），未来数年光伏行业的复合增长率将高达30%以上。

2005年1月1日，中国的可再生能源法正式生效，中国能源研究会提出，加速开发无污染、可再生的太阳能资源，力争到2025年建成50000MW的太阳能发电容量，使太阳能成为中国最大的可再生能源。上海等地已经制定了相应的发展规划和出台了相关的配套政策，扶持光伏发电产业的发展。

加速普及太阳能发电，是解决资源、能源的有限性，符合环保、可持续发展要求的重要手段之一。世界各国无不下大力气开发和利用太阳能技术。能够大规模地实现光电转换的材料可以说非硅莫属。近五年来，多晶硅发展迅猛，国外七大多晶硅产量及预测情况如表1-2。

表1-2 国外七大多晶硅生产商2005～2010年产量及预测 单位：MW

项　目	2005年产量	2006年产量	2007年	2008年	2009年	2010年预测
Hemlock	7700	10000	10000	14500	19000	19000
Tokuyama	5600	5600	5600	5600	5600	5600
Wacker	5000	5500	5500	10000	14500	14500
REC Silicon	5300	5800	6000	13500	13500	13500
Mitsubishi	2850	2850	3150	3150	3150	3150
Sumitomo	800	900	1300	1300	1300	1300
MEMC(美) MEMC(意)	3700	3700	3700	8000	8000	8000
合计	30950	34350	35250	56050	65050	65050

（2）中国多晶硅生产现状

近几年，中国太阳能电池产业发展突飞猛进，2006年光伏生产能力约为1450MW，需多晶硅万吨以上，产业链中的硅单晶、硅片加工、电池片、组件及系统集成已具有相当规模，而中国2006年自产多晶硅约400t，仍是一个两头（原料、最终产品）在外的格局，特别是多晶硅原料要受制于人，一些国外的多晶硅生产商已开始对中国实行限购，从而影响中国光伏（PV）产业的快速、持续发展。

由于中国的太阳能产品应用仅仅开始，未来市场需求巨大，为解决制约中国光伏产业的发展瓶颈，满足国内对多晶硅材料的需求，因此，在未来5年将建设若干条千吨级太阳能级多晶硅生产线，重点解决生产太阳能电池的原料供应问题，成为太阳能电池的世界制造中心和市场竞争焦点。目前，中国四川乐山依托××半导体材料厂（所）的技术支撑，相继有××硅业有限公司、四川××多晶硅有限公司、××硅业有限责任公司等生产企业成立或投产，无论从规模还是技术先进程度均达国际先进水平。

(3) 中国国内太阳能电池级多晶硅未来市场预测

① 中国太阳能电池产业发展趋势　目前国内企业已有300MW/a电池片生产能力，而且在市场需求和鼓励政策的推动下，又有许多新加入者，必将形成新一轮快速发展。近期中国太阳能产业发展迅猛，年增长率将超过全球增长的平均水平30%，达到35%～50%。预计到2010年，太阳能电池片年生产能力将达到1000MW以上，年需多晶硅产品1万吨以上。

② 中国太阳能电池用多晶硅发展趋势　目前国内企业已有2000t多晶硅生产能力。如果目前具备条件的新建和扩建项目计划全部实现，2008年后，产能达到4000～5000t。

新增产能与太阳能电池片对硅材料的需求比较，缺口仍然较大。在2009年前，多晶硅供需仍将失衡，价格仍会在高位运行。2009年后，供求失衡矛盾会有所缓解，但与1万吨以上的需求比，仍不能达到相对平衡。

因此，未来一段时间里，太阳能电池用硅材料市场前景发展空间非常巨大。

1.3 多晶硅的生产方法

1.3.1 世界上主要的几种多晶硅生产工艺

(1) $SiCl_4$ 法

氯硅烷中以 $SiCl_4$ 法应用较早，所得到的多晶硅纯度较高，但是生长速率较低（4～6μm/min），一次转换效率只有2%～10%，还原温度高（1200℃），能耗250kW·h/kg，虽然有纯度高、安全性高的优点，但产量低。早期如中国××厂和丹麦Topsil工厂使用过，产量小，不适于1000t级大工厂的硅源。目前 $SiCl_4$ 主要用于生产硅外延片。

(2) 硅烷法——硅烷热分解法硅烷

硅烷（SiH_4）是以四氯化硅氢化法、硅合金分解法、氢化物还原法、硅的直接氢化法等方法制取。然后将制得的硅烷气提纯后在热分解炉生产纯度较高的棒状多晶硅。中国过去对硅烷法有研究，也建立了小型工厂，但使用的是陈旧的 Mg_2Si 与 NH_4Cl 反应（在 NH_3 中）方法。此方法成本高，需要进行技术更新解决成本问题后才能采用。用钠和四氟化硅或氢化钠和四氟化硅也可以制备硅烷，但是成本也较高。适于大规模生产电子级多晶硅用的硅烷是以冶金级硅与 $SiCl_4$ 逐步反应而得。此方法由Union Carbide公司发展并且在大规模生产中得到应用，制备1kg硅烷的价格约为8～14美元。硅烷生长的多晶硅电阻率可高达2000Ω·cm（用石英钟罩反应器）。硅烷易爆炸，国外就发生过硅烷工厂强烈爆炸的事故。

现代硅烷法的制备方法是由 $SiCl_4$ 逐步氢化：$SiCl_4$ 与硅、氢在3.155MPa和500℃下首先生成 $SiHCl_3$，再经分馏、再分配反应生成 SiH_2Cl_2，并在再分配反应器内形成 SiH_3Cl，SiH_3Cl 通过第三次再分配反应迅速生成硅烷和副产品 SiH_2Cl_2。转换效率分别为20%～

22.15%、9.16%及14%，每一步转换效率都比较低，所以物料要多次循环。整个过程要加热和冷却，再加热和再冷却，消耗能量比较高。硅棒上沉积速率与反应器上沉积速率之比为10∶1，仅为$SiHCl_3$法的1/10。特别要指出，SiH_4分解时容易在气相成核。所以在反应室内生成硅的粉尘，损失达10%～20%，使硅烷法沉积速率仅为3～8μm/min。硅烷分解时温度只需800℃，所以电耗仅40kW·h/kg，但由于硅烷制造成本高，故最终的多晶硅制造成本比$SiHCl_3$法要高。用钟罩式反应器生长SiH_4在成本上并无优势，加上SiH_4的安全问题，在现阶段技术条件下建设中国的大硅厂不应采取钟罩式硅烷热分解技术，但是硅烷法也许是今后多晶硅生产的一个研究发展方向。硅烷的潜在优点在于用流化床反应器生成颗粒状多晶硅。

以前只有日本小松株式会社掌握此技术，由于发生过严重的爆炸事故，后没有继续扩大生产。但美国Asimi和SGS公司仍采用硅烷气热分解生产纯度较高的电子级多晶硅产品。

(3) 流化床法

以四氯化硅、氢气、氯化氢和工业硅为原料在流化床内（沸腾床）高温高压下生成三氯氢硅，将三氯氢硅再进一步歧化加氢反应生成二氯二氢硅，继而生成硅烷气。

制得的硅烷气通入加有小颗粒硅的流化床反应炉内进行连续热分解反应，生成粒状多晶硅产品。因为在流化床反应炉内参与反应的硅表面积大，生产效率高，电耗低与成本低，适用于大规模生产太阳能级多晶硅。唯一的缺点是安全性差，危险性大。其次是产品纯度不高，但基本能满足太阳能电池生产的使用。

SiH_2Cl_2也可以生长高纯度多晶硅，但一般报道只有1～100Ω·cm，生长温度为1000℃，其能耗在氯硅烷中较低，只有90kW·h/kg。与$SiHCl_3$相比有以下缺点：它较易在反应壁上沉淀，硅棒上和管壁上沉积的比例为100∶1，仅为$SiHCl_3$法的1%；易爆，而且还产生硅粉，一次转换率只有17%，也比$SiHCl_3$法略低；最致命的缺点是SiH_2Cl_2危险性极高、易燃易爆且爆炸性极强、与空气混合后在很宽的范围内均可以爆炸，被认为比SiH_4还要危险，所以也不适合作多晶硅生产。

此法是美国联合碳化合物公司早年研究的工艺技术。目前世界上只有美国MEMC公司采用此法生产粒状多晶硅。此法比较适合生产价廉的太阳能级多晶硅。

(4) 改良西门子法——闭环式三氯氢硅氢还原法

$SiHCl_3$法是当今生产电子级多晶硅的主流技术，其纯度可达N型2000Ω·cm，生产历史已有35年。实践证明，$SiHCl_3$比较安全，可以安全地运输，可以储存几个月仍然保持电子级纯度。当容器打开后不像SiH_4或SiH_2Cl_2那样燃烧或爆炸；即使燃烧，温度也不高，可以盖上。$SiHCl_3$法的有用沉积比为1×10^3，是SiH_4的100倍。在4种方法中它的沉积速率最高，可达10～16μm/min。一次通过的转换效率为5%～20%，在4种方法中也是最高的。沉积温度为1100℃，仅次于$SiCl_4$（1200℃），所以电耗也较高，为120kW·h/kg。$SiHCl_3$还原时一般不生成硅粉，有利于连续操作。为了提高沉积速率和降低电耗，需要解决气体动力学问题和优化钟罩反应器的设计。反应器的材料可以是石英也可以是金属的，操作在约为3.114MPa的压力下进行，钟罩温度≤575℃。如果钟罩温度过低，则电能消耗大，而且靠近罩壁的多晶硅棒温度偏低，不利于生长。如果罩壁温度大于575℃，则$SiHCl_3$在壁上沉积，实收率下降，还要清洗钟罩。国外多晶硅棒直径可达229mm。国内$SiHCl_3$法的电耗经过多年的努力已由500kW·h/kg降至200kW·h/kg，硅棒直径达到100mm左右。要提高产品质量和产量，必须在炉体的设计上下工夫，解决气体动力学问题，加大炉体直径，增加硅棒数量。

$SiHCl_3$ 法生产的多晶硅价格比较低，其沉积速率比 $SiCl_4$ 法约高1倍，安全性相对好。硅纯度完全满足直拉和区熔的要求，所以成为首选的生产技术。国内外现有的多晶硅厂绝大部分采用此法生产电子级与太阳能级多晶硅。世界上11家大公司均采用 $SiHCl_3$ 法，只有一家美国ETHYL公司使用 SiH_4 法。中国的多晶硅厂也以 $SiHCl_3$ 法为多。

改良西门子法是用氯气和氢气合成氯化氢（或外购氯化氢），氯化氢和工业硅粉在一定的温度下合成三氯氢硅，然后对三氯氢硅进行分离精馏提纯，提纯后的三氯氢硅在氢还原炉内进行化学气相沉淀（CVD）反应生产高纯多晶硅。

(5) 电子级多晶硅工艺

三氯硅烷法经历了数十年的历史，许多工厂关闭；有竞争力的工厂经过几度改造生存下来，提高了产量，有的年产量达到了4000～6000t，成本价格降至20美元/kg左右；其关键技术是由敞开式生产发展到闭环生产。

① 第一代 $SiHCl_3$ 的生产工艺　适用于100t/a以下的小型多晶硅厂以HCl和冶金级多晶硅为起点，在300℃和0.07～0.6MPa下经催化反应生成。主要副产物为 $SiCl_4$ 和 SiH_2Cl_2，含量分别为51.2%和11.4%，此外还有11.9%较大分子量的氯硅烷。生长物经沉降器去除颗粒，再经过冷凝器分离 H_2，H_2 经压缩后又返回流化床反应器。液态产物则进入多级分馏塔（图1-2只绘出1个），将 $SiCl_4$、SiH_2Cl_2 和较大分子量的氯硅烷与 $SiHCl_3$ 分离。提纯后的 $SiHCl_3$ 进入储罐。$SiHCl_3$ 在常温下是液体，由 H_2 携带进入钟罩反应器，在加温至1100℃的硅芯上进行还原沉积。其反应为：

$$SiHCl_3 + H_2 \longrightarrow Si + 3HCl \tag{1-1}$$

$$2SiHCl_3 \longrightarrow Si + SiCl_4 + 2HCl \tag{1-2}$$

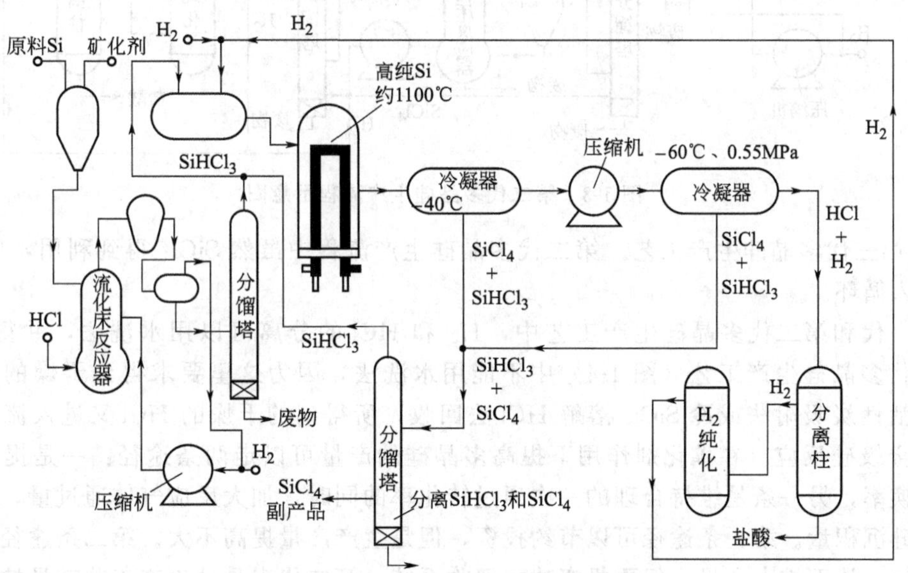

图1-2　第一代多晶硅生产流程示意图

式(1-1)是人们希望唯一发生的反应，但实际上式(1-2)也同时发生。这样，自反应器排出气体主要有4种，即 H_2、HCl、$SiHCl_3$ 和 $SiCl_4$。第一代多晶硅生产流程适应于小型多晶硅厂。回收系统回收 H_2、HCl、$SiCl_4$ 和 $SiHCl_3$。但 $SiCl_4$ 和HCl不再循环使用而是作为副产品出售，H_2 和 $SiHCl_3$ 则回收使用。反应器流出物冷却至－40℃，再进一步加压至0.55MPa，深冷至－60℃，将 $SiCl_4$ 和 $SiHCl_3$ 与HCl和 H_2 分离。后二者通过水吸收：H_2

循环使用；盐酸为副产品。$SiHCl_3$ 和 $SiCl_4$ 混合液进入多级分馏塔，$SiCl_4$ 作为副产品出售，高纯电子级的 $SiHCl_3$ 进入储罐待用。

第一代多晶硅生产的回收和循环系统小，所以投资不大，但是 $SiCl_4$ 和 HCl 未得到循环利用，生产成本高，当年生产量仅为数十吨以下时还可以运行；而年生产量扩大到数百吨以上时，则进展到第二代。

② 第二代多晶硅的生产工艺　所得产物主要是 $SiCl_4$ 和 $SiHCl_3$。分离提纯后，高纯 $SiHCl_3$ 又进入还原炉生长多晶硅，$SiCl_4$ 重新又与冶金级硅反应，如图 1-3。由于 $SiCl_4$ 的回收，可以增加沉积速度，从而扩大生产。

$$3SiCl_4 + Si + 2H_2 \longrightarrow 4SiHCl_3 \tag{1-3}$$

式(1-3) 应在高压下进行，例如 2.0～2.5MPa 压力和 500℃的温度。

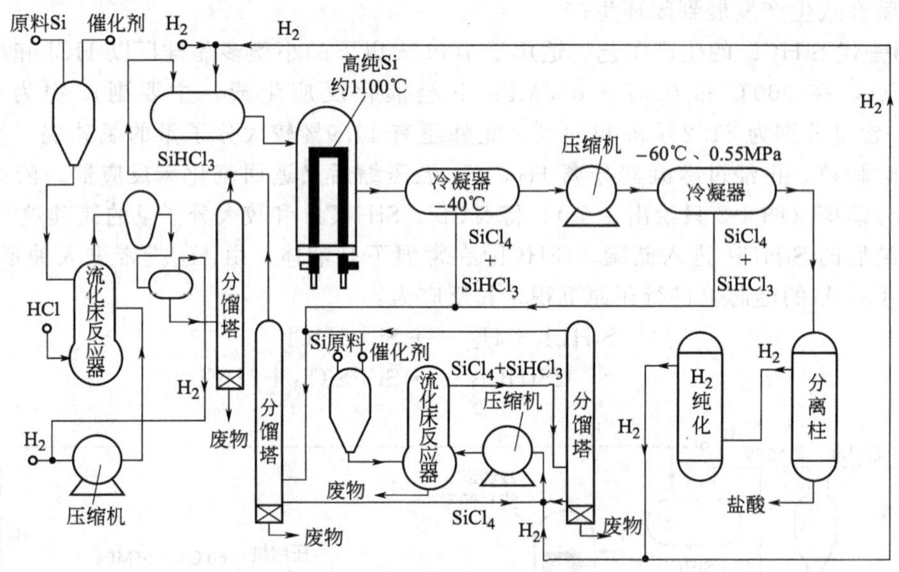

图 1-3　第二代多晶硅生产流程示意图

③ 第三代多晶硅生产工艺　第二代多晶硅生产流程中虽然 $SiCl_4$ 得到利用，但 HCl 仍然未进入循环。

第一代和第二代多晶硅生产工艺中，H_2 和 HCl 的分离可以用水洗法，并得到盐酸。而第三代多晶硅生产工艺（图 1-4）中不能用水洗法，因为这里要求得到干燥的 HCl。为此，用活性炭吸附法或冷 $SiCl_4$ 溶解 HCl 法回收，所得到的干燥的 HCl 又进入流化床反应器与冶金级硅反应。在催化剂作用下提高多晶硅的产量可以走两条途径：一是提高一次通过的转换率，另一条是维持合理的一次通过转化率的同时，加大反应气体通过量，提高单位时间的硅沉积量。第一条途径可以节约投资，但是生产产量提高不大。第二条途径可以加大沉积速率，从而扩大产量，但要投资建立回收系统。第二代多晶硅生产工艺就是按第二条途径而设计的。流程中将 $SiCl_4$ 与冶金级硅反应，在催化剂参与下生成 $SiHCl_3$（见图 1-3）。其反应式为：

$$3SiCl_4 + Si + 2H_2 \longrightarrow 4SiHCl_3 \tag{1-4}$$

在温度 300℃和压力 0.45MPa 条件下转化为 $SiHCl_3$，经分离和多级分馏后与副产品 $SiCl_4$、SiH_2Cl_2 和大分子量氯硅烷分离。$SiHCl_3$ 又补充到储罐待用，$SiCl_4$ 则进入另一流化床反应器，在 500℃和 3.45MPa 的条件下生产 $SiHCl_3$。

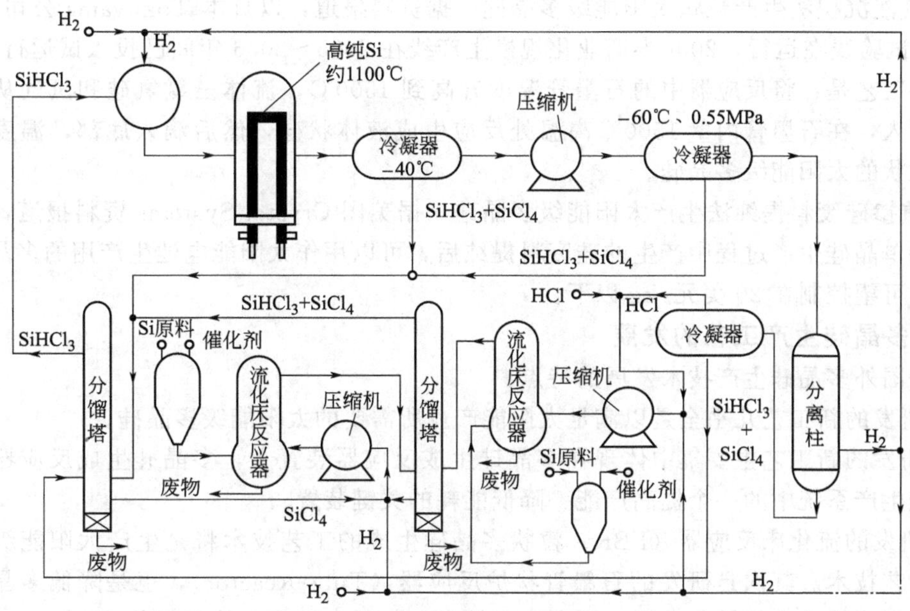

图 1-4 第三代多晶硅生产流程示意图

第三代多晶硅生产流程实现了完全闭环生产，适用于现代化年产 1000t 以上的多晶硅厂。其特点是 H_2、$SiHCl_3$、$SiCl_4$ 和 HCl 均循环利用。还原反应并不单纯追求最大的一次通过的转化率，而是提高沉积速率。完善的回收系统可保证物料的充分利用，而钟罩反应器的设计完善使高沉积率得以体现。反应器的体积加大，硅芯根数增多，炉壁温度在≤575℃的条件下尽量提高；多硅芯温度均匀一致（约 1100℃），气流能保证多硅棒均匀迅速地生长，沉积率已由 1960 年的 100g/h 提高到 1988 年的 4kg/h，现在已达到 5kg/h，数十台反应器即可达到千吨级的年产量。

成功运行第三代多晶硅生产的关键之一是充分了解反应物和生成物的组成，另一关键是充分了解每步反应的最佳条件，才能正确地设计工厂的工艺流程及装备。

现代多晶硅生产已将生产 1kg 硅的还原电耗降至 100～120kW·h，冶金级硅耗约 1.14kg，液氯耗约 1.14kg，氢耗约 $0.15m^3$，综合电耗约为 170kW·h。

多晶硅的纯度也是至关重要的，施主杂质允许的最高原子比为 15×10^{-11}，受主杂质浓度为 5×10^{-11}，碳浓度为 1×10^{-7}。体金属总量也应控制在 5×10^{-10} 以下。此外对表面金属也有严格要求。

(6) 太阳能级多晶硅新工艺

除了上述改良西门子法、硅烷热分解法、流化床反应炉法三种方法生产电子级与太阳能级多晶硅以外，还涌现出几种专门生产太阳能级多晶硅新工艺技术。

① 冶金法生产太阳能级多晶硅 据资料报道：日本川崎制铁公司采用冶金法制得的多晶硅已在世界上最大的太阳能电池厂（SHARP 公司）应用，现已形成 800t/a 的生产能力，全量供给 SHARP 公司。

主要工艺是：选择纯度较好的工业硅（即冶金硅）进行水平区熔单向凝固成硅锭，去除硅锭中金属杂质聚集的部分和外表部分后，进行粗粉碎与清洗，在等离子体熔解炉中去除硼杂质，再进行第二次水平区熔单向凝固成硅锭，去除第二次区熔硅锭中金属杂质聚集的部分和外表部分，经粗粉碎与清洗后，在电子束熔解炉中去除磷和碳杂质，直接生成太阳能级多晶硅。

② 气液沉积法生产粒状太阳能级多晶硅　据资料报道：以日本 Tokuyama 公司为代表，目前 10t 试验线在运行，200t 半商业化规模生产线在 2005～2006 年间已投入试运行。

主要工艺是：将反应器中的石墨管温度升高到 1500℃，流体三氯氢硅和氢气从石墨管的上部注入，在石墨管内壁 1500℃高温处反应生成液体状硅，然后滴入底部，温度回升变成固体粒状的太阳能级多晶硅。

③ 重掺硅废料提纯法生产太阳能级多晶硅　据美国 Crystal Systems 资料报道，美国通过对重掺单晶硅生产过程中产生的硅废料提纯后，可以用作太阳能电池生产用的多晶硅，最终成本价可望控制在 20 美元/kg 以下。

1.3.2 多晶硅生产工艺的发展

(1) 国外多晶硅生产技术发展的特点

① 研发的新工艺几乎全是以满足太阳能产业所需要的太阳能级多晶硅。

② 研发的新工艺主要集中体现在多晶硅生成反应器装置上，多晶硅生成反应器是复杂的多晶硅生产系统中的一个提高产能、降低能耗的关键装置。

③ 研发的流化床反应器（FBR）粒状多晶硅生成的工艺技术将是生产太阳能级多晶硅首选的工艺技术。其次是研发的石墨管状炉反应器（Tube-Reactor），也是降低多晶硅生产电耗、实现连续性大规模化生产、提高生产效率、降低生产成本的新工艺技术。

④ 流化床反应器（FBR）和石墨管状炉反应器（Tube-Reactor）生成粒状多晶硅的硅原料可以用硅烷、二氯二氢硅或是三氯氢硅。

⑤ 在 2005 年前多晶硅扩产中 100％都采用改良西门子工艺。在 2005 年后多晶硅扩产中除 Elkem 外，基本上仍采用改良西门子工艺。

通过以上分析可以看出，目前多晶硅主要的新增需求来自于太阳能光伏产业，国际上已经形成开发低成本、低能耗的太阳能级多晶硅生产新工艺技术的热潮，并趋向于把生产低纯度的太阳能级多晶硅工艺和生产高纯度电子级多晶硅工艺区分开来，以降低太阳能级多晶硅生产成本，从而降低太阳能电池制造成本，促进太阳能光伏产业的发展，普及太阳能的利用，无疑是一个重要的技术决策方向。

(2) 国内多晶硅技术发展趋势

目前国内的几家多晶硅生产单位的扩产都是采用改良西门子工艺技术。还没见到新的工艺技术有所突破的报道。

小　结

世界各国都在利用新能源、可再生能源、清洁能源。太阳能无疑是地球取之不尽、用之不竭的能源，开发利用前景非常大。多晶硅作为制约太阳能光伏产业的瓶颈，需要国家的政策导向和扶持。有专家已经明确提出，地球将从“碳”燃料时代转变为“硅”燃料时代。

中国的多晶硅生产企业现在主要采用改良西门子法生产多晶硅，但是现在很多企业的能耗比较高，需要做各种各样的技术改进。

习　题

1-1　简述硅的主要化学性质。

1-2　简述中国多晶硅行业的发展现状。

1-3　简述世界上主要的几种多晶硅生产工艺。

第2章　纯水的制备

学习目标

1. 理解离子交换反应原理。
2. 掌握离子交换柱的结构及离子交换树脂的再生原理。
3. 了解纯水制备系统运行操作方法。

2.1　水的概述

随着电子工业的不断发展，半导体生产工艺对水的纯度要求越来越高。水的纯度直接影响着半导体材料质量的好坏。在半导体材料生产的工艺过程中，常常用高纯水作高纯材料的清洗剂，同时还在化学腐蚀工艺以后对高纯材料进行清洗。

2.1.1　天然水的杂质

自然界中存在的水（如江水、河水、湖水等）称为天然水。在生活中常常看到的水虽然清澈透明，但它却存在着各种不同的可溶无机盐和有机物等杂质。如果用这种认为清澈透明的水来清洗半导体材料或设备，就会沾污半导体材料，给产品质量带来严重的影响。

天然水中的杂质总的来说包括三大部分。

① 悬浮物质，如细菌、泥沙、黏土和其他不溶物质等。

② 胶体物质，如溶胶、硅胶及铁、铝等的化合物。

③ 溶解物质，如Ca、Mg、Na、Fe、Mn等离子的酸式碳酸盐、硫酸盐及氯化物等，还有O_2、CO_2、H_2S、N_2等气体。

2.1.2　纯水的分类

在半导体工艺生产过程中，各种产品对水的纯度要求各有不同。人们通常将水分为纯水和超纯水两种。

① 纯水又称为去离子水，即去掉阴、阳离子和有机物等杂质的水。

一般将原水（天然水）经过滤后，再蒸馏，蒸馏水的电阻率可达60kΩ·cm以上，再经过离子交换柱进行离子交换后除去水中的强电解质、大部分硅酸及碳酸等弱电解质后，水的电阻率可达10MΩ·cm以上（25℃）。具有此种电阻率的水，通常称为纯水。

② 超纯水　随着半导体事业的发展，特别是近年来大规模集成电路的出现，对水的要求更高，一般纯水已不能满足工艺的需要，因此出现了纯度更高的水，即超纯水。

超纯水是将纯水再次经过阳离子交换树脂、阴离子交换树脂和混合离子交换树脂及紫外照射杀菌等方法处理后而获得。超纯水的电阻率可达18MΩ·cm。

2.2 离子交换法简介

2.2.1 离子交换树脂

离子交换树脂是一种高分子化合物，是由树脂的骨架和活性基团两部分组成的，主要是由苯乙烯和二乙烯苯的共聚体而组成骨架的，这种树脂的骨架可用 R 表示，在树脂的骨架上导入一些活性基团后，即成离子交换树脂。如果导入的是酸性基团如磺酸基（$—SO_3H$）、羧基（—COOH）和酚羟基（$—C_6H_4OH$），则形成 $R—SO_3H$、R—COOH 和 $R—C_6H_4OH$ 等。这些酸性基团上的 H^+ 可以和溶液中的阳离子发生交换作用，所以叫做阳离子交换树脂。

如果导入的是碱性基团，如伯氨基（$—NH_2OH$）、仲氨基 [$—NH(CH_3)OH$]、季铵基 [$—N(CH_3)_3OH$] 等。这些碱性基团上的 OH^- 可以与溶液中的阴离子发生交换作用，所以叫阴离子交换树脂。

2.2.2 离子交换树脂的一般特性

离子交换树脂具有一定的机械强度，耐磨，不溶于水、酸、碱和任何有机溶剂，对一般的氧化剂和还原剂有相当的化学稳定性。

2.2.3 离子交换作用原理

(1) 交换反应（置换反应）

原水通过树脂，水中的阴离子、阳离子分别被阴离子交换树脂、阳离子交换树脂“吸附”，交换出树脂中的 OH^- 和 H^+，从而使水的纯度提高。由于离子交换树脂结构中包含的活性基团不同，它所呈现的离子交换性能也不同。例如：水中的 Ca^{2+}、Mg^{2+} 通过阳离子交换树脂，与阳离子交换树脂的氢离子（H^+）进行交换：

$$Ca^{2+}(Mg^{2+})+2H^+—R^- \longrightarrow Ca^{2+}(Mg^{2+})R_2^-+2H^+$$

水中的 Ca^{2+}、Mg^{2+} 等阳离子与阳离子交换树脂的“酸根”（R^-）相结合。阳离子交换树脂中的 H^+ 进入水中，交换后流出的水呈酸性。

同样道理，水中的 Cl^-、CO_3^{2-} 等阴离子通过阴离子交换树脂，就与阴离子交换树脂中的氢氧根离子（OH^-）进行交换：

$$Cl^-(CO_3^{2-})+M^+—OH^- \longrightarrow M^+—Cl^-(CO_3^{2-})+OH^-$$

水中的 Cl^-、CO_3^{2-} 等离子与阴离子交换树脂的“碱根”（M^+）相结合，阴离子交换树脂中的氢氧根（OH^-）进入水中，交换后流出的水呈碱性。

交换反应置换出来的氢离子和氢氧根离子结合成水。

$$H^+ + OH^- \longrightarrow H_2O$$

这样通过“离子交换法”便可除掉水中的阳离子（Ca^{2+}、Mg^{2+}…）、阴离子（Cl^-、CO_3^{2-}…）等杂质离子，从而提高了水的纯度。

综合上述反应可得出以下结论。

① 必须同时使用阴离子交换树脂、阳离子交换树脂才能把原水中的阴、阳杂质离子一起除掉。如果只用其中一种树脂，所得到的是酸性水或碱性水，而得不到高纯水。

② 为使氢离子（H^+）和氢氧根离子（OH^-）完全结合成水，阴离子交换树脂、阳离子交换树脂必须交换出等量的 H^+ 和 OH^-，但阳离子交换树脂的交换当量比阴离子交换树脂大，故阴离子交换树脂与阳离子交换树脂配比必须适当。

(2) 再生反应(还原反应)

原水通过阳离子交换树脂($H^+—R^-$)和阴离子交换树脂($M^+—OH^-$)分别变成$Ca^{2+}—(Mg^{2+})R_2^-$ 和 $M^+—Cl^-(CO_3^{2-})$,从而失去继续进行离子交换的能力,称为树脂的失效或疲劳,必须要进行再生处理。再生就是使阴离子交换树脂、阳离子交换树脂恢复其交换能力的过程,即是再生反应。所用的酸、碱称为再生剂。

再生反应是交换反应的逆反应。再生原理如下:

$$Ca^{2+}—(Mg^{2+})R_2^- + 2H^+—Cl^- \longrightarrow 2H^+—R^- + Ca^{2+}(Mg^{2+})—Cl_2^-$$

从而使阳离子交换树脂重新获得交换能力。

$$M^+—Cl^-(CO_3^{2-}) + Na^+—OH^- \longrightarrow Na^+—Cl^-(CO_3^{2-}) + M^+—OH^-$$

从而使阴离子交换树脂重新获得交换能力。在再生后用纯水将再生剂和杂质冲掉。再生剂一般用盐酸和氢氧化钠。

(3) 离子交换法

离子交换法是利用离子的不断交换与树脂的不断再生的反复进行来制取高纯水的一种方法。

其交换、再生过程为:原水(蒸馏水或自来水)流过离子交换树脂时,水中的阳、阴杂质离子与树脂的 H^+ 和 OH^- 交换而被吸附在树脂上,若阳、阴树脂比例适当,则树脂中有等量 H^+ 和 OH^- 进入水中,完全结合成水,这一过程直到树脂失效。然后经过树脂的再生处理,恢复树脂的交换能力,进行再交换,如此往复……

2.3 去离子水(高纯水)的制备工艺

实际使用时,树脂放在离子交换柱(又叫离子交换床)内进行交换。离子交换柱结构如图 2-1 所示。

出水口与入水口在工作时使用,其余各口留作再生处理时使用。为防止树脂的流失,要在上、下法兰盖处添加一层尼龙布。

离子交换柱所用材料一般为有机玻璃。其特点为结构简单,出水通畅,密封,具有一定的机械强度,能承受一定的水压。对强酸、强碱等具有相当的化学稳定性。

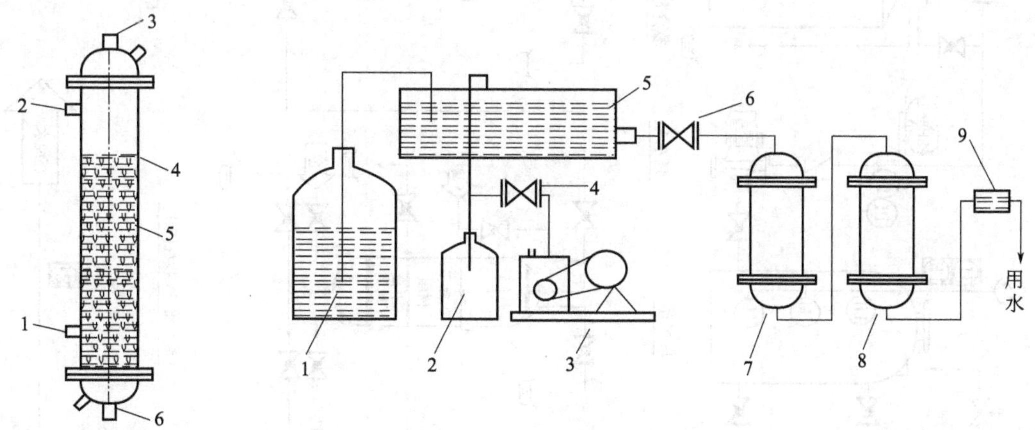

图 2-1 离子交换柱

1—进酸口;2—进碱口;3—进水口;4—水层;5—树脂;6—出水口

图 2-2 去离子水流程(原水为蒸馏水)

1—蒸馏水瓶;2—安全瓶;3—真空泵;4—阀门 A;5—高位水箱;6—阀门 B;7—第一混床;8—第二混床;9—电导仪

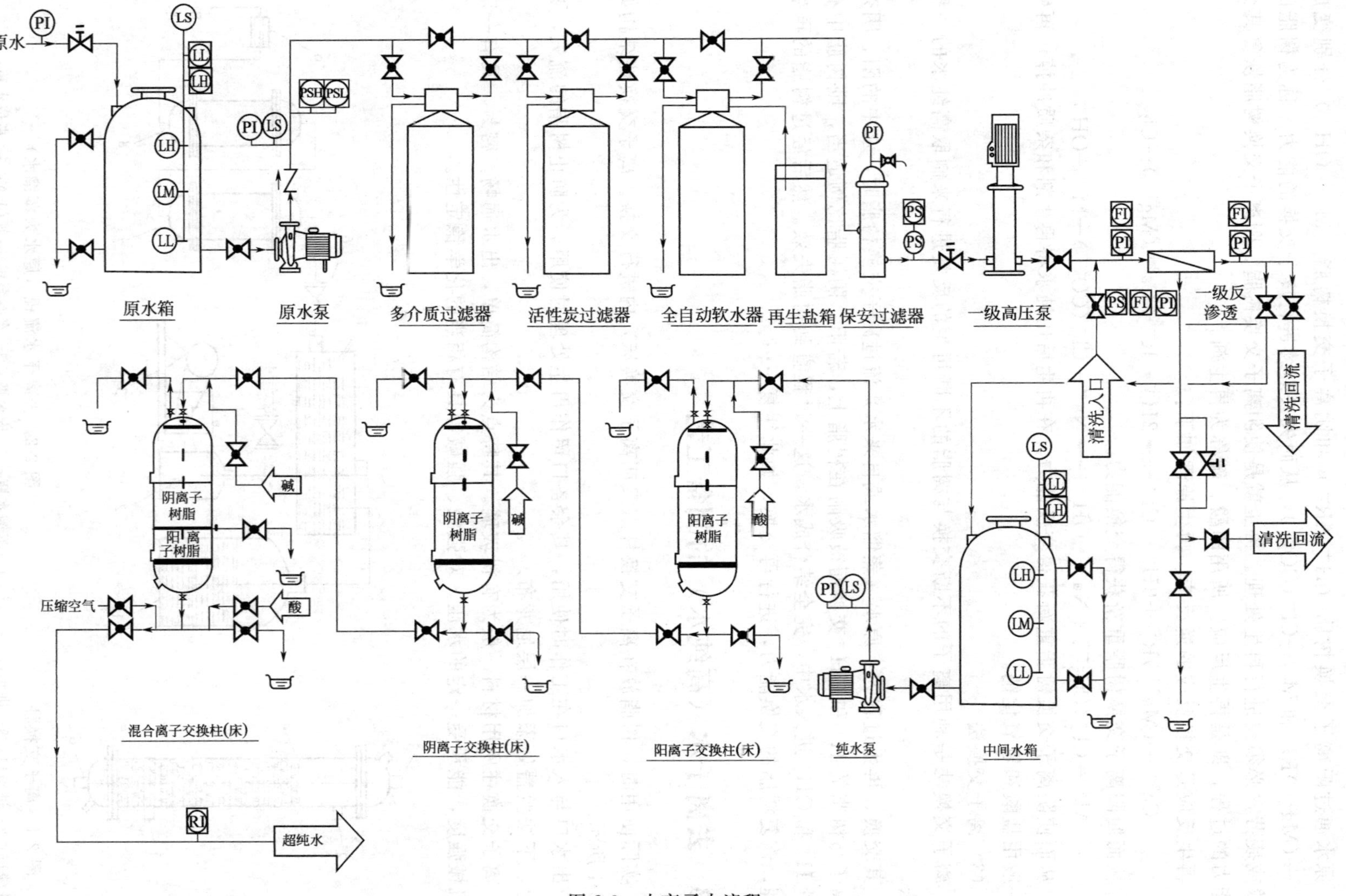
原水
原水箱
原水泵
多介质过滤器
活性炭过滤器
全自动软水器
再生盐箱
保安过滤器
一级高压泵
一级反
渗透
清洗回流
清洗入口
清洗回流
中间水箱
纯水泵
阳离子交换柱(床)
阴离子交换柱(床)
混合离子交换柱(床)
阴离子
树脂
阳离
子树脂
阳离子
树脂
酸
碱
压缩空气
超纯水

图 2-3 去离子水流程

离子交换柱又分为单床和混床。单独盛有阴离子交换树脂或阳离子交换树脂的称为单床，盛有阴离子交换树脂和阳离子交换混合树脂的交换柱为混床。单床、混床可根据使用要求单独或串联使用。

2.3.1 适用于用水量较少的生产、科研单位的流程

如图 2-2 所示。

高位水箱为一密封的容器，用于储存蒸馏水。关闭阀门 6，使高位水箱与交换柱隔绝。利用真空泵将水抽至高位水箱中，安全瓶用来防止高位水箱中水倒流入机械泵中，水进入高位水箱后，开启阀门 4 使其与大气相通，然后打开阀门 6，水箱中的水流经第一、第二混床，便制出高纯水，经电导仪测定水质符合要求后，提供给用水单位使用。

2.3.2 用自来水作水源的制备去离子水流程

本流程适用于大量生产用水单位（图 2-3）。

流程为：自来水经过电磁阀，进入原水箱，由原水泵加压经多介质过滤器、活性炭过滤器、全自动软水器、保安过滤器后经一级高压泵和一级反渗透装置进入中间水箱（即纯水箱），再经纯水泵加压依次进入阳离子交换柱（阳床）、阴离子交换柱（阴床）和混合离子交换柱（混床），从混合离子交换柱（混床）流出的水即是高纯水，经紫外线杀菌和电导仪测量水质合格后即可使用。

2.4 离子交换法制备纯水

2.4.1 新树脂的选择和预处理

（1）选择树脂型号及确定阴离子交换树脂、阳离子交换树脂的比例

离子交换树脂的型号很多，并在不断增加。制取高纯水时一般采用强酸性阳离子交换树脂和强碱性阴离子交换树脂，并根据流程选择树脂型号。

阴离子交换树脂、阳离子交换树脂的比例决定于阴离子交换树脂、阳离子交换树脂的交换当量（约 1∶2）和原水中离子的种类与含量两个方面，不能由一个因素单独确定。在一般水质条件下，阴离子交换树脂、阳离子交换树脂的比例为 1∶(1.8～2)。

（2）新树脂的预处理

新树脂分干、湿两种，使用前都应进行预处理：膨胀处理和变形处理。

① 膨胀处理　膨胀处理的目的是防止新树脂遇水后膨胀过快而碎裂，影响树脂的机械强度，降低树脂的使用寿命。

对湿树脂（含水量一般在 50%左右）的处理，是把树脂放在清水中（塑料容器中）浸泡 2～4h，然后冲洗数次，除去机械杂质和不合格的树脂，到出水清亮为止，整个过程要求不断搅拌。

对干树脂的处理，首先是把树脂放入 4%～5%NaCl 溶液中浸泡，然后不断增加 NaCl（工业纯即可）浓度到 20%，浸泡 2～4h，再逐步放入清水，使 NaCl 水溶液的浓度降至 3%以下，树脂在 NaCl 溶液浓度的增、减过程中得到膨胀。由于树脂的膨胀受 NaCl 溶液浓度的限制，所以不会突然破裂。

② 树脂变型处理　工厂出产的阳离子交换树脂一般为钠型，阴离子交换树脂一般为氯型，必须把它们交换制成所需的氢型和氢氧型。也就是用氢离子（H^+）交换阳离子交换树脂的钠离子（Na^+），用氢氧根离子（OH^-）交换阴离子交换树脂的氯离子（Cl^-）。变型处理所用的化学试剂用量及浓度如表 2-1 所示。

表 2-1 变型用化学试剂用量及浓度

离子交换树脂的类型	变型 1kg 树脂所需溶液
强酸性离子交换树脂	5%～10%盐酸溶液 3000mL
强碱性离子交换树脂	4%～6%氢氧化钠溶液 2500mL

变型处理方法：把膨胀处理好的阴离子交换树脂、阳离子交换树脂分别放入上述溶液中搅拌 1～2h，然后浸泡 2h 倒去溶液，用纯水冲洗阴离子交换树脂至 pH 值为 10～11，冲洗阳离子交换树脂至 pH 值为 4～5。

2.4.2 树脂的工作原理

将变型后的新树脂按流程顺序放入离子交换柱中：单床放入相应的树脂；混床可在柱外将阴离子交换树脂、阳离子交换树脂按比例充分混合后，然后再装入柱内。树脂混合后应呈絮状结构（即抱团），稍用纯水冲洗几遍便可制取高纯水。

开始制水时，往往水质不高，使用一段时间后，水质逐渐达到最高值。当水使用一段时间后，只有交换能力的阴、阳离子树脂逐渐活跃起来，不断将水中的钠离子、氯离子等被树脂所“吸附”，从而置换出大量的氢离子和氢氧根离子，使其达到纯洁水的目的。此时水质逐渐上升。同时，具有交换能力的阴、阳离子交换树脂逐渐减少，而失去交换能力的树脂逐渐增多，当这两种情况树脂量相差不大时，水质出现较稳的情况，当相差太大时，水质开始下降。这说明树脂开始疲劳，需要进行再生处理。

2.4.3 树脂的再生

树脂失效表明离子交换树脂可供交换的 H^+ 和 OH^- 大为减少。使树脂重新获得 H^+ 和 OH^-，再次具备交换能力，就叫做树脂的再生。离子交换树脂就是在“预处理—工作—再处理（再生）—工作—再处理……”的不断循环中来工作的。

树脂的再生方式分为动态再生和静态再生。静态再生多用于混床，但在生产中不常用。动态再生即是在柱内进行再生，普遍应用于单床和混床，已被工业生产中大量采用，下面着重讲述动态再生。

(1) 混床的动态再生

混床交换时，阴离子交换树脂和阳离子交换树脂已充分混合。在再生处理时，阴离子交换树脂和阳离子交换树脂就必须严格分开。

① 逆洗分层　交换柱内离子交换树脂失效后，在再生前必须首先对树脂进行短时间的强烈反冲，反冲的目的是松动和扩大树脂层，改变树脂的密实状态，以利于再生液的均匀分布。由于阳离子交换树脂、阴离子交换树脂密度不同，从而反冲可分离阴离子交换树脂、阳离子交换树脂并使其分层。有时为使其充分分层，可在逆洗前加入 3%～5% NaOH 溶液。反洗时间一般为 15～30min，原水用纯水即可。

② 碱液再生阴离子交换树脂　由入碱口或入水口将 2～3 倍阴离子交换树脂体积的 4%～6%的 NaOH 溶液（由纯水配制，以下相同）注入柱内，控制流速，使其在 15～30min 流完。当流出液 pH 值达 12 时，则阴离子交换树脂与碱反应充分，再用纯水冲至 pH 值为10～11 时，将水全部流出。

③ 酸液再生阳离子交换树脂　由入酸口将 6%～10%的盐酸溶液（超过阳离子交换树脂体积 2～3 倍）流入柱内，严格控制流过阳离子交换树脂层（绝对不允许流进阴离子交换树脂层）的流速，使其在 0.5～1h 内流完。当 pH 值达到 1 时，此时反应充分，用同样的水淋洗至 pH 为 3～4 为止。

④ 混合　注入蒸馏水至高出离子交换树脂10cm左右，然后混合。混合方法有两种。一种是用机械泵由抽气口抽气，空气由出水口自下而上冲入，使离子交换树脂在水中翻腾而混合，一般15～30min即可。此方法的最大压力为1atm（1atm＝101325Pa，下同）。此法适用于中、小型交换柱。另一种方法是用风泵由出水口鼓入压缩空气，使离子交换树脂充分混合。此法适用于大型交换柱。

⑤ 正洗　离子交换树脂再生后，必须经正洗后方能使用。其目的是洗净离子交换树脂层中残余的再生剂及再生产物，为正式制水做准备。正洗实际上是再生作用的扩大和继续。所以正洗时流速不宜过大，一般控制流速冲洗15min，不要间歇和中断，当离子交换树脂层中的再生剂被洗净后，可提高正洗速度洗到中性为止。

（2）单床的动态再生

就是分别用NaOH溶液和盐酸溶液（浓度同上）再生阴离子交换树脂、阳离子交换树脂。方法同上。

（3）混床的静态再生

① 树脂的分离（静止沉降分层法）　将混合树脂置于塑料容器内，加入饱和的NaCl溶液，搅拌阴离子交换树脂、阳离子交换树脂至分层，阴离子交换树脂浮在上面，阳离子交换树脂沉在底部。先将阴离子交换树脂取出用NaOH溶液进行再生，阳离子交换树脂用HCl再生。

② 混床中阴离子交换树脂、阳离子交换树脂的混合　混床的阴离子交换树脂、阳离子交换树脂再生后，在投入运行之前应将离子交换树脂混合。既可在柱内混合，也可在柱外混合，混合后才能使用。

（4）影响再生的主要因素

① 再生剂的类型、强度、浓度、用量、流速、酸、碱液与离子交换树脂接触的时间等。

② 终点pH值的大小。

③ 离子交换树脂的分离、反洗效果、混合程度、清洁卫生等。新交换柱与管道由于存在有油污、尘埃等都会影响水质。一般要进行清洁处理，其办法是用2%～3%的NaOH溶液浸泡，用水冲净，再用2%～3%HCl浸泡20min，冲净后方能使用。

2.5　纯水制备系统主要设备及工作原理

如图2-4所示。

2.5.1　多介质过滤器

多介质过滤器过滤罐体材质选用玻璃钢，内部进行防腐处理。过滤器内装有多介质滤料，如石英砂、天然卵石等材料。

当水从上流经滤层时，水中部分的固体悬浮物质进入上层滤料形成的微小眼孔，受到吸附和机械阻留的作用被滤料的表面层所截留。同时，这些被截留的悬浮物之间又发生重叠和架桥作用，就好像在滤层的表面形成一层薄膜，继续过滤着水中的悬浮物质，这就是所谓的滤料表面层的薄膜过滤。这种过滤作用不仅滤层表面有，当水进入中间滤层也有这种截留作用，称为渗透过滤作用。此外，由于滤料彼此之间紧密地排列，水中的悬浮物颗粒流经滤料层中那些弯弯曲曲的孔道时，就有着更多的机会及时间与滤料表面相互碰撞和接触，将水中的细小颗粒杂质截留下来，从而使水得到进一步的澄清和净化，降低原水的浑浊度。因此该过滤方式是使用水达到卫生、安全的极其重要的净化措施，同时也为后续设备的运行提供了

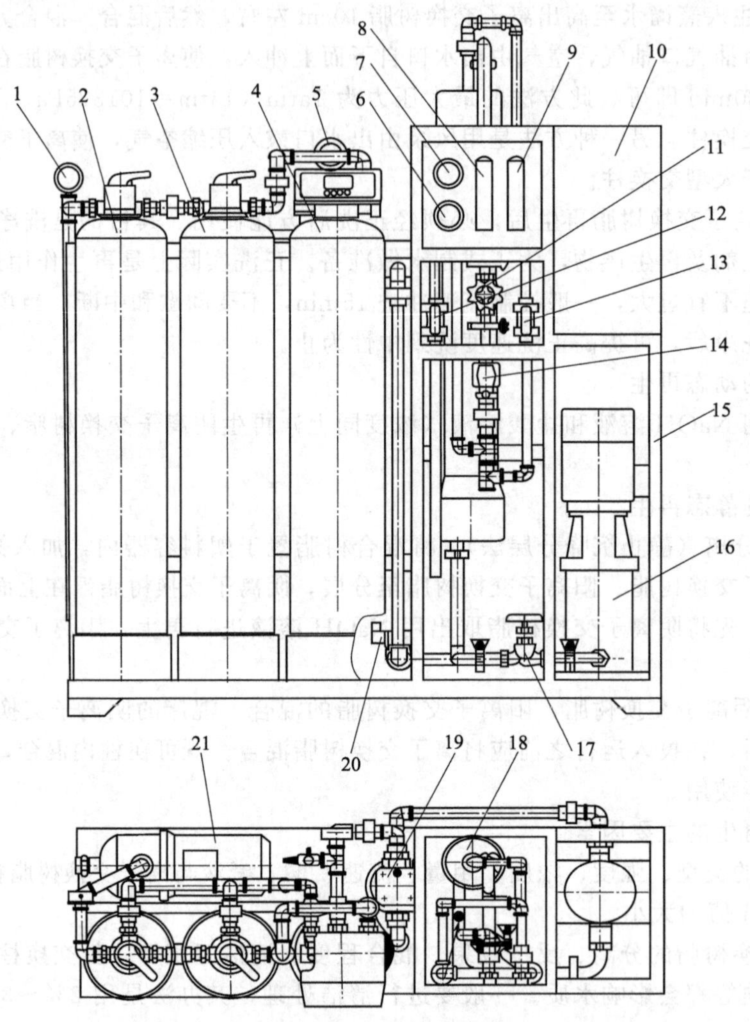

图 2-4 纯水制备系统

1—原水压力表；2—多介质过滤器；3—活性炭过滤器；4—全自动软化器；5—预处理后压力表；6—浓水压力表；7—进水压力表；8—浓水流量计；9—纯水流量计；10—控制箱；11，12—浓水调节阀；13—纯水不合格排放阀；14—冲洗电磁阀；15—机架；16—高压泵；17—进水调节阀；18—RO 膜组件；19—精密过滤器；20—进水电磁阀；21—原水增压泵

良好的进水条件。

经过滤器处理后的出水水质可去除水中的异臭、异味等使理化和感官指标达到使用要求。

(1) 工作原理

① 运行　原水由进水口进入控制阀，从阀芯的上部经阀体内，并由顶部（或中心管外侧）进入罐体内。然后，向下穿过滤料层，成为净水。经下布水器收集返回中心管，向上至阀体，经阀芯后从出水口排出。

② 反洗　水从底部进入石英砂过滤层后由上部排出。反洗时启动原水泵，用大流量进行冲洗，时间 3～10min。原水由进水口进入控制阀，从阀芯的上部经阀体，由罐体下部（或中心管）、下布水器进入罐内，再向上穿过滤料层（冲洗过滤层所沉积的污泥物）、阀芯后，从阀体排水口流出。

③ 静止　将原水增压泵停止，阀门全关，让多介质自然下沉，使砂层排列平整，时间 2～3min。

④ 正洗　原水由进水口进入控制阀，从阀芯的上部经阀体内，并由顶部（或中心管外侧）进入罐体内。然后，向下穿过滤料层。经下布水器收集返回中心管，向上至阀体，经阀芯后从排水口排出，时间 1～2min。

(2) 注意事项

① 原水箱回流阀不能完全关闭，避免后续阀门不能正常开启时泄压力，保护原水泵。

② 在日常维护过程中，每次反洗时先用压缩空气使滤料充分松动，并且要把控制阀旋到对应位置（反洗或正洗），才能开启原水增压泵（在手动状态下）。

③ 石英砂滤材一般每 3～5 年更换或添加一次，更换或添加时同时检查桶内上、下层集散水器有无破损。

④ 每周检测一次砂滤出水 SDI 值（污染指数值，是水质指标的重要参数之一。它代表了水中颗粒、胶体和其他能阻塞各种水净化设备的物体含量），若 SDI 超过 5，则检查原因。

2.5.2 活性炭过滤器

活性炭过滤器过滤罐体材质选用玻璃钢，内部进行防腐处理。过滤器内装有果壳活性炭滤料，其有效粒径一般约为 0.4～1.0mm，均匀系数为 1.4～2.0。

活性炭过滤器利用活性炭的吸附特性将水中的有机污染物、微生物及溶解氧等吸附于炭的表面，增加微生物降解有机污染物的概率，延长有机物的停留时间，强化生物降解作用，将炭表面吸附的有机物去除；还可去除水中的异臭异味，去色度，去除重金属、合成洗涤剂以及脱氯等，此外活性炭的选择吸附性不但可吸附电解质离子，还可使高锰酸钾耗氧量（COD）得到很好的控制和降低。该设备具有吸附、生物降解和过滤处理的综合作用，不但可保证处理效果稳定，而且具有效率高、耐冲击负荷、占地小、操作管理简便易行且运转费用低等优点。此外作为反渗透装置的前处理，可有效防止反渗透表面的有机物污染，而不受其本身进水温度、pH 值和有机混合物的影响。

(1) 工作原理

① 运行　原水由进水口进入控制阀，从阀芯的上部经阀体内，并由顶部（或中心管外侧）进入罐体内。然后，向下穿过滤料层，经下布水器收集返回中心管，向上至阀体，经阀芯后从出水口排出。

② 反洗　水从底部进入活性炭过滤层后由上部排出。反洗时启动原水泵，用大流量进行冲洗，时间 3～10min。原水由进水口进入控制阀，从阀芯的上部经阀体，由罐体下部（或中心管）、下布水器进入罐内，再向上穿过滤料层（冲洗过滤层所吸附的物质）、阀芯后，从阀体排水口流出。

③ 静止　将原水增压泵停止，阀门全关，让多介质自然下沉，使活性炭过滤层排列平整，时间 2～3min。

④ 正洗　原水由进水口进入控制阀，从阀芯的上部经阀体内，并由顶部（或中心管外侧）进入罐体内。然后，向下穿过滤料层。经下布水器收集返回中心管，向上至阀体，经阀芯后从排水口排出，时间 1～2min。

(2) 注意事项

① 活性炭滤材由于吸附要达到饱和，务必每年更换一次，更换时同时检查滤桶内上、下层集散水器有无破损。

② 每周以余氯测定仪测定，如有残余氯存在、测试液呈黄色，则需清洗或更换活性炭。

③ 只有多介质过滤器处于运行时才能对活性炭过滤器进行日常维护。

④ 在自动运行时，建议每月对活性炭过滤器手动清洗一次。

2.5.3 自动软化系统

为了提高反渗透（RO）主机的回收率，并防止反渗透膜浓水端的浓水侧出现碳酸盐、硫酸盐和其他形式的化学结垢，从而影响膜元件的性能，对反渗透处理前的进水必须进行必要的软化处理。

全自动软化过滤器设计过滤罐体材质选用FRP增强玻璃钢内衬PE，与传统的碳钢过滤罐相比，具有外观整洁、光滑、卫生、耐腐蚀、无污染、使用寿命长等优点。

全自动软水器一般再生周期为1～99h（根据水质确定）。控制阀采用时间计量方式启动再生，计量准确，工位由运行、反洗、再生＋慢洗、快洗、盐箱注水五步组成，工位的转换由自动控制阀中的时间控制器自动记录设备的运行时间，当已处理时间达到程序预先设定值时，控制器发出指令信号给驱动马达，马达转动带动多功能阀阀芯转动，改变进、出水的流向，从而实现自动控制。再生盐液靠水射器负压吸入、无需设置盐泵，日常维护只需往盐箱内加盐即可。

软化器滤料选用的是苯乙烯系001×7强酸性钠离子交换树脂，当水中的Ca^{2+}、Mg^{2+}流过树脂层时，Ca^{2+}、Mg^{2+}被吸附并置换，反应方程式为：

$$2RNa + Ca^{2+} \longrightarrow R_2Ca + 2Na^+$$

树脂的吸附交换能力是一定的，当树脂饱和以后，需要用工业盐将树脂上的Ca^{2+}、Mg^{2+}置换出来，使其重新具有吸附能力，这个过程叫再生：

$$R_2Ca + 2Na^+ \longrightarrow 2RNa + Ca^{2+}$$

再生出来Ca^{2+}、Mg^{2+}废液经冲洗排掉。软水器出水可达到《低压锅炉进水水质标准》中硬度≤0.03mmol/L（1.5mg/L）的要求。

（1）工艺过程

① 运行　原水在一定的压力（0.2～0.6MPa）和流量下，通过控制器阀腔，进入装有离子交换树脂的容器（树脂罐），树脂中所含的Na^+与水中的阳离子（Ca^{2+}、Mg^{2+}、Fe^{2+}等）进行交换，使容器出水的Ca^{2+}、Mg^{2+}等离子含量达到既定的要求，实现硬水的软化。

② 反洗　树脂失效后，在进行再生之前，先用水自下而上地进行反洗。反洗的目的有两个：一是通过反洗，使运行中压紧的树脂层松动，有利于树脂颗粒与再生液充分接触；一是使树脂表面积累的悬浮物及碎树脂随反洗水排出，从而使交换器的水流阻力不会越来越大。

③ 再生吸盐＋慢洗　再生用盐液在一定浓度、流量下，流经失效的树脂层，使其恢复原有的交换能力。在再生液进完后，交换器内尚有未参与再生交换的盐液，采用小于或等于再生液流速的清水进行清洗（慢速清洗），以充分利用盐液的再生作用并减轻正洗的负荷。

④ 再生剂箱注水　向再生剂箱中注入溶液再生一次所需盐量的水。软化过滤器配备有再生盐箱，在平时正常工作情况下，用户需要确保盐箱内有足够的稀释盐溶液（浓度控制在5%～8%左右），以确保软化过滤器在再生的时候能正常运行，这点对保证良好的软化效果是十分必要的。

⑤ 正洗（快速清洗）　目的是清除树脂层中残留的再生废液，通常以正常流速清洗至出水合格为止。

（2）注意事项

以EBT测定，如未软化、测试液呈红色，则需再生。

① 逆洗时进口水压维持在160～210Pa左右，以利冲洗。

② 如果进水太快，罐中的介质会损失，在缓慢进水的同时，应能听到空气慢慢从排水管排出的声音。

③ 只有石英砂过滤器控制阀和活性炭过滤器控制阀均在运行位置时，软化过滤器才能进行设备的日常维护（再生）。

④ 如果整套设备连续供水，却能确定每天的用水量，可将多功能控制阀设为自动状态，设备会定时进行日常维护。

⑤ 软化过滤器由于吸附水中的钙、镁离子而需再生，但每次再生完成不可能恢复到初期吸附量，树脂在1年半后，可能只能达到初期吸附量的60%，这时需更换树脂，否则将直接导致后续的反渗透膜由于钙、镁离子浓度过高而结垢，直接表现为产水量下降或脱盐率降低（添加、更换时同时检查桶内上、下层集散水器有无破损）。

2.5.4 保安过滤器

位于活性炭过滤器与反渗透装置之间，过滤精度为5μm，其目的是滤去由于预处理工序可能带来的大于5μm的颗粒、杂质。在预处理工序后由于这些颗粒经反渗透（RO）主机的高压泵后可能会击穿反渗透膜组件，从而造成大量盐漏和串水现象，影响出水水质，同时也可能会划伤高压泵的叶轮。

保安过滤器的工作压力为0.2～0.5MPa，当运行一段时间后，由于水中的颗粒、杂质将滤芯表面堵住，过滤器的进、出口压差将变大。当压差大于设定值（通常为0.05～0.1MPa）时，应当及时更换，避免由于滤芯的堵塞而形成负压对系统造成损坏。

2.5.5 反渗透RO系统

RO（Reverse Osmosis）反渗透技术是利用压力差为动力的膜分离过滤技术，其孔径小至纳米级（$1nm=10^{-9}m$），在一定的压力下，H_2O分子可以通过RO膜，而原水中的无机盐、重金属离子、有机物、胶体、细菌、病毒等杂质无法透过RO膜，从而使可以透过的纯水和无法透过的浓缩水严格区分开来。

反渗膜的工作原理图如图2-5。

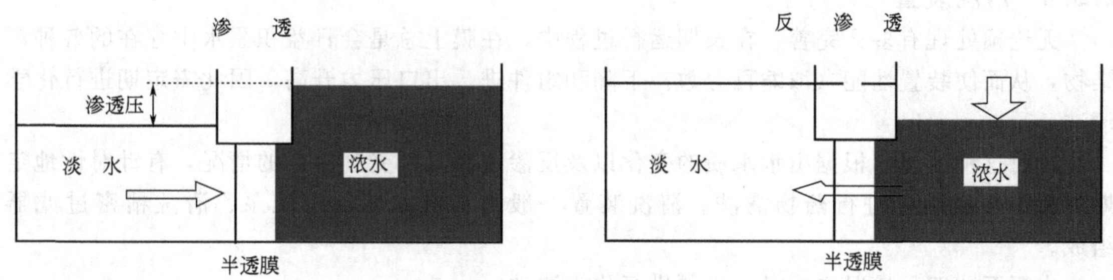

图2-5 反渗膜的工作原理

将淡水与含有溶质的溶液用一种只能通过水的半透膜隔开，此时，淡水侧的水就自动透过半透膜，进入溶液一侧，溶液侧的水面升高，这种现象就是渗透。当液面升高至一定高度时，膜两侧压力达到平衡，溶液侧的液面不再升高，这时，膜两侧有一个压力差，称为渗透压。如果给溶液侧加上一个大于渗透压的压力，溶液中的水分子就会被挤压到淡水一侧，这个过程正好与渗透相反，称为反渗透。从反渗透的过程可看到，由于压力的作用，溶液中的水分子进入淡水中，淡水量增加，而溶液本身被浓缩。

反渗透装置主要由高压泵、反渗透膜元件、压力容器和控制部分组成。高压泵对原水加压，除水分子可以透过 RO 膜外，水中的其他物质（矿物质、有机物、微生物等）几乎都被拒于膜外，无法透过 RO 膜而被高压浓水冲走，如图 2-6。

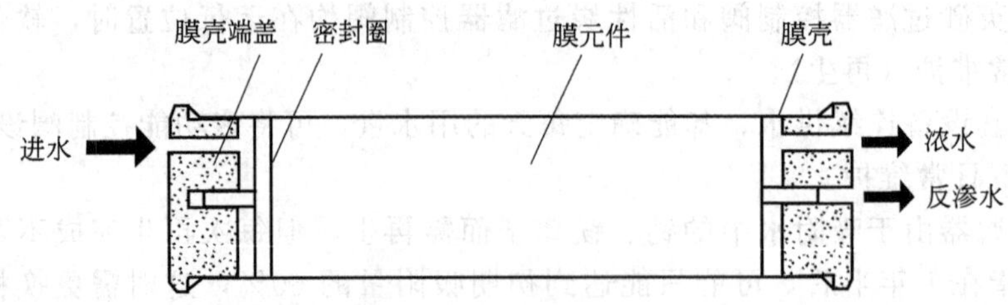

图 2-6　反渗透装置

反渗透装置是超纯水制水系统中提纯的预脱盐部分。为达到产品水预期使用效果，根据反渗透的脱盐能力，预处理后的水经过 RO 进行预脱盐，利用 RO 膜的高脱盐性能能彻底除去过去超纯水水制造工艺中较难去除的 TOC（TOC 是指总有机碳，反映的是水体受到有机物污染的程度）、SiO_2、微粒子及细菌。经反渗透处理后的水，能去除 98%以上的溶解性固体，99%以上的有机物及胶体，几乎 100%的细菌。

反渗透装置设计得合理与否直接关系到项目的投资费用、整个系统运行的经济效益、使用寿命、操作可靠简便性。根据招标方提供的用水水质和水量要求，通过装置回收率的计算，反渗透设计为出水量不低于时产 250.0L 的单级反渗透装置。

RO 膜元件采用芳香族聚酰胺复合膜，单支反渗透膜的脱盐率在 99.0%以上，整套装置的脱盐率≥98.0%。反渗透主机上配有数字显示电导率仪，用于跟踪监测出水水质，直观方便；同时配有产水流量计、废水流量计及回收阀，配以阀门进行调节；还配有高低压开关保护，用以反渗透主机在高压或超低压时自动停止，从而保护了反渗透膜不在高压和超低压进行而造成损害，反渗透主机运行压力一般在 0.6～1.0MPa。

当 RO 系统暂停使用一周以上时，系统（RO 膜组）应以 1.0%浓度的亚硫酸氢钠浸泡，防止细菌在膜表面繁殖（冬天还需加入甘油防冻）。

2.5.6　清洗装置

无论预处理有多么完善，在长期运行过程中，在膜上总是会日益积累水中存在的各种污染物，从而使装置性能（浓缩百分数）下降和组件进、出口压力升高，因此需定期进行化学清洗。

针对这种情况，根据出水水质的变化以及反渗透膜元件受到污染的情况，有针对性地定期对反渗透膜组件进行药物清洗。清洗装置一般由清洗水箱、清洗泵、清洗精密过滤器组成。

出现下述四种情况之一时，必须进行化学清洗。

① 装置的纯水量比初期投运时或上一次清洗后降低 5%～10%时。

② 装置的单次浓缩比比初期投运时或上一次清洗后降低 10%～20%时。

③ 装置各段的压力差值为初期投运时或上一次清洗后的 1～2 倍时。

④ 装置需长期停运时用保护溶液保护前。

2.5.7　阴离子交换器、阳离子交换器及混合离子交换器

阴离子交换器、阳离子交换器及阴、阳混合离子交换器（混合床）（图 2-7）是用于初级纯水的进一步精制。阴、阳混合离子交换器一般设置于阴、阳离子交换器之后，也可设置

在电渗析或反渗透后串联使用，出水水质可达含二氧化硅≤0.02mg/L，电导率≤1μS/cm。处理后的高纯水可供高压锅炉、电子、医药、造纸、化工、实验室和石油等工业部门。

混合床离子交换法就是把阴、阳离子交换树脂放置在同一个交换器中，将它们混合，所以可看成是由无数阴、阳交换树脂交错排列的多级式复床。水中所含盐类的阴、阳离子通过该交换器，则被树脂中的 H^+ 和 OH^- 所交换，从而得到高纯度的水。

在混合床中，由于阴、阳离子交换树脂是相互混匀的，所以其阴、阳离子的交换反应几乎同时进行。或者说，水的阳离子交换和阴离子交换是多次交错进行的。经交换所产生的 H^+ 和 OH^- 都不能积累起来，基本上消除了反离子的影响，交换进行得比较彻底。

混合床采用体内再生法。再生时利用两种树脂的密度不同，用反洗使阴、阳离子交换树脂完全分离，阳离子交换树脂沉积在下，阴离子交换树脂浮在上面，然后阳离子交换树脂用 HCl 再生，阴离子交换树脂用 NaOH 再生。

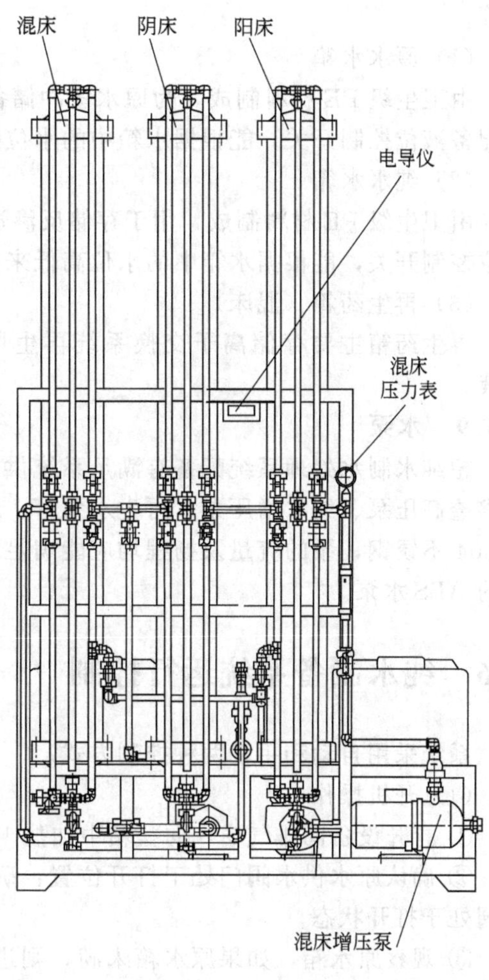

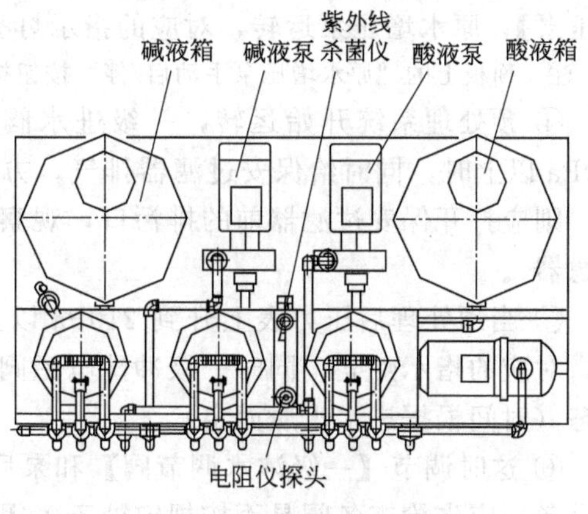

图 2-7 混合离子交换器

混合离子交换器结构组成如下。

(1) 进水装置

在交换器上部设有布水装置，使进水能均匀分布。

(2) 再生装置

在混合离子交换柱上方设有进液母管，管上开小孔。阴离子交换树脂再生用碱液即由该进液母管送入。再生阳离子交换树脂用的酸液由底部排水装置进入，再生酸、碱废液均由中排口排出。

(3) 中排装置

中排装置设置在阴、阳离子交换树脂的分界面上，用于排泄再生时酸、碱废液和冲洗液，形式为支管母管式。

(4) 排水装置

均采用多孔板上装设排水帽，多孔板材采用钢衬胶。

筒体上部设树脂输入口，要筒体下部近多孔板处设树脂卸出口，考虑了树脂输入和卸出采用水输送的可能。

2.5.8 水箱部分

超纯水制水处理系统配备的水箱有原水箱、纯水水箱、超纯水水箱、清洗药箱、再生药箱等。

(1) 原水水箱

由卫生级 PE 材料制成，为原水缓冲储备，并作为向预处理及整个系统运行供水。水箱上配备液位控制开关，能根据水箱中的水位高低来自动控制进水电磁阀和原水泵的启、停。

(2) 纯水水箱

由卫生级 PE 材料制成，用于存储反渗透装置产水，并作为混床装置供水。水箱上配备液位控制开关，能根据水箱中的水位高低来自动控制反渗透装置和混床装置的启、停。

(3) 再生药箱（混床）

再生药箱主要存储离子交换系统再生所需的再生液，数量为 2 个，分别存放酸液和碱液。

2.5.9 水泵

超纯水制水处理系统配备有满足系统供水需要的各型低压、高压水泵，包括：原水泵、反渗透高压泵、纯水增压泵、再生水泵等。纯水部分所有水泵应选用特种泵，过流部件材质为 304 不锈钢，泵的流量及扬程均应能满足各设备、装置运行的需要。再生部分选择耐酸、碱的 ABS 水泵。

2.6 纯水制备系统运行控制

系统采用自动和手动两种控制方式。

(1) 开机操作

① 打开设备间排气窗，向盐箱中加盐 1.0kg（盐箱中没有饱和盐水）。

② 确认原水供水阀门处于打开位置：确认电闸处于接通状态；确认一级纯水不合格排放阀处于打开状态。

③ 观察原水箱，如果原水箱未满，则进水电磁阀打开，同时启动控制面板上的【原水增压泵】，原水增压泵运转，对应的指示灯亮。

注：面板上的“原水增压泵手动启/停”按钮按一次启动、再按一次停止，其他同理。

④ 预处理系统开始运转，一级进水阀同时开启，进水压力开始升高，待压力上升到 210Pa 以上时，同时给保安过滤器排气，方可启动【一级高压泵】（设备若是第一次开机运行，则应打开保安过滤器前的排污口，观察确定软水干净后，关闭排污口，使原水进入保安过滤器）。

⑤ 当预处理后压力表上升到 210Pa 以上时，启动控制面板上的【高压泵】，高压泵运转，对应的指示灯亮，同时一级冲洗电磁阀打开，系统开始冲洗，60s 后系统开始进入产水状态（时间根据进水水质而定）。

⑥ 这时调节【一级浓水调节阀】和泵后面的【一级进水调节阀】（装有清洗口和清洗阀的设备，应先检查各阀是否按规定处于关闭状态），使压力和流量在额定范围内。

进水压力：630～1050Pa；

工作压力：630～1050Pa；

一级产水流量：200～250L/h；

一级浓水流量：250～300L/h。

⑦ 待一级产水电导小于 20μS/cm 时，先打开【一级淡水阀】，再关闭【一级淡水不合格排放阀】（不能先关闭淡水不合格排放阀，否则会导致水压过高而损坏膜元件和管路）。

⑧ 确认阳床进水阀、阳床出水阀、阴床进水阀、阴床出水阀、混床进水阀、混床产水阀、产水不合格排放阀处于打开位置，其余混床的阀门关闭。

⑨ 按控制面板上的【纯水泵】，纯水泵运转，这时调节混床进水阀，使流量控制在500L/h、混床进水压力小于160Pa。

⑩ 观察终端出水电阻仪，待出水电阻大于10MΩ（根据工艺用水要求而定），打开【超纯水阀】，关闭【不合格排放阀】即可取水。

⑪ 擦干机器（尤其是电气设备和元件）上的水迹。

⑫ 每2～4h记录系统 产水流量 、 浓水流量 、 进水压力 、 产水压力 、 产水电导 、 混床进水压力 、 混床产水流量 、 混床产水电阻 。

（2）关机操作

① 停止【纯水泵】开关，对应的水泵停止，关闭 阳床进水阀 、 混床出水阀 、混床停止工作， 混床进水压力 归零。

② 开启浓水调节阀和进水调节阀，低压大流量冲洗反渗透膜表面120s。

③ 按【高压泵】按钮，高压泵停止，对应的指示灯熄灭。

④ 10s后再按【增压泵】按钮，增压泵停止，对应的停止指示灯熄灭。

⑤ 将石英砂过滤器中的多路阀依次转至反洗、正洗分别3min和2min，最后转为运行作为备用。

⑥ 在石英砂过滤器运行时，对活性炭过滤器多路阀依次转至反洗、正洗分别为3min和2min。

⑦ 在软化后用铬黑T测定，如未软化、测试液呈红色，则需再生。

⑧ 确认进水总阀关闭。

⑨ 再次确认系统压力和流量归零。

⑩ 观察全套机器，是否有地方漏水，擦干机器（尤其是电气设备和元件）上的水迹。

⑪ 清洁设备间地面、墙面。

⑫ 确认系统电源关闭，关闭排风气窗。

（3）注意事项

① 轻易不要调整各个水流阀门。

② 软化器工作时，自动启动原水增压泵，高压泵则处于停止状态。

③ 无论任何时候，反渗透系统都不要将浓水调节阀和进水调节阀完全关闭，否则会使系统压力突然升高，造成设备的损坏或危及操作者的安全。

④ 离子交换床在工作的任何时候，混床进水压力要小于160Pa，否则有机玻璃交换柱会破裂。

⑤ 电路设备部分为高压电路，注意安全。

⑥ 建立设备运行记录。

⑦ 设备第一次使用时，所制纯水应至少排放1h后再收集利用。

2.7 纯水制备系统的清洗

在长期运行过程中，在膜上会积累水中存在的各种污染物，从而使装置性能（浓缩百分数）下降和组件进、出口压力升高，水质变差，因此需定期进行化学清洗。而对混合离子交换树脂，吸附达到饱和后，出水水质变差，需对树脂进行再生处理。

2.7.1 RO系统清洗

（1）清洗条件（其他条件不变情况下）

① 装置的纯水量比初期投运时或上一次清洗后降低5%～10%时。

② 装置的单次浓缩比比初期投运时或上一次清洗后降低10%～20%时。

③ 装置各段的压力差值为初期投运时或上一次清洗后的1～2倍时。

④ 装置需长期停运时用保护溶液保护前。

（2）配制药液

药液的配制参考表2-2。

表2-2 药液的配制

RO膜污染原因	适用药液	备　注
碳酸盐结垢	3%柠檬酸溶液	用HCl调pH至2～4
有机物污染及硫酸盐结垢	1.5%EDTA溶液	用NaOH调pH至10～11
细菌污染	1%福尔马林溶液	

（3）清洗方法

清洗时利用反渗透膜产水（流入清洗水箱），以清洗泵为增压装置。清洗液配制在清洗水箱中，清洗开始时组件浓水、产水排放一段时间（不回清洗水箱），排量控制在清洗液25%～30%左右，然后全部闭路循环1～2h。清洗结束水箱中的残液排尽并充分洗净水箱，设备内清洗残液应用产水低压冲洗干净。反渗透装置恢复使用时，必须重新对反渗透设备调节。开始的产水、浓水必须排放地沟一段时间。

（4）注意事项

① 清洗时操作要有安全防护措施，如戴防护镜、手套、鞋和衣等，用到$NH_3 \cdot H_2O$调节pH时，要考虑通风。

② 固体清洗剂必须充分溶解后再加其他试剂，进行充分混合后才能进入反渗透装置。

③ 清洗过程中应密切注意清洗液温度上升情况，不得超过35℃，并观察液位和清洗液颜色的变化，必要时补充清洗液。

④ 清洗结束后，取残液进行化学分析，确定污染物的种类，为日后清洗提供依据。

2.7.2 混床的再生

离子交换树脂是在混合均匀的情况下使经过处理的水顺流通过，而得到纯度较高纯水的方法（树脂在柱内的高度为交换柱有效高度的2/3，在此2/3的树脂层内，其中强酸性阳离子交换树脂为1/3，在下部，强碱性阴离子交换树脂为2/3，在上部）。阴、阳离子交换树脂的比例为2∶1（体积比）。在阴、阳离子交换树脂交界处略向下一些有一进酸管，用以在阳离子交换树脂再生进酸时，控制酸的界面在阴、阳离子交换树脂截面之下。

具体操作如下。

（1）逆洗分层

水从底部进入，上口排出，树脂均匀地松弛膨胀开来，可加大水流速以冲不出树脂为原则，洗至出水清亮度。

反洗的目的为使阴、阳离子交换树脂分层。阳离子交换树脂相对密度为1.23～1.28，而阴离子交换树脂相对密度为1.06～1.11，两种树脂相对密度差别比较大，所以通过逆洗就很容易分层；通过逆洗也可排一些杂质异物，保证下一周期的正常运行。逆洗毕，放水到树脂层表面10cm以上。

（2）强碱性阴离子交换树脂的再生

再生剂为5%的NaOH，用量为树脂体积的3～5倍，从上口进入，控制一定流速，维持液面顺流通过，通过中排管而排出，再生时间不少于15min。

（3）清洗阴离子交换树脂

当碱液淋洗完后，再淋洗附在阴离子交换树脂上的碱液。淋洗先用纯水正淋洗，自上而下顺流通过，慢速淋洗，大约10min左右改为反洗，反洗水通过阳离子交换树脂（Na交换水）洗阴离子交换树脂，可洗至pH=7～8。反洗时间约为20min左右。淋洗完排水可排到阴、阳离子交换树脂交界处以下1～2cm，准备阳离子交换树脂再生。

（4）强酸性阳离子交换树脂的再生

再生剂为5%盐酸，用酸量为阳离子交换树脂体积的2～3倍。酸液从酸再生管加入，从中排口排出。此法应严格控制酸的液面。始终在阴、阳离子交换树脂交界处（下一点），切不可上溢到阴离子交换树脂层，否则会使刚再生为OH型的阴离子交换树脂变为Cl型而失效。维持一定流速，在半小时内流完。

（5）清洗阳离子交换树脂

仍从进酸管进水，控制液面在阴、阳离子交换树脂交界处，淋洗水量为阳离子交换树脂体积的4～6倍，漫流速洗至pH=2～3。如测定酸度，可控制在5mg/L以下。如用纯水淋洗可洗至pH=6～7。

（6）正洗

淋洗阳离子交换树脂后可进行一次正洗，水从上口进入、下口排出。淋洗水pH大约为8左右，正洗5～10min。正洗毕，排水，保持液面在树脂层表面以上15cm左右。

（7）混合

混合的目的是使两种树脂充分混合均匀，混合的办法有两种，一是用压缩空气自底部进入，上口排出；二是用真空泵进行混合，自上口抽气，打开下口阀门进气，用空气搅动阴、阳离子交换树脂达到充分混合的目的。

混合毕应立即排水（将树脂表面15cm以上的水层排掉），因为混合后两种树脂悬浮于水中，若任其自由落层，由于阳离子交换树脂重、阴离子交换树脂轻，必然会出现再次分层的现象，所以采用立即排水的方法，借助排水向下的动力，迫使树脂来不及分层而落层。水放至树脂层表面时即可停止。

（8）运行

以反渗透水缓慢地注入交换柱中，注满后即可打开下口进行运行出水。数小时后再运行，出水水质将大为提高。

2.7.3 阴、阳离子交换树脂的再生

① 酸洗、碱洗　先打开再生阀门进出口，其余阀门关闭，再接通再生水泵对应电源，进入阳柱酸洗、阴柱碱洗工作状态。调节再生阀门，使离子交换柱的流速控制在5m/h左右。再生剂为4%左右的氢氧化钠或盐酸，用量为树脂体积的3～5倍，溶液用尽后浸泡3～4h。

② 复床正冲洗　先打开正洗阀门，再启动进水泵，进入复床正冲洗。淋洗复床水从上口进入、下口排出，洗水pH大约为7左右表明复床正冲洗结束，进入产水状态，也可待用。

2.8 高纯水的测量

2.8.1 基本原理

水中所含杂质通常分为两类，一类为导电的杂质，另一类为不导电的杂质。若先除去了不导电杂质，则水的质量将由导电杂质的多少来确定。而导电的杂质在水中一般为离子状态。在平常状态下，这些离子作无规则的运动，若在水中插入两支电极，如图 2-8 所示，电极之间施加电压 U，并在两电极间的回路中串联电流计 A，此时水中离子在电场的作用下，则沿着电场的方向定向运动而产生电流 I_x，电流将随着离子数的增多而增加，反之则减少。这样从指示器 A 中可读出电流 I_x 的值。

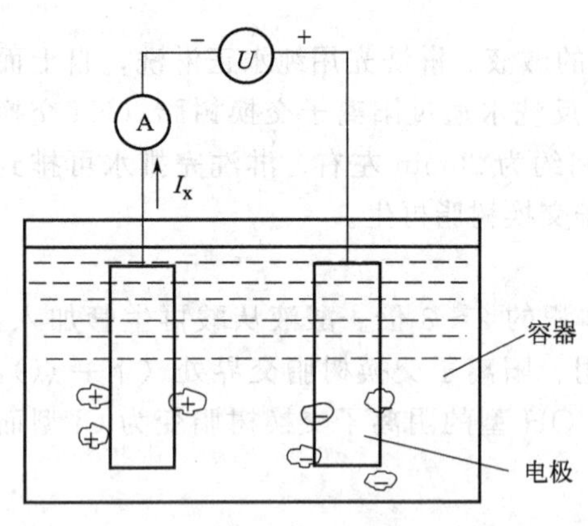

图 2-8 高纯水测量原理示意图

2.8.2 测量方法

(1) 电极及指示仪表

① 电极 为了方便起见，采用 260 型铂电极结构，如图 2-9(a) 所示。

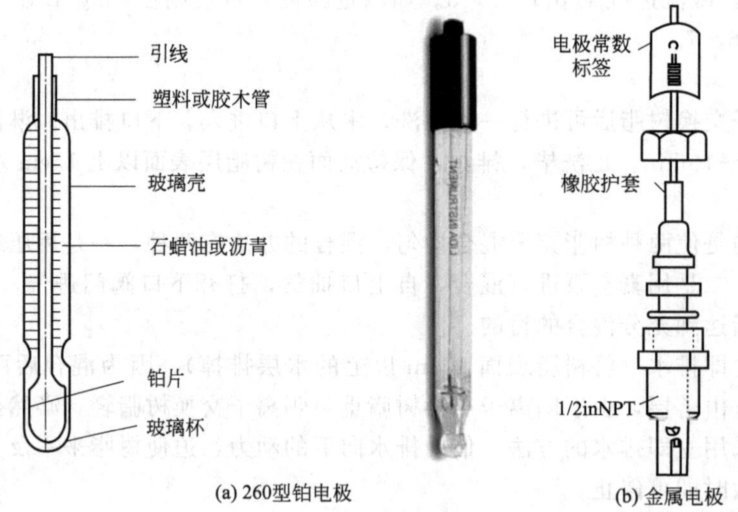

图 2-9 电极

1in＝2.54cm，下同

铂片平行地镶在玻璃杯中，玻璃杯和玻璃壳为一整体，它是由极难溶于水、化学稳定性很高的玻璃制成的。为了防止漏电，玻璃壳内灌满了绝缘性能极好的石蜡油或沥青之类的绝缘材料。铂片之间的距离定为 1cm，而每片铂片的单面面积为 $1cm^2$。图 2-9(b) 为现在使用的金属电极。

② 指示仪表测定溶液电阻率的仪表主要有下列几种。

• 智能型电导率仪 采用新型高速 MCU 芯片、超稳定测量采集、宽温度、低漂移设计，使仪表具有高稳定性和准确性；通过按键设置电极常数，电导率上、下报警，可迁移 4～20mA 电流信号输出，切换查看电导率（μS/cm）、介质温度（℃）、TDS（ppm）测量值域，高亮度背景光 LED 显示，自动量程转换，可选配多种电极，以支持更宽测量范围。

适用于电渗析、反渗透、离子交换制水系统、冷却水控制系统和一般工业用水的在线监测与控制。

• 电阻率测控仪　为在线面板式高纯水电阻率/电导仪，适用于 EDI、混床制备高纯水在线水质监控。采用信号采集、多元自动温度补偿技术，测量准确；配套经特殊处理的不锈钢电极，可满足长期稳定运行的需要，并有控制、报警、4～20mA 电流环输出等可选功能；其高端产品采用高性能单片机作处理核心，更加稳定准确，且具有比电阻/比电导切换功能。

(2) 测量方法

测量高纯水的方法有两种：一种是静置测量法，一种是流动测量法。

① 静置测量法　如图 2-10 所示。这种方法多用于实验室或小规模生产。其优点是：简单、灵活性大、便于移动。但是这种方法测量的准确性较差，特别是当水的纯度很高时，其准确性更差。这主要是由于往往盛水容器清洗不干净和空气中 CO_2 气体的溶解，从而影响测量的准确性，如果测量处空气中含有酸性气体，其误差更大。

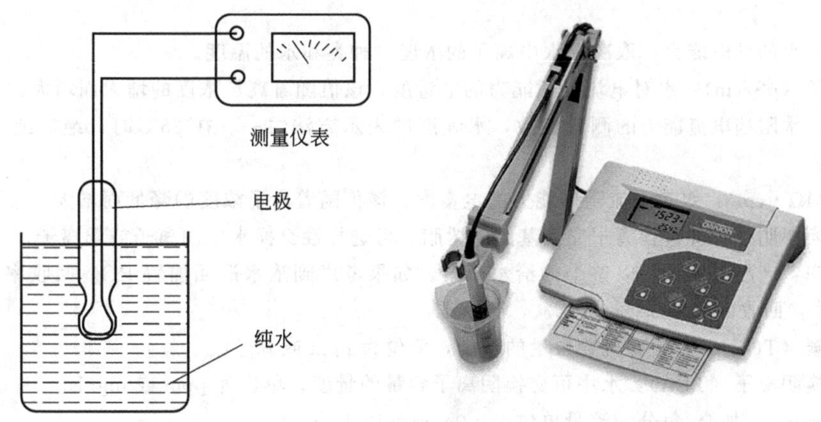

图 2-10　静置测量法原理

② 流动测量法　如图 2-11 所示，这种方法是将电极插入纯水流过的密闭管道中。影响测量准确性的因素较少，准确性较高，并可连续进行测量。因而，目前应用较为广泛。但是这种方法的测量装置移动不便。

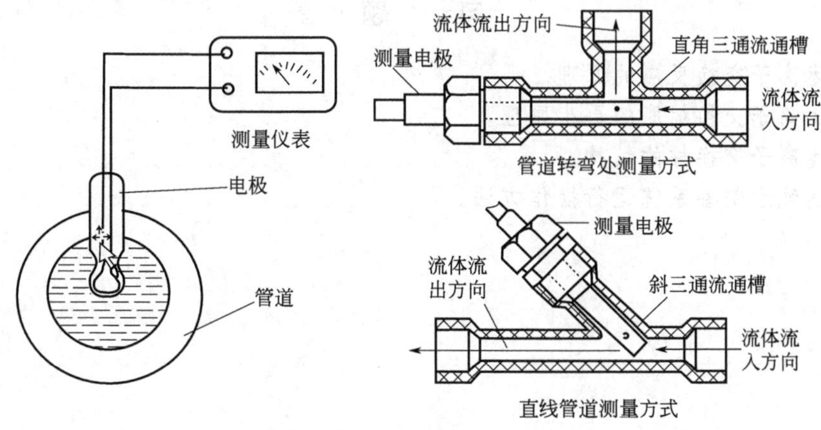

图 2-11　流动测量法原理及测量方式

小　结

在工业硅生产中常用到水来清洗高纯材料，因此要求所使用的水必须是纯水和超纯水。纯水是电阻率达到10MΩ·cm左右的水，超纯水是电阻率达到18MΩ·cm左右的水。在工业生产中要制备纯水和超纯水，通常使用自来水作原水，经过过滤、吸附、反渗透、离子交换和紫外线杀菌等流程来制备。

离子交换是用阳离子交换树脂中的H^+、阴离子交换树脂中的OH^-与水中的Ca^{2+}、Mg^{2+}等金属阳离子和Cl^-、CO_3^{2-}等阴离子进行离子交换，从而除去水中杂质离子的方法。

离子交换树脂在使用一段时间后会逐渐“失效”，必须“再生”后才能继续使用。离子交换树脂的再生是将离子交换树脂在再生液（阳离子交换树脂用5%HCl、阴离子交换树脂用5% NaOH）中浸泡15min以上，然后再用纯水清洗至pH合格。

注　释

1. 电导率：水的导电能力，取决于水中离子的浓度、种类和水的温度。

2. 微西门子（μS/cm）：水对电流导通能力的电量度，该值随着离子浓度的增大而增大。

3. 电阻率：水阻挡电流能力的测量参数，水纯度的表示方法之一。在25℃时，绝对纯水的电阻率为18.23MΩ·cm。

4. 兆欧（MΩ·cm）：水对电流阻碍能力的电量度，该值随着离子浓度的降低而增大。

5. 离子交换树脂：一种包含离子交换基团的树脂，可选择性交换水中阴离子或阳离子。

6. 水回收率：产品水流量除以整个的给水流量。如果考虑到浓水返回前置RO，回收率一般为99%。如果浓水被排放，回收率可为90%～95%。

7. 总有机碳（TOC）：水中有机物含量的量度，单位为ppm或mg/L。

8. 总可交换阴离子（TEA）：水中可交换阴离子含量的量度，单位为ppm或mg/L。

9. GPM（gpm）：加仑/每分，流量单位，1.0gpm=227L/h。

10. ppm：一百万分之一，1ppm=1mg/L。用于标识水中总溶解固体数目的参数单位。

11. ppb：十亿分之一，1ppb=1μg/L。用于衡量水中离子的数量。

12. TDS：是英文Total Dissolved Solids的缩写，中文译名为溶解性总固体，测量单位为毫克/升(mg/L)，它表明1L水中溶有多少毫克溶解性总固体。

习　题

2-1　简述离子交换反应的原理。

2-2　简述离子交换树脂的再生原理。

2-3　简述离子交换柱的结构。

2-4　简述纯水制备系统运行操作方法。

第3章 工业硅的生产

学习目标

1. 掌握工业硅生产的原理并了解其影响因素。
2. 叙述工业硅生产的工艺及操作要点。
3. 叙述工业硅生产设备的组成。
4. 理解工业硅生产操作及安全控制要点。
5. 说出烟气的净化设备、流程及微硅粉的利用。

3.1 工业硅生产原理及影响因素

3.1.1 工业硅生产原理

工业硅生产中，在1820℃时硅石被还原，反应过程如下。

$$SiO_2 + 2C = Si + 2CO$$

在实际生产中硅石的还原是比较复杂的。从冷状态下炉内情况出发，实际生产中炉内发生的反应是：炉料入炉后不断下降，受上升炉气的作用，温度在不断地升高，上升的 SiO 有下列反应。

$$2SiO = Si + SiO_2$$

这些产物大部分沉积在还原剂的孔隙中，有些逸出炉外。炉料继续下降，当温度升到1820℃以上时，有下列反应：

$$SiO + 2C = SiC + CO$$

$$SiO + SiC = 2Si + CO$$

$$SiO_2 + C = SiO + CO \qquad (3\text{-}1)$$

当温度再升高时，有以下反应：

$$2SiO_2 + SiC = 3SiO + CO \qquad (3\text{-}2)$$

在电极下有如下反应：

$$SiO_2 + 2SiC = 3Si + 2CO$$

$$3SiO_2 + 2SiC = Si + 4SiO + 2CO \qquad (3\text{-}3)$$

炉料在下降的过程中有反应：

$$SiO + CO = SiO_2 + C$$

$$3SiO + CO = 2SiO_2 + SiC$$

在冶炼中，主要反应大部分是在熔池底部料层中完成的，如图3-1。碳化硅的生成、分解和一氧化硅的凝结又是以料层内各区维持温度分布不变为先决条件。碳化硅的生成是容易

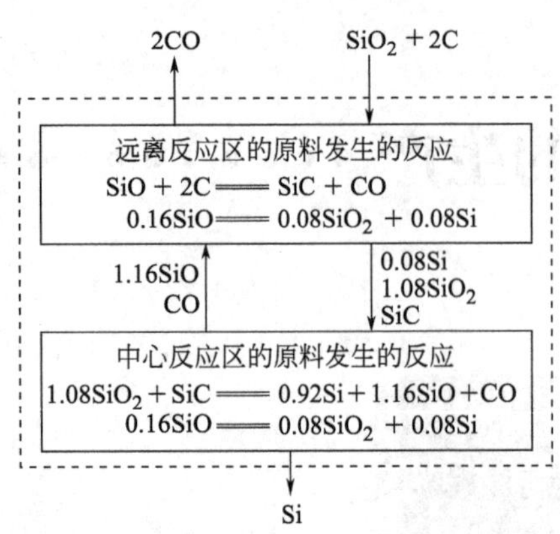

图 3-1 原料在电炉内发生的各种反应

的，而碳化硅还原要求高温、快速反应，否则碳化硅就沉积到炉底；由此，必须保持中心反应区温度的稳定性。在冶炼操作中，炉料的下沉要合适，如过勤，炉内温度区稳定性差，对冶炼不利。一氧化硅主要是由反应式(3-1)、式(3-2)、式(3-3) 生成的，在冶炼中要尽量把一氧化硅留在料层中，因为凝结过程对硅的生产有重要意义。

加入催化剂，可提高反应能力，加速硅的还原。CaO、$CaCl_2$、$BaSO_4$ 和 NaCl 对碳和二氧化硅反应有明显的催化作用。钙、钡离子在反应中作用相同，而 NaCl 的催化作用略小一些。在 1953K 时加入 1% 的 CaO 和 2% 的 $CaCl_2$ 可提高 SiC 和 SiO_2 的反应速度一倍以上。在 1893K 时加入 2% 的 $CaCl_2$ 和在 1953K 时加入 3% 的 $CaCl_2$，催化效果最好，再升高温度，效果就不明显了。

3.1.2 工业硅生产影响因素

3.1.2.1 电力因素

(1) 电压

工业硅炉的电气工作参数主要是二次电压。电极工作端下部弧光所发出的热量主要集中于电极周围，因而炉内温度分布与弧光功率大小有关，在其他条件不变的情况下，提高二次电压能增加弧光功率。

但是电压过高，会使弧光拉长、电极上抬、高温区上移，导致热损失剧增、炉底温度降低、炉内温度梯度增大、坩埚区缩小、炉况变坏；反之，二次电压过低，除电效率和输入功率降低外，还因电极下插过深、炉料层电阻减少，从而将增加通过料层的电流、减少通过弧光的电流，使炉料熔化和还原速度减慢，电炉出现“闷死”现象，炉内坩埚急剧减小。因此在选择时必须保证电炉的电效率和热效率有良好的匹配，以取得最低的单位电耗和最高的总效率（总效率=电效率×热效率)，对一定功率的工业硅炉来说，在保证炉况良好和输入功率较高的前提下，应采用低电压大电流供电。

在具体选择工业硅电炉二次电压时，要综合考虑下列因素：

① 炉子功率越大，选择的二次电压也越高；

② 反应温度高，使用的电压也应高些；

③ 炉料电阻较小时，电压应该选得低些；

④ 电极极心圆直径较小时，二次电压也应该选得低些；

⑤ 考虑到烘、开炉等特殊要求，必须备有一系列可供选择的电压级。

最适宜的工作电压一般由生产试验确定。

(2) 电流

埋弧操作的工业硅炉，电流在炉内的分布有两条回路，一条是电极—电弧—熔融物—电极主电流回路；另一条是电极—炉料—电极分电流回路。

对三相熔池的电场，电流不仅在电极和导电炉底之间通过，而且也在电极、合金、电极之间通过。从电极起弧端部流向熔池的电流约占全部电流的 25%～30%，而从电极侧表面通过的电流相应地约占 70%～75%。电极端部到炉底的距离越小，则电极端部到炉底的电流强度越大。

（3）功率

在电气计算中，有很多未知数，只有功率是固定值，熔池功率可用下式计算。

$$P_B = I^2 r_B = U_B I \cos\varphi_B \tag{3-4}$$

式中 P_B——反应区的有效功率，kV·A；

I——电流强度，A；

r_B——熔池电阻，Ω；

$\cos\varphi_B$——电炉功率因数。

电极截面内的电流密度和电极工作表面上的电流密度是最稳定的数值。而电炉的其他动力指标差别很大，这是因为熔池尺寸、电极尺寸、所用的炉料、电气制度和操作方法存在着很大的差别。同一个熔池里有几种不同的合金反应，而动力指标却只对其中一种合金的冶炼是理想的。

（4）熔池电阻

熔池电阻 r_B 是一个要计算的物理参数。计算熔池电阻 r_B，必须计算熔池的电阻系数和电阻的几何参数。所有这些都与熔池尺寸和电极尺寸有机地联系着。

3.1.2.2 反应区的参数

（1）反应区尺寸

在埋弧式电炉的电炉熔池内，尤其是在无渣法冶炼熔池内这个区域非常明显。反应区尺寸也可用公式计算。反应区的功率密度为：

$$P_{V_T} = \frac{P_B}{nV_T}$$

式中 n——电极数目；

V_T——反应区（坩埚）体积。

在炉底没有上涨的熔池里，每相电极反应区的体积为：

$$V_T = \frac{\pi}{4} D_P^2 (h_0 + h_B) - \frac{\pi}{4} d^2 h_B \tag{3-5}$$

式中 D_P——反应区（坩埚）直径；

h_B——电极在炉料中有效插入深度（不包括锥体部分和料壳）；

h_0——距离；

d——电极直径。

h_0 在无渣熔池是指电极与碳质炉底之间的距离；在非导电耐火炉底的熔池里，则是电极出硅口水平面上合金之间的距离。

D_P 值是根据长期操作电炉的经验确定的。反应区直径等于圆形熔池里电极极心圆直径。选定的电极极心圆直径应使整个料面包括三个电极的中间部分都是活性区。电极极心圆直径不得大于反应区直径，因为极心圆直径过大，在熔池中心会形成死料区，电极极心圆直径也不宜过小，否则会降低熔池生产能力。

简化式(3-5) 得表面没有烧损的圆柱形电极的反应区体积是 $V_T = 7.07d^3$，对于多数表面烧损圆锥形电极的反应区体积近似为 $V_T = 6.76d^3$。

（2）影响反应区的因素

反应区（坩埚）体积的大小与电炉输入的功率、电极直径、电极插入深度等因素有关。

① 电炉功率 由式(3-4) 可知，反应区的有效功率 P_B 越大，反应区的功率密度越大，则熔池获得能量越多，电炉温度越高，坩埚区也相应增大。因此在电炉正常生产时要求满负

荷供电。

② 电极直径　反应区直径大即电极电弧作用区直径 D_a 大，则反应区（坩埚）体积大；电极直径大，则反应区体积大。一般反应区坩埚直径为电极直径的 2.4 倍左右。

③ 电极插入深度　对电炉熔池要有一个合适的电极插入深度。电极插入深度 $h_0=(1.2\sim2.5)d$ 是最理想的，此时电极深而稳地插入炉料中，坩埚大、炉温高而均匀。当电极插入过浅时，会造成结瘤和炉膛温度下降，这对于需要大量热能的矿石还原过程是不利的。反之，电极位置过深，则会引起炉底和熔体过热、合金温度过高而挥发。

在固定式电炉熔池里，每根电极端部的坩埚横断面接近于圆形；在旋转式电炉熔池内，这种坩埚则变成近似于椭圆形；旋转愈快，坩埚断面愈小；旋转适中，坩埚断面愈大。旋转还能减小坩埚的高度，旋转对坩埚结构是有利的。

3.1.2.3　工业硅熔池主要参数

正确地选择熔池参数是工业硅电炉设计的首要任务，通过理论计算和生产实践相结合来选择最佳的熔池参数是提高产量、降低电耗和冶炼顺利进行的先决条件。

(1) 电极直径

电极直径是熔池主要的几何参数，它对熔池的其他参数和电气指标起决定性的作用。电极直径通常根据电极电流和电极电流密度确定：

$$d=2\sqrt{\frac{I}{\pi\Delta I}}$$

式中　d——电极直径，cm；

I——通过电极截面积的电流，A；

ΔI——电极电流密度，A/cm^2。

工业硅生产的电极电流密度及其他一些常数列于表 3-1 中，电极电流密度过大，则电极消耗增加、电极容易断裂、炉内温度梯度增大、熔池局部温度过高、合金蒸气损失增加；电流密度过小，则电极烧结不良、熔池温度过低。

表 3-1　电炉参数计算的一些常数

品种	电流密度/(A/cm^2)	产品常数 $\alpha_{极}$	反应区功率密度 p_{V_T}/(kW/cm^3)	心圆倍数 α	炉膛倍数 γ	炉深倍数 β	电压系统 κ
工业硅	5.5～6.1	4.87	430	2.2～2.3	5.8～6.0	2.5～2.8	6.7～7.0

(2) 极心圆直径

在三相电炉中按正三角形配置的三根电极的圆心所形成圆的直径称为极心圆直径。电极极心圆直径是一个对冶炼过程有很大影响的设备结构参数，电极极心圆直径选得比较适当，三根电极电弧作用区部分刚好相交于炉心，各反应区彼此交错重叠，这时炉心三角形区域相互串通，此时“坩埚”大，炉温高，炉心吃料快，产量高，经济指标好。合适的极心圆直径可按下式计算：

$$D_g=\alpha d$$

式中　D_g——电极极心圆直径；

d——电极直径；

α——心圆倍数。

(3) 炉膛内径

在选择炉膛内径时，要保证电流经过电极—炉料—炉壁时所受的阻力大于经过电极—炉料—邻近电极或炉底时所受的阻力。炉膛内径可按下面经验公式计算：

$$D_{内}=\gamma d$$

式中 γ——炉膛倍数；

d——电极直径，cm。

炉膛直径约为极心圆直径的2～3倍，电极与炉壁间的距离应大于电极直径的0.8倍。

(4) 炉膛深度

在选择炉膛深度时，要保证电极端部与电炉底之间有一定的距离，炉内炉料层有一定的厚度。

合适的炉膛深度可按下列经验公式计算。

$$H=\beta d$$

式中 β——炉深倍数；

d——电极直径。

炉膛深度约为电极直径的4～5倍。

(5) 熔池电阻

熔池的有效电阻是一个要在计算和冶炼过程中控制的物理参数，尤其是在计算机控制的电炉中更为重要。计算熔池电阻必须计算熔池的电阻系数和电阻的几何参数；熔池的有效电阻可按下式计算：

$$r_B=\frac{0.206\rho}{d}=3.7\rho P_{V_T}^{0.33}P_B^{-0.67}$$

式中 ρ——熔池有效电阻系数，Ω/cm；

d——电极直径，cm；

P_{V_T}——熔池功率密度，kW/cm^3；

P_B——熔池有效功率，kW。

(6) 电流强度

工作电流强度按下式计算：

$$I=\sqrt{\frac{P_B}{r_B}}\times 10^3=507\rho^{0.5}P_{V_T}^{-0.167}P_B^{-0.67}$$

(7) 有效电压

有效电压（电极上的电压）可按下式计算：

$$U_B=Ir_B=1.97\rho^{0.5}P_{V_T}^{-0.167}P_B^{0.33}$$

在上面三个公式中，P_B 表示一根电极上的有效功率或在三相电炉一个相的有效功率。

(8) 产能计算

工业硅电炉的产能与电炉变压器容量、电炉功率因数、硅的回收率、原料情况等有关。工业硅回收率与电耗呈反比关系。

工业硅电炉产能计算公式如下：

$$Q=\frac{PK\cos\varphi T}{W}$$

式中 Q——电炉生产能力，t/a；

P——变压器容量，kV·A；

K——变压器负荷利用系数、网路电压波动系数等，0.83；

$\cos\varphi$——电炉功率因数（未补偿），0.78；

T——电炉有效熔炼时间，h；

W——电能单耗，kW・h/tSi。

3.2 工业硅生产工艺

工业硅是在单相或三相电炉中冶炼的，绝大多数容量大于5000kV・A的三相电炉使用的是石墨电极或碳素电极，采用连续法生产方式；也有用自焙电极生产的，但产品质量不太理想。

传统的电炉是固定炉体的电炉，旋转炉体的电炉近年来开始使用。有企业实践证明，使用旋转电炉减少了电能的消耗约3%～4%，相应地提高了电炉生产率和原料利用率，并大大地减轻炉口操作的劳动强度，在炉口料面不需要扎眼透气，对改善所有料面操作过程是很有利的。

冶炼工业硅的电气参数通常保持不变，低压侧的电压为80～190V，电流为35000～100000A，以致数十万安培。

工业硅是连续方法冶炼的。从冶炼程序观点出发，正确的炉口料面操作是极为重要的，炉口料面的正常操作有如下的特征。

① 沿整个炉口料面冒出均匀的气体，不存在黑色的烧结区域，没有局部气体喷出，沿着电极周围整个电炉中心和电极之间的炉料均匀地下沉，没有大量塌料和刺火现象。

② 电极周围料面锥体正常，电炉中心的炉料比周围炉料下降快，整个料面冒出黄色火焰。

③ 电极深而稳地插入炉料中。

④ 在每次出硅时液态炉渣经常伴随在硅液中，在出硅后期明亮的黄色火焰通过出硅口喷出来，出硅口容易冒火。

⑤ 电能消耗是稳定的，并且功率表记录绘出平滑的曲线。

⑥ 每小时装配料时间按照实际电能消耗严格精确地进行。

大型三相电炉是用加料管附以加料机加料，这种机械设备可移动操作，缺点是它的笨重和传动装置复杂，但在大炉型上机械加料生产的效果较好。

液体硅很容易挥发，电炉操作应该尽量减少硅的挥发，同时要增加最大熔化炉料的数量，就要求电极插入深而稳，并且要保持整个料面上炉气的均匀冒出、具有良好的透气性。电极插入深度是由电极和炉底之间电压降、电极电流和炉料电阻等因素决定的。在工作中有时用电炉电阻变化来调整电极在炉料中的插入深度：电炉电阻由增加或减少炉料的电导率或者是改变它的组成或原料粒度大小等来调整（在炉料中增加碳质还原剂的数量能提高电导率；增大使用还原剂粒度尺寸也能提高电导率）。

在每根电极下部形成的坩埚区是电炉温度最高的区域，在那里硅被还原得最多，炉料在电极附近熔化。在一定距离的外部形成既黏又部分烧结的状态，这样就形成坩埚壁。这时在坩埚上部较冷的炉料也开始烧结，并且在坩埚上面呈锥体形状，这些坩埚壁和坩埚顶盖在冶炼过程中连续不断地熔化下沉，其上部又被新的部分炉料代替；这个坩埚不能被看作是凝固不变的容器，它相当于在电极拉弧端部形成的高温区；当电炉在热运行状态时，坩埚下部不断地被加热熔化，而上部又形成同样的坩埚壁。

影响生产的因素是不均匀的炉气在料面喷出形成的刺火，使用旋转电炉可以减少和消除这种现象。

（1）熔炼时的炉膛结构

工业硅熔炼是在埋弧状态下连续进行的。在熔炼过程中，根据炉膛内各区域的温度、物料的变化和填充状态的不同表现出不同的炉料反应区域，这些区域情况如图 3-2 所示。

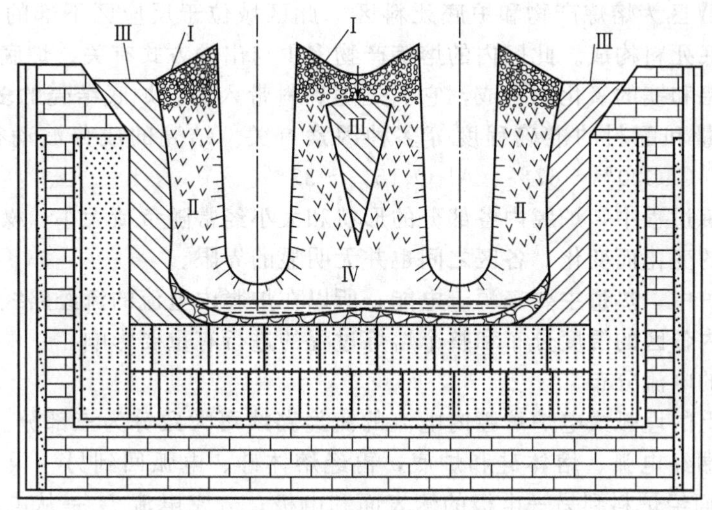

图 3-2 冶炼炉反应区域情况示意

① 图 3-2 中Ⅰ区为炉料预热区 在这一区域不断加入炉料，并被反应区上升的气体所加热，炉料温度随其在炉膛上部停留时间的延长而升高。这一区域中心部位的炉料温度为 700～800℃，电极附近的炉料温度正常情况下可达到 1000℃，外围区域炉料的温度约为 400℃。炉料中吸收的水分在 100～200℃时全部蒸发掉。化学结合水在 400℃左右被排除。分离出的水蒸气与热气流反应，生成 H_2、CO 和 CO_2。水蒸气的蒸发和分解消耗一定的热量。

在这一区域，排出低灰分煤、木炭和石油焦等还原剂的挥发分，还有部分低灰分煤、木炭和石油焦被燃烧掉。在这一区域的中部，由于硅石晶型转化造成的体积增大，会使硅石出现不同程度的裂纹或碎裂。抗爆性差的硅石，碎裂程度严重时，会影响料层的透气性。反应区产生的硅和一氧化硅气体在这一区域会不同程度地被氧化成 SiO_2。

② 图 3-2 中Ⅱ区为反应区 此反应区是由电极插入炉料中的部分电极周围的空间及电极下部的空腔构成。炉料在这一区域不断向电极工作端沉落，并被强烈加热。在这一区域的上部和侧部，温度较低，发生副反应形成碳化硅。在这一区的下部电弧区的温度最高达到 4000℃左右，进入电弧区的物料被加热转化为气态。由于在反应过程中氧化硅被碳还原生成大量气体，在较大压力下从坩埚下部向上排出，而生成的硅和熔渣流到炉底，物料体积便急剧缩小，形成自由空间，这个空间又被上面下来的另一些炉料所填充。物料中气体形成的空隙增大了物料的电阻，电极导入的大部分电流在下部料区也产生大量集中的热量，所以氧化硅和其他氧化物还原的主要物理化学过程都在此反应区内进行。硅石和还原剂灰分中16%～19%的硅以 SiO_2 和 Si 的气态形式损失掉，硅回收率约为 80%～84%。其他金属氧化物还原后进入熔体硅液中的量是：Al50%～55%、Ca35%～40%、Mg30%左右。由于铝、钙、镁等的氧化物还原需要更高的温度，所以提高反应区的温度会增加这些氧化物进入硅中的量；反应区产生的气体经炉膛料面逸出，主要成分是 CO85%～90%，CO_2 4%～50%，$O_2$0.2%～0.8%，$CH_4$1%～2%，$H_2$1%～3%，气体中含有大量粉尘，粉尘主要是 SiO_2，这是造成硅损失的主要原因。

③ 图 3-2 中Ⅲ区为形成炉膛结壳的死料区 此区域由烧结状态的物料及少量 SiC 构成，

是在大修或新启动的电炉开炉后的头几天内形成的。一般情况下，形成后就基本固定下来，不再发生显著变化。这一区的作用能防止熔炼产物破坏炉衬和保证热量集中在反应区。

④ 图 3-2 中Ⅳ区为熔炼产物和炉底死料区　此区域位于反应区下部的炉底上，由熔融的熔炼产物和炉底死料构成。此区内的熔炼产物多少与出炉方式有关。炉底结壳主要由没有还原的硅、钙、铝和镁的氧化物构成，它们是随炉料带入的。炉底结壳的多少与反应温度、炉料中杂质的含量和配料的准确程度等多种因素有关。结壳的成分波动很大，一般含有 SiO_2 18%～44%、CaO20%～67%、Al_2O_3 15%～37%。

在工业硅熔炼过程中，炉膛内各部分的形状和大小经常随负荷大小、操作情况、炉料组成和出炉等因素的变化而变化，各区之间也并无明显的界限。

在埋弧式电炉中，热量主要来源于电能。所以在炉膛内电流的流经路线及各路线的电流量的分布对炉膛内各区的温度分布和整个熔炼过程的进行有重要影响。

(2) 熔炼时的电流分布

两根电极以上的埋弧式电炉炉膛内电流的流经路线可大致分为三部分。分支电流 I_1 是由一根电极拉弧端经电弧、熔体硅和炉底，再经熔体硅、电弧回到另一根电极；分支电流 I_2 是从电极侧表面经炉料到另一电极的侧表面和电极；分支电流 I_3 是从电极侧表面经炉料到电炉侧部炭砖，再经炉底炭块和另一侧的侧部炭砖和炉料，到另一电极的侧表面和电极。

在实际的熔炼过程中，I_1、I_2、I_3 很难截然分开，彼此是相互串通的。为便于分析炉内的电流分布，可将电极间的电流视为由 I_1、I_2、I_3 三个并联支路组成。

在工业硅的熔炼过程中，为提高生产率和热能的利用率，反应区的能量应尽量集中，也就是分支电流 I_1 要尽量大，即是要保持电极拉弧端与炉底间的电阻相对要小，就是要做到通常要求的深埋电极。

工作中的电炉内部是很难观测的。几乎没有合适的材料可以用于如此高温及化学环境的探针，也没有测量电炉内部的手段。因此，对于电炉内部运行的理解均基于大量非直接的定性观测和体系化学性质的一般知识。

(3) 操作人员的经验

电炉的操作各处不同，但典型的操作循环如下：捣炉完成、按照指示加料、电炉运行直至需要新的捣炉（或加料）。

操作者按照指示并根据观察决定捣炉的时机：电炉中产生了白热的烟气或刺火，烟道中的烟温指示，大量塌料等。

捣炉的一个准则是将电极周围腾出空间加入新料，但捣炉要轻。首先将料层顶部的结壳打碎，并在电极周围推出一圈 30～50cm 宽的沟，将旧料推向电极并推平，然后将新料覆盖在旧料上达到预定的高度。每次加料量取决于原料的密度和操作循环的间隔时间。

(4) 运行中电炉的内部结构

电炉需要捣炉时的状况是电极周围是充满气体的空腔。三相电极的空腔被物料分开，呈各种形状。空腔底部为硅和碳化硅的浆状混合物，其上层几乎是纯硅。空腔壁的下半部为碳化硅晶体，晶体之间充满熔化的硅。碳化硅晶体烧结在一起使上部的沉积物组成空腔壁。碳化硅空腔壁之上为部分转化为碳化硅的炭块、熔融的二氧化硅及凝结物。靠近空腔壁内侧的物料已被加热到足以发生化学反应，但较远处的物料则呈相对的惰性。二氧化硅已熔融，但黏度很高，它可沿着空腔壁缓慢流下。空腔顶部的物料黏结得十分紧密，难以下沉。当其无法再捕获 SiO 气体时，操作者将其捣炉打碎，用旁边的疏松物料填充位置，并在其上添加新的物料。反应生成的 SiO 气体向上通过新的物料层。

炉底温度向四周和向下梯度下降，在硅的熔点等温线外的工业硅将凝固。该等温线可能位于沉积物中，也可能到了炉衬里。液态的硅将通过管状的出炉眼流出炉外。

3.3 工业硅生产操作

3.3.1 工业硅生产工艺流程

工业硅生产中的物料流程示意图如图 3-3 所示。

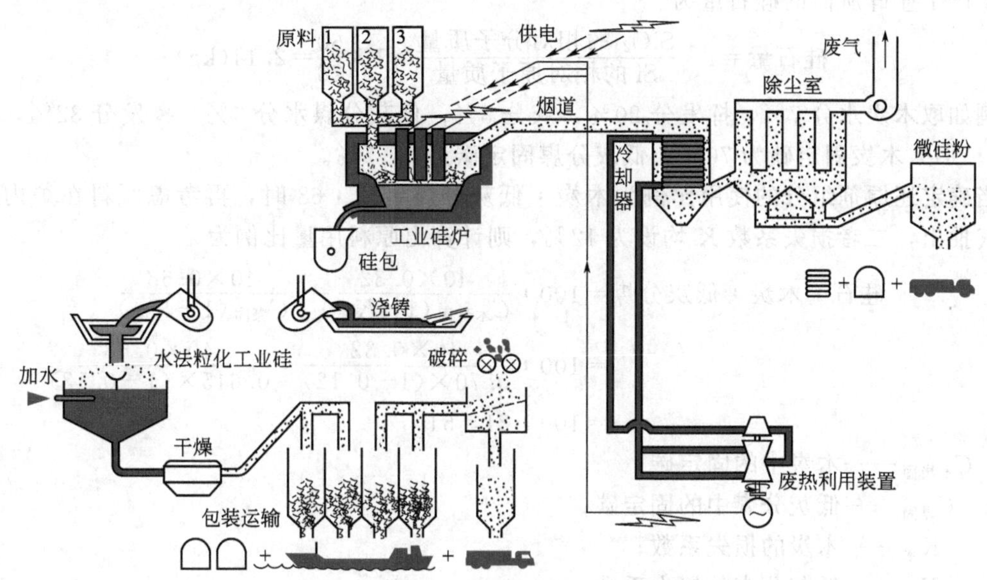

图 3-3 工业硅生产的物流过程示意图

3.3.2 操作要点

3.3.2.1 配料

在生产中要首先配好料。各种原料的称量和混匀过程叫配料。小型电炉的配料完全是人工操作的，一般把称量好的各种料批由人工用铁锹混匀，混匀后的料批才可以加入炉内。大型电炉生产时各种料由皮带送到日料仓，根据生产配比在计算机程序中输入各种料的批重量，几种料同时下料称量，同时布到一条水平皮带上，经过皮带的运行和输送机的送料过程，料就会混合均匀。工业硅生产模块流程如图 3-4 所示。

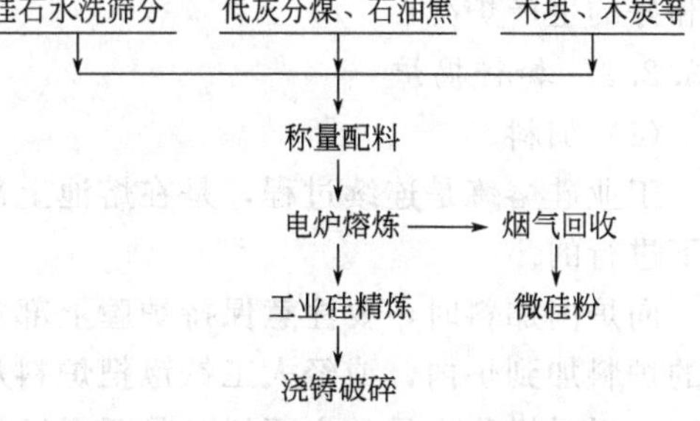

图 3-4 工业硅生产模块流程图

配料工作的好坏对产品质量、原料单耗、产品成本特别重要。配料中有三个重要比例需生产者控制：即还原剂组成的使用比例、计算的原料比例和实际用的配料比例。

计算的原料比例指按如下反应式进行计算：

$$SiO_2 + 2C \longrightarrow Si + 2CO$$

以工业准确度计算出每批料的原料用量比例。在工业生产时可认为反应的硅石中的 SiO_2 含量为 100%；碳质还原剂中灰分的氧化物还原所需的碳与电极参加反应的碳量相当，可忽略不计。

在这种条件下还原100kg硅石所需固定碳量为

$$固定碳量=100\times\frac{2\times碳的相对原子质量}{SiO_2\ 的相对分子质量}=100\times\frac{2\times12}{28+32}=40(kg)$$

按照工业硅冶炼反应的主反应式，还可计算出生产工业硅所需固定碳的量为

$$固定碳量=1\times\frac{2\times碳的相对原子质量}{Si\ 的相对原子质量}=1\times\frac{24}{28}=0.857(kg)$$

生产工业硅所需的硅石量为

$$硅石量=1\times\frac{SiO_2\ 的相对分子质量}{Si\ 的相对原子质量}=1\times\frac{60}{28}=2.14(kg)$$

例如取木炭水分7%，挥发分20%，灰分3%；低灰分煤水分4%，挥发分32%，灰分2.5%。那么木炭固定碳为70%；低灰分煤固定碳为61.5%。

当确定还原剂组分的使用比例为木炭：低灰分煤=32：68时，再考虑原料在炉内烧损和烟气抽出，二者损失系数 K 均设为12%，则计算出原料用量比例为

$$\begin{aligned}硅石：木炭：低灰分煤&=100：\frac{40\times0.32}{C_{木炭固}(1-K_{木})}：\frac{40\times0.68}{C_{煤固}(1-K_{煤})}\\&=100：\frac{40\times0.32}{0.70\times(1-0.12)}：\frac{40\times0.68}{0.615\times(1-0.12)}\\&=100：21：51\end{aligned}$$

式中 $C_{木炭固}$——木炭中的固定碳；

$C_{煤固}$——低灰分煤中的固定碳；

$K_{木}$——木炭的损失系数；

$K_{煤}$——低灰分煤的损失系数。

实际生产中由于各种原料水分波动大，以及电气参数和操作情况等因素，致使实际用量与计算用量有一定的差异。在生产中要经过调整某一种还原剂用量来避免生产波动，这样就产生了实际用的配料比。

配料中的称量工作极为重要，要求每班对秤要进行校验，只有原料称量准确才有好的配料和好的生产炉况。

3.3.2.2 加料捣炉

(1) 加料

工业硅熔炼是连续过程，是在熔池上部的炉料不断熔融，几乎是在连续向熔池下沉的情况下进行的。

向炉内加料时，要注意保持炉膛上部规定的料面水平。一般是经下料管和流槽把电炉料仓的炉料加到炉内，或经人工铁锹把炉料从炉外投到炉内。

加料时操作人员的主要任务是要保证炉膛上部料面处于正常状态。其特点是：

① 电极深而稳地插入炉料中；

② 气体经炉膛上部整个有效表面均匀冒出，没有暗色烧结部分，气体由小孔排出；

③ 炉料沿炉膛上部的整个有效截面下落；

④ 熔体硅液的出炉正常，出炉量与规定的电能和原料消耗相适应；

⑤ 电极的电流负荷稳定。

加料是间断进行的，总量根据额定产能确定。为避免熔池上部料面加料过重，应在前一批料熔尽后，再加一批新炉料。加料前，要先把旧炉料捣下去，然后把经过预热的料扒到电

极周围，再加入一批新的炉料，使之在电极周围形成锥体。在正常熔炼情况下，加料量应与电能的消耗量和放出熔体硅的数量一致。

（2）捣炉

为保证需要的炉料适时进入反应坩埚，要通过捣炉强制炉料下沉。在实际生产中，加料和捣炉是结合进行的。早期捣炉用木棒进行，现在已大多使用半自动或全自动捣炉机。

电炉正常运行时，只有当炉料在炉膛上部已被很好加热以后或者出现形成“刺火孔”的迹象时，才实施捣炉沉料。捣炉作业的要领如下。

① 捣炉作业一般是一个电极区一个电极区地依次进行。小炉型或半自动捣炉机捣炉时，几台捣炉机同时配合进行捣炉；大电炉或全自动捣炉机捣炉时，在每个电极区分别进行作业。

② 捣炉前先定好捣杆运行方向，捣炉时捣杆切勿触碰电极。

③ 在捣杆抽回后，马上把被撬散的热料堆到电极周围，并在整理好的料面上加上新料。加料应均匀，对易产生刺火处要先加料。加料可适当多些，以增大气体喷出的阻力。

电极周围形成圆锥体是连续熔炼所必需的条件之一。为了实现连续的熔炼过程和减小蒸发损失，必须使加到炉内的炉料在电极周围形成圆锥体，并保持一个相对稳定的料面高度。锥体所造成的压力应力求在炉料与电极表面接触处冒出的反应气体从料面上均匀冒出。

3.4 工业硅生产设备

铁硅系合金主要用矿热炉来冶炼。矿热炉按电源电流的相数可分为单相炉和三相炉等。工业硅通常采用三相埋弧式矿热炉来生产。工业硅生产需要许多电气、机械设备正常运行，共同完成生产各工序的任务。图 3-5 为工业硅电炉剖面图。

3.4.1 冶炼设备

生产工业硅的矿热炉按电源电流的相数可分为单相炉、三相和四相电炉等。但通常多见的为单相炉和三相炉；国外有报道四相电炉的。

矿热炉也按弧光的现象分为埋弧电炉和明弧电炉。

（1）单相矿热炉

单相矿热炉熔池电源电流是单相的，主要是用于实验室做实验用，也可用来生产电石和硅铁。有些研究单位为了某些特定的用途和实验室实验，仍在使用单相矿热炉。单相矿热炉由于电感几乎达到完全补偿的程度，因此尽管电流强度高达 250kA，还是可以将炉子的功率因数提高到 0.95，使得单相电炉在某种意义上可起到工厂其他电炉车间的相位补偿器的作用。

尽管有较高的功率因数，单相和其他形式的两根电极的电炉一样，在实际生产中并没有得到广泛的应用。目前在实际生产中使用最多的还是三相矿热炉。

（2）三相矿热炉

① 电极分布在三相电炉中，圆形炉体中的三根电极是呈正三角形分布，如图 3-6 所示。这是设计工业硅电炉时常采用的一种炉体。三相电极按正三角布置的圆形炉体三相矿热炉在铁合金工业中使用得最多。

在电极按正三角形分布的三相矿热炉中，电极端部熔池坩埚一般是彼此相互贯通的，按这种设计制造的矿热炉可设置一个出硅口。但为了增产和配合旋转炉的特殊运行，大型电炉设有 3～5 个出硅口以便于操作。

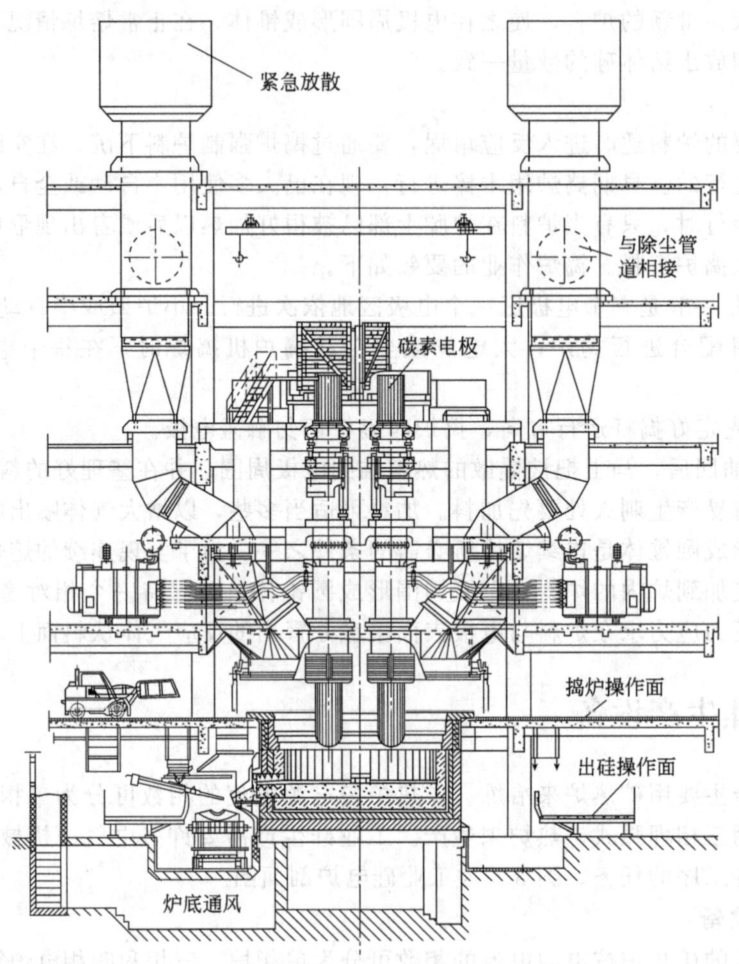

图 3-5 工业硅电炉剖面图

② 旋转炉体炉料到达高温区时，它们就开始熔化并易烧结成块，加上在炉料中的细粒料填充在大块料之间，大大地降低了炉料的透气性，如果产生炉料结壳，不仅会阻碍炉料均匀下沉，而且还会加剧影响炉料的透气性。炉料中的硬块料改变了正常的加料操作条件，同时缩小了反应区坩埚的大小。为了改善这些不利条件，人们设计出来一种新型旋转炉体，来防止造成绝缘破坏、相间打弧、烧坏设备。旋转炉体确保了炉料良好的透气性，增加了化料效果，简便了操作程序，提高了运行效率，因为高温区随着炉膛和炉壁在不断地缓慢移动，延长了炉衬使用寿命。

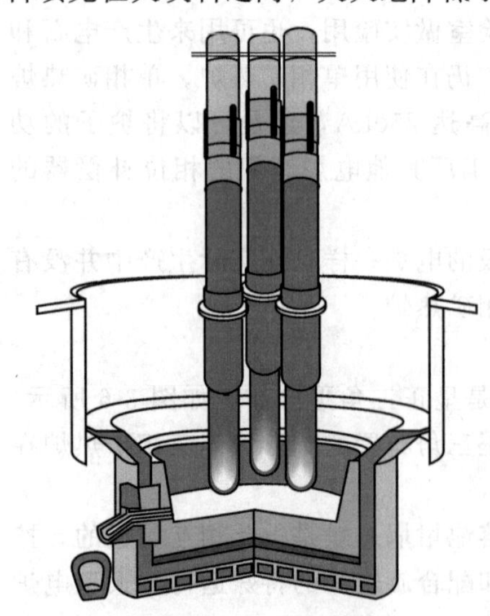

图 3-6 三相矿热炉

旋转炉体的旋转速度相当缓慢，大多在 7 天左右旋转一周，但可提高效率 10% 以上。

国外 10000kV · A 以上电炉都是旋转的；国内 10000kV · A 工业硅炉，包括硅铁炉都没有采用旋转机构，只有 25500kV · A 工业硅炉是旋转的。

③ 烟罩 工业硅电炉的烟气主要是 CO、CO_2、

SiO_2 等，并带有大量的热量。这些热量如果不进行收集而直接上升辐射，就会破坏电极把持器系统等各类设备，这是电炉设计烟罩的最早原因。常见的电炉烟罩有高烟罩和矮烟罩两种，高烟罩无法回收烟尘及热量且对设备有破坏；矮烟罩是大多数电炉使用的一种技术，利于回收微硅粉和热量，对配套建设除尘净化设备、废热锅炉都有很多好处，也有利于保护设备不被热辐射损坏。

工业硅冶炼是在三相埋弧式矿热炉内进行的，容量小的电炉大都采用敞口式电炉，容量大的电炉采用半封闭旋转式电炉来生产。旋转式电炉每5～7天转一圈，有助于取得较稳定的沉料速度、利于破坏碳化硅、减少碳化硅的沉积速度、扩大坩埚区、保证良好的炉况运行。在大容量电炉中普遍应用旋转炉体，可使10000kV・A电炉电耗下降10%左右。若采用矮烟罩半封闭式电炉，可以回收烟气余热和微硅粉，除改善工人劳动条件外，回收的微硅粉还有利用价值，并产生经济效益。

工业硅电炉是一个用电较大的设备。每个工艺过程和电炉都需要固定的供电制度，即在电炉电气特性（功率、电流、电压和操作电阻等）和每吨工业硅最小电能消耗之间存在固定关系，它表现出最大的电炉产量；确定这些供电制度即所谓最佳运行条件，是一个非常重要的实际问题。电炉供电制度对于工业硅冶炼操作的结果有重要的影响。

在工业硅的连续冶炼过程中，电力供应不能中断，电炉要有一个不变的电能输入。炉料是以小料批的形式加入到炉中，生成的工业硅液周期性地放出。

3.4.2 电气设备

3.4.2.1 变压器

工业硅生产工厂的降压变压器是典型的供电电力变压器。

(1) 电炉变压器

冶炼工业硅的变压器是一个三相变压器或者三个单相变压器组，用于转变三相电流。

在大功率电炉中，最好采用三个单相变压器组，这样可以减少低压系统的长度，提高功率因数和电效率。同时也可以保证有一个预备的单相变压器替代待修的变压器，比单独的三相变压器更换更方便。

电炉变压器具有以下性能：

① 经得起温度升高造成的对线圈绝缘性损害的能力；

② 高的机械强度，以确保变压器元件的稳定；

③ 足够数量的电压转换开关，以便调节电弧长度；

④ 高的变压率。

(2) 低压系统

电炉变压器两侧的接线端系统为较大尺寸的导体，这个低电压系统由于它的长度可以忽略，称为短网。

工业硅电炉的低压系统通常由导电铜排、软电缆和导电铜管三个主要部分组成，它们和电极把持器下面的铜瓦连接。通常具备以下特点：

① 最大限度地缩短短网系统的长度；

② 封闭、相向地装置导体（应尽可能安装最封闭的导体）；

③ 选择最佳的导体横截面（注意自感损失随周长和横断面比率的增加而增大）；

④ 安置的导体应尽可能地远离主要的钢结构件。

3.4.2.2 配电保护装置与电炉控制

(1) 配电保护装置

配电保护装置包括以下几类。

① 电炉开关键　配电设备包括大量电炉开关键等装置。这些装置安装在变压器的原边电压系统中，因为二次电流的值达数万安培，开关安置困难。电炉开关使用油开关，油开关通常用于开、关电路，可避免因使用空气开关引起的电弧而导致短路现象。

油开关的油箱充满变压器油，瓷制套管牢固地套在封盖上。当油开关处于关的位置时，它的套筒和固定触点与电源接通，保持在高压下；开关安装在油刀和用来断开高压的设施之间，以便保证油开关的安全使用。

② 继电器　继电器的简单形式是一个有内部可动卡的卷（螺线管）；当电流超过额定值，则关闭信号继电器连接器，另一个继电器的连接器去断开油开关。超负荷通常依靠时间继电器保护电路，这些继电器在电流超负荷一段时间以后才断开电路，电流超负荷越大，断开时间越短。继电器能可靠地保护变压器的超负荷运行，并把短路的次数减少到最少。

③ 控制仪表　一套完整的电炉控制仪器通常包括：

• 三个电流表和三个电压表（每个线圈一个表），用于测量线圈的电流和电压；
• 用于测量变压器原边电路的电流和电压的电流表和电压表；
• 三相兆瓦表；
• 三相瓦特表。

兆瓦表和瓦特表通常连接在变压器的高压侧，用来测定变压器中的能量损失。

(2) 电炉控制

电炉操作是根据表盘读数来进行的。控制电炉的操作分自动和手动两种。电极自动控制系统的电路是通过平衡流过电极的电流的电弧电压来进行控制的，电极的手动控制用以防止自动控制失效。

电极升降为液压传动，电极压放采用 PLC 系统程序压放，同时设手动控制设备。电极的运行工作是电气设备与液压设备协调工作的结果。

3.4.3 机械设备

工业硅生产是一个系统工序，除前面讲的电气设备外，还需要许多设备共同完成。

3.4.3.1 机械设备

矿热炉的机械设备是较繁杂的，包括炉体、电极把持器、电极压放装置、电极升降系统、上料加料系统、出硅设备、防护设施、原料清洗系统、设备冷却系统等。

(1) 电极把持器

工业硅电炉使用的电极把持器有两种形式：自由吊挂式和自动或手动松紧的刚性连接式；其中吊挂式电极把持器在电炉上得到广泛的应用，这种电极把持器可用在所有大型矿热炉中。

电极把持器把铜瓦夹紧在电极上，并便于电极升降系统来调整电极的位置，它包括铜瓦、夹紧环、把持筒等。

① 铜瓦　铜瓦也叫导电夹或导电板，在高温条件下工作，有可靠的水冷系统提供保护，常见的工业硅电炉具有 8 块铜瓦的电极把持器水冷系统。

铜瓦是矩形的，其四周略带圆角，一般是由铜或铜合金——青铜或黄铜制成的，这些合金具有低电阻性和导热性。接触铜瓦若用铬铜合金制造，其使用效果最好。铜瓦可以是空心的或者内装水冷铜管（钢管）。内装水冷铜管的铜瓦实际使用效果较好。

铜瓦内电流密度常常在 1.4～1.7A/cm^2。为防止铜瓦和夹紧环之间出现漏电现象，铜瓦和夹紧环之间用石棉或云母垫隔开，石棉或云母板在铜瓦与其夹紧环或楔铁相接触点处被嵌入一个特制的铜瓦保护罩内。绝缘材料被放置在铜瓦与夹紧环之间的一个薄钢保护层保护起来，防止漏电打弧。

20世纪90年代建造的电炉，通向铜瓦的电流是由铜管提供的。铜瓦从把持筒上自由地由铜管吊挂下来，确保电流只从铜瓦通向电极。

② 夹紧环　夹紧环是由无磁性和耐热的合金做成的带螺栓的两个半环组成的，目的是防止电流通过时产生磁力线。两个半环是完全中空的，并且罩上配有特殊形状的紧固螺栓配件的钢制外套。所需紧固螺栓的数目根据铜瓦多少而定。螺栓是用钢或更好的青铜制成。这种方式在小型电炉中常常采用。

大型电炉电极把持器应用了自动控制压放的设备，使用了液压自控系统压放电极，当电极将被压放时，系统内压力将变向，就可执行压放程序。采用电极压力环、保护环、波纹膨胀管、电极位置指示仪等先进技术，大大地提高了升降电极的可操作过程。电极不但可进行压放操作，还可以倒把提升，为处理电极事故提供了方便。

③ 把持筒　在电极把持器中，电极把持筒用来包裹电极。电极把持筒上端用石棉板或惰性填料封住，使电极吊挂部件不受热辐射和电炉出口气体的影响，确保铜瓦与电极之间接触良好。

(2) 电极压放装置

电极压放装置是为了保持电极工作端的长度以补偿电极消耗，采用液压或机械压放。国内小型电炉常用机械压放电极，松开夹紧环外边的几个螺栓来压放电极。

6300kV·A以上中型电炉的电极把持器使用液压自控系统压放电极，这种系统内部压力为50～120kgf/cm^2（1kgf=9.80665N，下同）；紧固配件将铜瓦紧靠在电极上。当一根电极要被压放时，系统内压力将变向，然后紧固配件离开铜瓦，电极压放下来。随着一些弹性紧固先进技术如电极压力环、保护环、波纹膨胀管、电极位置指示仪、电极调节装置被研制生产出来，现在已广泛用在铁合金冶炼炉中。电炉的电极压放装置一般要求复位速度快，自动化程度高，节省升降电极操作过程所需的时间和减少操作人员的劳动强度。

(3) 电极升降系统

该系统是用提升和下放电极来改变电极位置，调整电极电弧长度达到调整电流大小的目的。通常用液压油缸来提升、下降，电极升降装置升降速度在0.5m/min左右。

升降系统中的起落架式或立柱式电极升降装置都是电动或者液压传动的。由于电动升降设备笨重，并且要求有一个更大的电动机，在大电炉生产中已逐渐被自动化程度较高的液压装置代替。

(4) 上料加料系统

上料加料系统是把原料按冶炼要求加入炉内的整套设备，包括原料输送系统、称量系统、配料系统、炉顶料仓、加料管、流槽等。

在小型电炉生产中只使用人工转运原料到二楼平台人工配料、加料操作。

大型电炉使用了原料输送系统，用送料机具将原料分别加入料斗中，由皮带输送系统将原料送至日料仓，再由日料仓按生产料批量要求分别称料、布料，经混合的料批由皮带加入到炉顶缓冲料仓，根据炉况就可以通过加料管随时加料了。以上过程均为自动化操作，是目前世界上采用的先进的冶炼上料加料技术。

炉顶缓冲料仓要有足够的容积，以保证电炉生产的连续性，不能造成缺料断料。电炉加料机构要灵活好用，炉内不能缺料，否则造成炉口热损失增大，电极上抬。

(5) 出硅设备

出硅设备包括出硅机构、烧穿器、锭模、小车、轨道、硅水包等。

间断出炉时所用的抬包是出硅的主要设备之一，其容量一般根据炉型大小而定。外壳由钢板焊成，内部砌有石棉板、耐火砖和炭砖等。使用前要用木柴或煤气烘干，也可利用热硅锭或旧抬包的余热烘烤，使其干燥和预热而不粘包。

抬包在使用中，由于装入和倒出熔体硅液温度的变化以及定期清除黏结物的捣动，内衬的耐火材料会发生龟裂、松动以致出现孔洞。要定期用耐火泥修补或更换内衬。在正常操作下，每个抬包使用 8 次左右就要重新更换和砌筑内衬。

连续出硅的方法是在炉眼烧穿后，熔体硅直接流到抬包车上的方形铸模中冷凝，一个铸模流满硅液后，抬包车前移，另一个载有铸模的抬包车开入，炉内的硅液连续放出流入新的铸模中，以此类推。接收了硅液并且冷凝成型的铸模倾倒硅锭转入冷破间破碎。

(6) 防护设施

防护设施可使操作人员免除烟气、粉尘、金属蒸气及热辐射的危害。烟尘通过烟罩、烟囱、除尘器装置进行除尘净化处理。烟罩下部及顶盖进行绝缘，以免电极电流感应产生涡流损失。目前先进的技术是用风帘将所有烟尘吹入、密封在电炉炉膛内。

(7) 电炉水冷系统

电炉水冷系统运转正常十分重要，电极夹紧环、铜瓦、导电管等都必须采用水冷。冷却水进口温度要尽量低些，出口水温不超过 45℃，以防水温过高，水垢生成堵塞管道造成断水，烧坏设备造成热停炉；冷却水的水质要选硬度低的水，若硬度过大，则必须用离子交换器进行软化处理。总配水管上装有水压表，一般应保持 $4kgf/cm^2$ （$1kgf/m^2=9.8Pa$）的压力，以保证水流畅通。

一座大型工业硅冶炼炉内的电极把持器在正常工作状态下其温度可达 400℃，如果产生刺火现象，可能升至 1000℃。在冶炼过程中，电炉满负荷工作时，炉内的电极把持器温度可达到 600℃。因此，电极把持器及其周围导管应当用水冷却，以保证其正常工作。

电炉水冷系统包括对下列各个设备的冷却：

① 导电铜管和接触铜瓦；

② 短网、电极夹紧环；

③ 电极把持筒；

④ 烟罩及炉口热结构件表面；

⑤ 电炉变压器。

冷却水从供水站送到每一个水冷系统，接着返回到凉水池；每一个分支装备有调节水流量的阀门。在软电缆区域，水的供给和收集均采用耐热绝缘胶管。

每个电极把持器都单独被冷却。铜瓦冷却系统也单独冷却，并且与其他冷却系统进行电气绝缘。电炉设备冷却水路不能串联，否则会造成局部温度过高。

变压器是电炉的核心设备，采用单独的冷却回路，并且水质要求更高，要确保不结水垢，保证它的正常运行。

一旦无机盐沉淀结垢，就要采用化学清洗技术冲洗冷却系统的管道和设备。

(8) 原料清洗系统

清洗原料是工业硅生产独特的一环。硅石、玉米芯、木块、低灰分煤等都需要清洗，以便除去杂物和灰尘，有时还要根据原料规格要求除掉细小颗粒。如果木炭细小颗粒多，或者是用土法烧的炭，也需要进行清洗。

原料清洗设备可选用滚筒筛或振动筛进行清洗；清洗场也可配备皮带送料设备。

(9) 炉体

炉体包括炉壳和耐火材料两大部分。炉壳和出硅槽是由钢板焊成的，并附有加固圈和加强筋。其内砌筑耐火材料，内衬炭砖，与炉壳绝缘良好，炉衬要求保温性能良好，以减少热量损失。炉壳有圆形和多角形两种，目前绝大部分电炉为圆形炉壳。

旋转炉体是由一个炉壳中心下部的电机机构带动运行的，一般 6～7 天旋转一周。

3.4.3.2 电炉炉衬

工业硅冶炼电炉炉衬不仅要承受强烈的高温作用，而且要受炉料、高温炉气、熔融硅水和高温炉渣的侵蚀和机械冲刷。必须选择特殊耐火材料，采用良好的砌筑、烘炉技术，并注意炉衬的维护。

工业硅电炉炉衬的砌炉材料要求是：

① 应具有较高的耐火度，高温时形状、体积不应有较大变化；

② 在高温时具有一定的强度；

③ 抗渣性能好，高温下化学稳定性好；

④ 具有低导电、导热性；

⑤ 高温下具有较好的抗氧化性能；

⑥ 耐火砖外形应符合标准要求；

⑦ 各种耐火材料保持清洁，不得粘有灰尘、泥土等杂物。

电炉的砌筑要选用新型材料，不断更新技术，保证电炉有较长的使用寿命。

3.4.3.3 捣炉加料机

工业硅生产工艺过程中，捣炉作业作为料面的辅助操作必不可少，随着电炉技术的发展和电炉容量的不断增大，由简单的人工捣炉发展为机械化捣炉，从而诞生了专门用于料面操作的捣炉机。同时捣炉机的结构不断更新，功能不断完善齐全。

(1) 捣炉操作的意义

工业硅生产中料面温度较高，使碳素还原剂与二氧化硅熔化形成硬壳并结块，这些硬块造成炉料透气性差，电炉不易操作；有时底部炉料已消耗，由于料面硬壳的支承，使原料不能及时补给到预热区和反应区，易发生刺火、塌料、喷料现象；因此在料面操作中为了及时将这些硬壳捣碎，使料面疏松，必须使用捣炉机来完成疏松料面的任务。

(2) 捣炉机的类型

目前国内使用的捣炉机从行走方式上可分为两大类：钢轮轨道式和胶轮式。

① 钢轮轨道式捣炉机　钢轮轨道式捣炉机行走在固定的轨道上，只能前进或后退，捣炉杆可在水平方向上旋转，大多为电力驱动，分布在电炉周围，通常一台电炉需要 3 台捣炉机。只能完成疏松料面和扎眼的操作。

优点：结构简单，维修方便，造价低廉。非常适合在小型电炉上应用。

缺点：单台炉布置多台，操作平台零乱，操作人员工作环境差；使用的电动机数量多；捣炉功能不完善，无法实现调整炉料配比和自动加料及热防护板、防护门的自动控制。

② 胶轮式捣炉机　胶轮式捣炉机从驱动形式分为：电动机驱动的全液压捣炉机和内燃机（柴油发动机）驱动的全液压捣炉机。

电动机驱动的全液压捣炉机是通过电缆线向电动机供电带动液压泵向捣炉机各液压传动部件输送液压介质传递能量，达到各部位正常工作的目的。这种捣炉机结构相对简单，维修方便；但需要拖挂供电电缆，电炉车间需要有布置动力电缆的空间。

柴油发动机驱动的全液压捣炉机是通过柴油发动机带动液压泵向捣炉机各液压传动部件

输送液压介质传递能量，达到各部位正常工作的目的。这种捣炉机由于发动机结构复杂，使整体维修难度增大；但不需要外部电缆敷设，运动灵活。

胶轮式捣炉机主要应用在16500kV·A以上的硅铁和工业硅电炉上。

优点：操作灵活，操作人员工作环境较好，在一台电炉上配备一台胶轮式捣炉机就可以满足生产需要，配备有加料斗、遥控加料和热防护板自动开启功能，非常适合于大型的自动化程度较高的电炉。

缺点：结构复杂，维修困难，价格昂贵。

3.5 生产操作及安全控制

3.5.1 开炉操作

（1）烘炉前的准备

电炉炉衬砌成后，在正式投产前要进行烘炉，除去炉衬水分和气体，把电极、炉衬烧结成型，保证在加料前炉膛和电极适合冶炼要求。

目前烘炉的方法有木柴烘、焦烘、木焦混合烘、电烘等。

不管采用哪一种烘炉方法，都应遵循升温速度由慢而快、火焰由小到大、电流由小到大的规则。不但要求烘干炉衬，而且要使炉体蓄积足够热量，使整个炉体具有较好的热稳定性。

（2）烘炉

烘炉质量不仅会影响炉衬使用寿命，而且还会影响电炉是否能顺利投入生产。烘炉质量不好，会降低炉体使用寿命，并延长开炉时间，影响整个生产过程。

整个烘炉过程分两个阶段。第一阶段是柴烘、油烘或焦烘，其目的是焙烧电极，使电极具有一定承受电流的能力并除去炉衬气体、水分。第二阶段是用电烘炉，其目的是进一步焙烧电极，烘干炉衬，并使炉衬达到一定温度，炉衬材料进一步烧结，达到冶炼要求。

① 柴烘　先在炉膛中放好木柴，用废油引燃，慢慢燃烧，火焰高度不超过炉口。小火烘烤电极的时间约占整个烘烤时间的1/3～1/2。然后用大火烘烤电极，使木柴均匀而剧烈地燃烧。火焰高度一般可达电极把持器。在整个柴烘过程中，应该注意电极每个侧面的烘烤情况。

柴烘是一种老办法，消耗大量的木柴。此法成本低，但劳动强度大。

② 油烘　采用低压喷嘴进行机械操作。以柴油或重油为燃料，喷吹燃料时，用压缩空气使之雾化并助燃。引火后，先喷射小火烘烤。喷射火焰应从下向上，火焰不能直接对准电极，而且必须经常移动喷嘴位置，在整个油烘过程中，为防止因炉腔太大热量损失过量，可用石棉板搭成一个更低的简易炉盖。

油烘炉法焙烧电极速度快，时间短，烘完不用除灰，但油耗量大，电极烘烤质量不均匀，并且需要复杂的设备。

③ 木焦混合烘炉　这是一种采用较多的方法。它是用大块冶金焦炭作燃料。烘烤时先堆放木柴，上面放焦炭，用废油引火，先用小火烘烤电极，使焦炭缓慢燃烧，焦炭必须紧靠电极进行燃烧。

焦炭烘炉时间较长，焦炭消耗量也比较大，但焦炭烘炉电极升温比较均匀，焙烧效果好。

采用木焦混合烘炉方法，其主要目的是烘干炉衬，并使炉衬储备足够的热量。木焦混合烘炉后，需要扒掉草木灰和残焦，清扫干净炉底，特别是电极下部要扒净。

在第一阶段烘烤过程中，随时记录炉衬和炉底的温度变化情况。三相电极应逐渐从低温向高温烘烤，但烘烤时不能过多移动电极，要防止电极断裂。

电极烘烤好的标志是炉膛电极上部暗而不红或微红；下部红而明亮；电极不再冒烟。

电极烘烤结束后，应迅速挖出焦炭灰。压放三相电极，保证有合适的工作长度。10000kV·A的电炉工作端为2.0～2.4m。

④ 电烘炉　电烘炉前同样要求检查一次机械、电气设备，各部分运转正常后，才可进行电烘炉。

木焦烘炉后，扒净电极下部草木灰和焦炭后，在三相电极下面加一层粒度为3～40mm的石油焦或焦炭，防止炉底氧化并构成电流回路便于拉弧。按电极三角形位置放置小型碳素电极棒，下插电极，低负荷送电引弧，开始电烘炉。

电烘炉结束的标志是炉眼平面处炉壳外部钢板温度为70～80℃，炉底有40℃的温度感觉，炉衬排气孔内冒出较长火焰（碳质炉衬）。电烘炉同时用木柴或焦炭或木炭烘烤硅水包和炉眼外部流槽。

电烘炉结束后，应迅速尽可能多地挖出烘炉焦炭和部分已掉落的耐火砖，并把剩余少量焦炭推向炉内四周。然后下放电极，加新焦炭引弧，待电弧稳定后，加入较轻炉料。

(3) 开炉

电炉炉衬烘好后，设备已经检查试运转正常，一切准备工作完成后即可开炉。工业硅企业供电、加料、出产品、微硅粉回收工艺流程如图3-7所示。

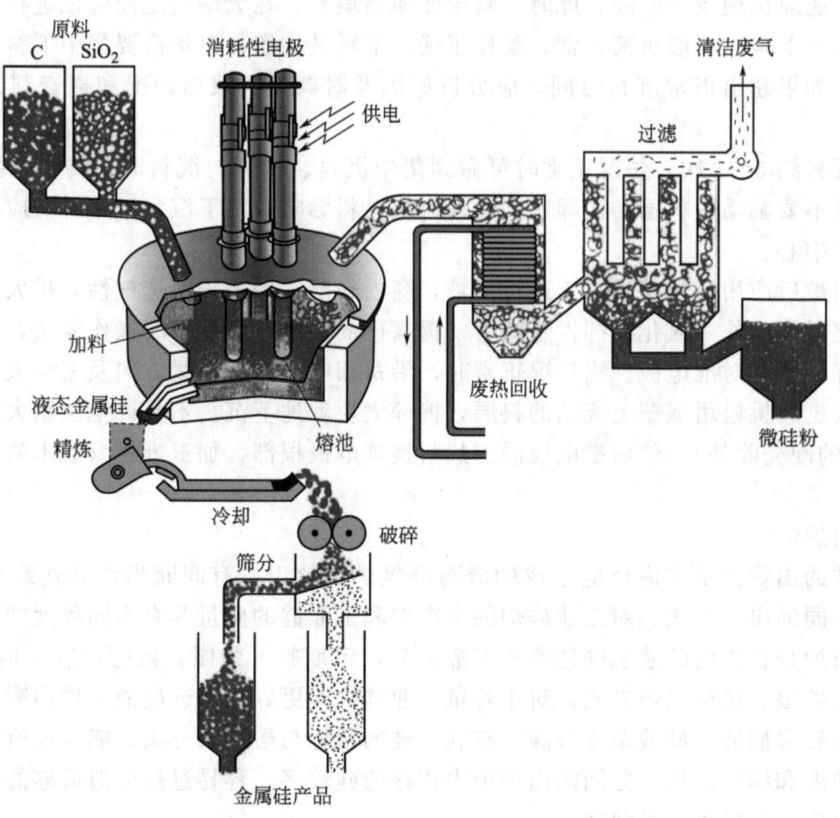

图3-7　工业硅企业生产工艺示意图

用烘炉电压开炉，一直到炉况正常。要严格控制料面上升速度、加料速度和输入电量要一致。起弧后第一次加料要多投些，这样可以盖住电弧。以后加料要根据耗电量控制加料量，开炉操作尽量少动电极，加料动作要轻，以免炉料下塌进入电极下，使电极上抬，造成炉底上涨。新开炉料面要维护好，操作要轻，尽量减少加料量又不要出现刺火塌料现象，使炉内能够多蓄积热量，为形成正常炉况打下基础。炉口料面要平稳上升，前期操作电炉要注意电气、机械设备的运行情况，不允许捣炉，使坩埚尽快更好地形成。

（4）加料

按配料要求配料、上料，新开炉时木块或玉米芯可单独堆放。新开电炉配料应偏“重”些，因为新开炉的炉底有残留的炭材，还原剂按比例少加；待炉底部残留的还原剂数量和料批中少加的数量相抵消时，再按正常料批配料、加料。但是在开炉时用硅石块保护炭砖的开炉方式，配料不能重，相应要略轻些。

操作工艺上要采用出硅或沉料后集中加料的方法，其余少量地采用勤加薄盖的方法，在调整刺火时加入。最好保证三相电极同时进行沉料，加料要均匀，不允许偏加料。

料面要加成平顶锥体，锥体高 300～500mm，炉中心略有下陷。加料后根据炉口火焰情况，加料调整火焰，保持均匀逸出，这样可以延长焖烧时间、扩大坩埚。

要根据炉内还原下料情况加料，使供给负荷、还原速度、加料速度相适应，控制正确的加料量，保持正常料面高度并控制炉温。

（5）捣炉

经过集中加料、小批调整火焰加料，保持炉气均匀逸出，一段时间后电极下部及周围炉料被熔化，还原出现较大空腔；此时，料层变薄易塌料，在大塌料之前应该进行沉料。沉料就是主动集中下料。一般负荷正常、配比正确、下料量均衡，电炉需要集中下料的时间是基本一定的。如果超出正常沉料时间，应分析原因及时调整，根据炉况和声音判断确定沉料时间。

每班沉料约 5～8 次。炉况正常时可做到集中沉料、加料。沉料时，捣炉机捣松后就地下沉，尽量不要翻动炉料层结构顺序，若遇大块黏料影响炉料下沉和透气时，应碎成小块或将其推向炉中心。

每次出炉后应用捣炉机或人工进行捣炉，疏松料层，增加炉料透气性，扩大反应区，从而延长焖烧时间，使一氧化硅挥发量减少，提高硅的回收率。捣炉时操作要快，下杆方向角度要掌握好，不能对准电极。当炉况正常时，沿每相电极外侧切线方向及三个大面深深地插入料层。要迅速挑松坩埚壁上烧结的料层，捣碎大块就地下沉。不允许把烧结大块拨到炉外（遇有特大的硬壳除外），然后把电极周围热料拨到电极根部，加玉米芯（或木屑）后再盖住新料。

（6）出炉

工业硅的出炉就是炉内反应生成的液态硅经炉口放出。有间断出炉和连续出炉两种方式。采用不同的出炉方式，对工业硅炉的生产率和工业硅的质量等有不同程度的影响。

间断出炉是在炉内的液态硅达到一定数量后，定期打开炉眼，液态硅在短时间内放出，然后再堵上炉眼。这种出炉方式，对小容量工业硅炉能更好地保证硅液从炉内顺利放出。短时间内放出较多硅液，硅液温度较高，有利于硅的精炼与熔渣的分离，能保证所得到的产品有较高的纯度和结晶结构。但间断出炉炉内积存的硅较多，容易过热而造成硅的挥发损失和二次反应损失；电极也不易深插。

连续出炉多用在大型炉熔炼过程中，炉内反应生成的硅液经炉眼连续流出，炉眼是经常开着的。这样电炉内硅的过热程度小，挥发损失少，电极容易深埋，对改善熔炼过程和提高产量有利。但电炉容量小时，连续放出的硅液少，流出后很快凝固，对熔渣分离和提高硅的质量不利。在硅熔炼的实际过程中，根据不同情况和要求，可采用不同的出炉方式。

液态硅从炉眼放出后，一般是流到抬包中，为了防止粘包，也可撒石墨粉、炭粉防粘。正常出硅 30min 左右就可结束，不宜过长。硅液精炼在抬包中同时进行，时间 30～60min 不等。

(7) 浇铸

连续出炉的企业直接是边出炉边流入锭模成型冷却。间断出炉时，要把从炉内流入抬包中的硅液再浇铸到铸铁围成的锭模中。为保证铸铁模浇铸时不致熔化，铸铁砖是由添加其他耐高温合金的材料铸成，有一定的厚度。根据工业硅破碎、包装的需要，对一般用途的工业硅，浇铸的锭厚度通常是 100～150mm。根据每炉硅液的产量，浇铸前可调整锭模的尺度，以保证锭模能容纳足量的工业硅。

欧洲有工厂采用水法粒化工业硅，能够快速冷却工业硅，而且工业硅粒干净整洁、结晶状态好，改善了生产环境。

工业硅浇铸时会造成不同部位质量不同，叫偏析现象。要想降低偏析，得到稳定性好的没有粉化的工业硅，应该快速冷却。为此应把硅液浇铸到冷却速度较快的金属模中，铸锭的厚度应不超过 80～100mm。

因为硅的强度随着温度降低而降低会引起破碎，工业硅锭冷却到一定温度（锭表面温度约为 800～900℃）时，需用特制夹具把工业硅锭从铸模中吊出，放到托盘上继续冷却到室温，再进行精整、破碎、包装。

产品分析检验规则、包装储运按国家标准进行。在锭模上取分析试样，取样方法按合金上、中、下平面对角取样法进行，试样不得夹带黏渣。不合格品不能回炉冶炼，不能垫锭模，以免再度影响后续产品质量。

3.5.2 异常炉况和事故的处理

工业硅电炉炉眼的外面部分称为炉嘴。由于出炉时的电弧烧穿及人为的捅碰，加上高温氧化，炉嘴极易损坏，因而炉嘴是炉体结构中的易损部分。10000kV·A 工业硅炉的炉嘴捣固糊一般使用 5～8 天就得修理。日常的维修处理作业在出炉后立即进行。堵塞好炉眼后先用铁钎把已损坏炭块撬下，镶上新炭块，再把底糊碎块塞入缝中，并捣固封严，随着电炉运行，待温度升高捣固糊烧结后即可使用。

熔炼工业硅的电炉经过一段时间的运行后，往往因操作不当或配料比不合理等原因致使炉内生成过量碳化硅，炉内坩埚变为直筒形，影响炉料下沉，电极上抬，产量降低，各项指标变坏。如采用调整配料比等方法不能消除时，就得停止加料，处理炉内碳化硅，进行电炉小修。

电炉小修前停止加料，通电干烧清理炉内坩埚，同时连续出炉，排出沉积在炉底及两侧的难熔物。出炉口也要用烧穿器处理，使之达到规整通畅。在电极接近炉底、炉口通畅时，停电终止干烧，清理坩埚四周的硬结壳。

小修时间一般为 8h 左右，起吊系统要更换磨损严重的滑轮和钢丝绳，润滑部位加足润滑油。电极装置和冷却系统更换待换的铜瓦、接头和阀门，修补夹紧环和冷却水管等损坏部位。更换下料系统或修补烧损严重的料管，捣炉机的捣杆、传动机构和抬包车的不良部位也应检修。

机电设备也应进行必要的检修，应清扫电气系统的母线及变压器的灰尘，检查电炉各部位的绝缘情况，处理性能不良的绝缘部位，检修配电系统的有关部件。

小修各部分的工作完成后，再送电干烧 1～2h，即可加料恢复正常生产。

停炉操作是一项重要的生产工艺。停炉前应流尽硅水，料批中适当增加玉米芯或木块配入量。若停炉超过 8h，停炉前要适当降低料面；为保持电炉温度，停炉前先捣松料面加入玉米芯等，加入量视停炉时间长短而定，一般加 50～100kg。停炉时间长，还可以加一定数量的木炭或低灰分煤保温；为防止炉料将电极粘住，停电后要上提电极，然后向电极四周的空隙内加入木块，再下插到原来位置。停电时，要活动电极，以免炉料粘住电极。

(1) 常出现的几种异常炉况

在工业硅熔炼过程中，常出现的异常炉况有炉底上涨、料面透气性变坏、形成刺火火眼、电极埋得过深、中心三角区下料过快等。

① 炉底上涨　炉底上涨主要是指熔池底部未熔融物和半熔融物沉积层增高，而造成熔体硅和反应区上升，出炉时熔体硅液不能通畅地流出。

② 料面透气性变坏　透气性变坏的主要特征是：炉面冒出的火苗呈亮黄色，有时几乎是白色，从料面冒出的炉气不均匀，形成大量刺火。刺火处的炉料烧结成块，黏结在一起。当炉料过细或使用还原剂不足的炉料时，还会造成炉料烧结，料面的透气性变坏。

③ 形成刺火　刺火就是在料面形成较大的“刺火孔”，即气体通道，有大量的火喷出来。刺火会伴随喷出大量热能和已还原的硅及其他氧化物，这不仅会造成热能和熔炼产物的大量损失，增大原料和电能的消耗，炉膛上部料面的温度还会升高，影响电极装置和其他靠近料面的设备和部件。

炉膛上部局部炉料发死时，气体不能沿整个料面自由逸出，就会在下沉料层的最松散的部位冲出，也会形成刺火。

④ 电极插入过深　在炉料中还原剂的量少时，炉料的电阻增大，为保持一定的电流负荷，电极必须下降到更低的位置。还原剂不足会造成料面的炉料严重烧结，还会增加电极的消耗量，为此不得不经常下降电极。在这种情况下，电极消耗成圆锥形，电炉料面刺火频繁，炉口温度高，黏稠的熔渣降到炉膛下部，伴随出硅操作流出。

如果长时间还原剂不足，会从炉眼内滚出半熔化的没有还原的硅石，这种硅石可堵塞炉眼，妨碍熔体硅流出。

⑤ 电炉中心三角区下料过快　电炉中心三角区经常下料过快，说明在这种功率下电极间的距离小。要改变这种情况，应增大电极间的距离。

(2) 导致电炉运行效率下降的一些不正常问题

当未按规定配料或操作技术不正确时，电炉的运行效率下降，这些不正常的问题如下。

① 还原剂不足　电极插入深度不稳定，输入的功率波动大，记录器存储一条突变的曲线，光滑的谱带遭到破坏，并且越来越大地记录出不稳定性，尤其是还原剂严重不足时，有长石英丝出现并从电极上滴落下来；坩埚区缩小；炉料大量烧结；料面上出现强烈刺火现象；炉眼出硅时没有喷出强烈炉气火焰。炉气压力急剧升高，从电极周围喷出的一氧化硅在炉膛氧化发出白光；当还原剂持续周期性不足时，黏稠的炉渣从炉眼流出。

这种情况的补救办法之一是在炉料中补加一部分还原剂或者在料批中配加更多一些木块，并且加强活跃料面的操作，改变缺碳状况。

从下列特征中可发现冶炼工业硅是缺少还原剂的：电极消耗多，大量白色炉气喷出，炉气以较大的压力从出硅炉眼喷出，输入功率不稳，有未还原的硅石从出硅炉眼流出。

② 还原剂过剩　还原剂过剩的表现：电极位置抬高，从电极下部喷射出强烈火光，电

炉发出吼叫声，坩埚缩小，炉料沿电极周边塌陷频繁，沿电极周围没有石英玻璃丝，电极电能输入稳定，炉渣少，硅液流出量少，硅液温度降低。

在炉料中持续过量还原剂操作，会引起料面炉料冷凝，炉渣结壳和生产率突然下降；过量还原剂通常容易被发现。

③ 电极过短操作 电极过短操作在特征和效果方面与还原剂过剩相似。火红的火焰从电极下部喷出来，坩埚变窄下塌，电弧有嗡嗡叫声，炉料沿电极边缘塌落，硅水急剧减少，温度下降。此时，电极应该及时下插和立刻增加电极工作端的长度。

④ 电极过长操作 过多的插入电极会增加电能的损失；在电极插入深度过长情况下，电极下插到炉渣中，电弧消失，电炉不反应熔化炉料，大量电能被浪费掉；而且过长的电极操作通常引起炉料发死；这种情况电极下放长度应该缩短，以便补救恢复到正常位置上。

改变炉料的性质、破坏规定的熔炼制度以及操作方法不当等都会破坏电炉的正常运行，出现异常炉况。其他异常炉况和事故的处理详见表 3-2。

表 3-2 异常炉况和事故的原因及处理办法

异常炉况或事故	产生的原因	预防和处理办法
炉内部件打弧或漏水	①装置的电流密度超过允许值； ②接触不良； ③绝缘破坏； ④水压低或水路不通畅，冷却效果差，部件温度高； ⑤操作时碰坏	①配电人员及时调整电流使其尽量不超过规定值； ②下放电极时经常吹灰； ③保持水路通畅，不通畅时及时处理； ④根据部件损坏程度修复或更换
电极失控自动下滑	卡具失灵	立即停电检修
电极被粘住	停电后电极长时间不活动被黏料粘住	①停电后适时活动电极； ②将未粘住的电极抬高送电，用电将炉料熔化
石墨或碳素电极的接头处氧化严重或折断	①接头处衔接不好，有灰尘； ②电极质量不好或潮湿； ③电流密度超过允许值； ④电极中心线不重合； ⑤炉内碳量过剩、电极消耗过慢	①接电极时，要先吹净灰尘，电极接好后要拧紧； ②受潮的电极要放在炉体附近进行较长时间的加热干燥或使用质量好的电极； ③改变配料比，加快电极的消耗，电极氧化严重的部分尽快埋人炉料中； ④电极如氧化十分严重或折断，应停电拉出，再放入新电极
非出炉时间熔体硅液从炉眼自动流出	炉眼小，且有黏渣，造成炉眼堵得浅，没有封闭好炉眼	①每次堵炉眼要堵深，堵实； ②如离出炉时间较近，可做出炉处理； ③清整炉眼，用焦粉或炭粉重新堵好
出炉炉眼上部陷膛	①出炉时，炉眼喷火严重把上部耐火砖烧损； ②炉口砌筑质量差	①长期喷火严重时，可用焦块堵炉眼，使炉眼变小； ②对陷膛处可用镁砂或底糊等物填充
出现明显的“死相”	①电气制度不合理； ②炉内偏料	①长期出现固定的一相发死，应从电气制度上查找原因； ②及时调整炉料，防止发生偏料
炉壁烧穿或漏炉	炉内衬严重破损，而使熔体硅液从炉底砖或侧壁的砖缝流出	①停电大修； ②如在炉底炭块高度以上发生漏炉，生产任务又较重，可将漏炉处上部的耐火砖清除，用底糊捣固或用镁砂补好漏炉处，接着就可送电生产

经常检查原料的质量，注意观察电炉运行情况和仔细分析炉膛上部料面发生的变化，便能够查明出现各种炉况的原因、及时恢复正常熔炼。

⑤ 电极事故处理 电极事故可分为两类：一类是冷断，电极在铜瓦以上的压放装置部位或在把持器筒内的断裂；另一类热断，是电极在铜瓦以下的断裂。

产生冷断的主要原因有：

• 在运输和加工过程中，电极有较严重的损伤；

• 在加接电极时，上、下电极的接头有较重的碰撞；
• 压放装置发生了位置错位或形变，造成把持器与压放装置同心度不够；
• 制造厂家加工的两节电极之间的同心度超过误差范围，精度不够；
• 电极本身质量问题，抗折强度不够。

一旦发生电极冷断后要及时处理，在装电极平台上能提出的电极最好倒把提出；如不能提出，要根据电极长度增大铜瓦压力，保证电极不下滑，然后继续恢复生产；计算好断裂部位到达铜瓦内部位置的时间，采取措施停电处理。处理前要防止断头从铜瓦中压出或滑落而致使损伤铜瓦。

产生热断的主要原因有：

• 电极工作端太长，电极重量过大；
• 一次性压放量过大，电极电流上升过快；
• 故障热停后重新送电时电极没有充分预热，负荷过大，造成热应力断裂；
• 电极接头连接力不够，造成上、下接头间打弧；
• 电极质量问题，如比电阻过大，强度较低，热变形膨胀系数过大；
• 捣炉等外部机械力造成断裂。

热断后要以最快的速度进行处理，当电极断头在料面以上时，必须将电极从炉内拉出，这一点对小电炉尤为重要。当电极断头在炉料中较深无法取出时，可采取爆破处理后分块取出，实在取不出的小块可压入炉内。

当断裂电极从炉内拉出后，压放新电极到一定的长度，然后送电焙烧，新电极的升温一定要遵照电极升温曲线进行，或者用厂家提供的升负荷电流速度进行焙烧，不能过快，否则会引起二次电极断裂。

3.6 烟气净化利用

在冶炼工业硅时，会产生富含二氧化硅微粉的烟气，目前除少数厂家配备除尘设备外，绝大部分直接排入大气，造成极为严重的大气污染。这种烟尘颗粒很细，多数在 5μm 以下，属可吸入颗粒物（Particular Matter Less Than 10μm，缩写为 Pm_{10}，指悬浮在空气中、空气动力学当量直径为 10μm 的颗粒物）。由于这类烟尘中含有较多的重金属微粒，被人体吸收后直接进入肺部，危害极大。

微硅粉由于具有优良的理化性能，是一种重要的纳米-微米级无机非金属材料，被国外称为“神奇的材料”，目前已广泛应用于水电站大坝、机场跑道建设、橡胶、陶瓷与耐火材料等领域，且利用范围日益扩大。

微硅粉进行提纯加工后，可生产出高性能陶瓷材料，用于航空、航天等高技术领域。而中国在提纯、加密与高性能陶瓷材料方面，尚未掌握关键技术，影响了微硅粉回收利用的经济效益，而且产品销售受到外界市场状况的制约。由于微硅粉的容重轻，密度只有 200kg/m^3，因此，在运输和包装上费用较高。

采用最佳的除尘技术，不仅可以大大减少烟尘大气污染的排放量，而且可以回收粉尘，并使其资源化，拥有非常广阔的前景。微硅粉的回收利用不仅有经济效益，而且有环境效益和社会效益。

3.6.1 除尘设施

凡能将有害物质（固体和液体的粒子或气体）从空气中分离出来，使之得以清洁的设备，统称为空气净化设备。将空气中的粉尘分离出来的设备，称为除尘设备，简称为除尘器。根据除尘器的除尘机理大致可分为惯性除尘、袋式除尘、电除尘和湿法除尘等。

(1) 惯性除尘

惯性除尘是利用重力、冲击力和离心力等惯性作用使尘粒与气流分离进行收集的一种除尘方法，根据尘粒所受的主要作用力不同可分为沉尘室、冲击式除尘器和旋风式除尘器。目前工业硅冶炼电炉较多地采用旋风式除尘器，如图3-8，用于回收烟气中粒径较大的烟尘，以减轻后续除尘设备的负荷和提高最终产品的质量。旋风除尘器的特点是结构简单，制作成本较低，操作管理方便，维修工作量小；但对烟气量的变化很敏感。

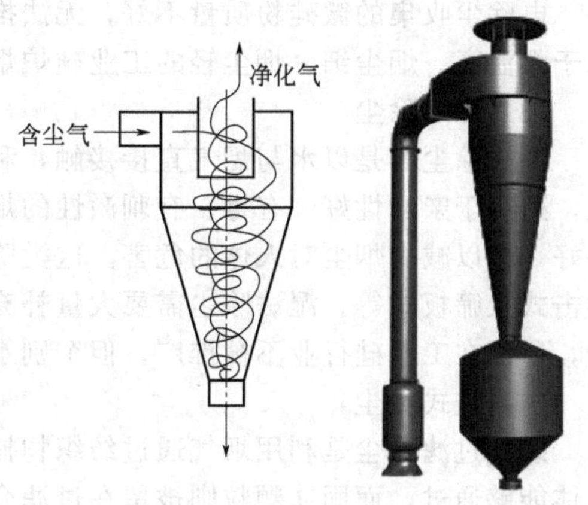

图3-8 旋风式除尘器

含尘气体从进气口以较高速度由外圆筒侧面沿切线方向导入，在筒体内旋转向下进入锥体，随着圆锥形收缩而向除尘器中心靠拢，到达锥体端点前反折向上旋转，经内筒排出。进入除尘器的含尘烟气在以较高的速度旋转过程中产生离心力将尘粒摔向器壁，尘粒与筒壁碰撞后失去惯性下落，与气体分离排入灰斗。影响旋风除尘器性能的主要因素有以下几种。

① 进口流速　旋风除尘器进口烟气流速增大，烟尘受到的离心力增大，收尘效率提高。但是进口流速过高，会发生旋风除尘器内烟尘反弹、反混等现象，影响收尘效率继续提高。因此应根据旋风除尘器的特点、烟气和粉尘的特性、使用条件等综合因素选定合适的进口流速。低阻大容量的旋风除尘器进口流速可达25～30m/s。

② 内筒　旋风除尘器内筒直径愈小，使内旋气流直径愈小，最大切线速度增大，有利于提高除尘效率，但流体阻力也随之增大。普通旋风除尘器内筒直径一般为筒体直径的0.65倍，排气管深度应超过进口管下缘，但不应接近锥体上边缘。

③ 锥体　增加旋风除尘器锥体的长度，可以提高除尘效率，降低流体阻力，减少排灰口附近锥体的磨损。锥体的倾角一般为15°～20°，便于灰尘下落。

④ 灰斗　灰斗是旋风除尘器的重要组成部分，是完成气固分离的最终关键部位，能避免上升的内旋流带走大量粉尘，造成除尘效率下降。

在工业硅生产除尘装置中，旋风除尘器被作为预除尘使用，主要清除大颗粒烟尘。

(2) 电除尘

电除尘器是利用电场力使烟尘和烟气分离，能够除掉极细微的尘粒，是一种高效率的除尘设备。它能处理温度高、有腐蚀性的烟气，处理烟气量大，设备阻力小、能耗低、运行费用低，劳动条件好，自动化水平较高。但一次性投资较大，设备结构复杂，运行维修费用高，对管理人员技术水平要求较高。

电除尘器主要由外壳、阳极板、阴极板、振打机构、集灰斗以及供电设备等构成。阴极线用不同截面形状的金属导线制成，接至高压直流电源的负极，阳极板由不同形状的金属板制成并接地。电除尘器的工作过程分为三个阶段：①烟尘荷电；②荷电烟尘被捕集在收尘电极上；③清除电极上的烟尘，使之落入集灰斗。

在高压电场的作用下，阴极不断发出电子，在两极间产生电晕放电现象，使电极间通过气体发生电离，与粉尘颗粒相碰撞使粉尘荷电，这些带负电荷的尘粒便在电场作用下趋向阳极，与其接触后失去电荷成为中性黏附在它的表面，借助于振打装置抖落至集灰斗中。因此阴极又叫做放电电极或电晕电极，阳极又叫沉淀电极。电除尘器由若干个电场串联或并联组成。

电除尘收集的微硅粉质量不好，无法推广应用。从除尘效果和经济效益来看，电除尘不适于烟温高、烟尘细、烟尘轻的工业硅炉烟气净化系统应用。

（3）湿式除尘

湿式除尘器是以水与烟气直接接触，利用液滴或液膜黏附烟尘而净化烟气的一种收尘方式，适用于亲水性好、有毒、有刺激性的烟尘，设备简单，制造容易，收尘效率高，劳动条件好，可以减少烟尘对人体的危害。这类除尘器的形式较多，常用的有离心式、文氏管式、冲击式及筛板式等。湿法除尘需要大量补充水，产生大量污水，无法回收有利用价值的微硅粉，所以在工业硅行业不被推广，但个别水源丰富、地域偏僻的工厂仍在使用。

（4）袋式除尘

袋式过滤除尘是利用烟气通过纺织物捕集烟尘的一种方法。含尘气体通过过滤介质时，气体能够通过，而固体颗粒则被留在过滤介质表面。一般情况下，滤布的孔隙要比分离的烟尘颗粒略大，滤布的纤维缝隙被不断阻留的粉尘颗粒所阻塞，粉尘由于相互附着作用而形成一定厚度的粉尘层后，才成为有效的过滤介质，其除尘效率才显著提高。除尘器经过一段时间使用后，粉尘层逐渐加厚，滤布透气性能降低，阻力增加，烟气处理能力下降，这就需要利用清灰装置定期清理滤布上的部分粉尘。袋式过滤器的净化效率及其稳定性主要取决于滤布特性、清灰方式和除尘器结构形式。

袋式除尘器处理风量大，每小时处理风量可达几十万立方米，处理含尘浓度可达1300g/m^3 的气体，净化含微细粉尘的气体除尘效率在99%以上，且性能稳定，操作维护简单，在工业硅和硅铁电炉上广泛应用。由于产生的微硅粉有较好的使用价值，同时由于它较独特的物理性质，袋式除尘是工业硅生产中重点推广的一种除尘技术。

① 袋式除尘器选型　袋式除尘器选型除了要弄清楚气体的废气量、温度、粉尘成分、含尘浓度、湿度外，还要考虑废气结露，注意选择适当的过滤风速、合适的滤料、合理的结构形式及工艺布置。

② 袋式除尘器分类　袋式除尘器按清灰方式分类如表 3-3 所示。

表 3-3　袋式除尘器分类

类别		优点	缺点	说明
自然落灰,人工拍打		结构简单,易操作	过滤速度低,滤袋面积大,占地大	滤袋直径一般为 300～600mm,通常采用正压操作
反向气流清灰	下进风大滤袋	烟气先在灰斗内沉降一部分烟尘,可减少滤布的负荷	清灰时烟尘下落与气流逆向,又被带入滤袋,增加滤袋负荷	上部可设拉紧装置,调节滤袋长度
	上进风大滤袋	清灰时烟尘下落与气流同向,避免增加阻力	上部进气箱积尘需清灰	双层花板,滤袋长度不可调
脉冲	中心喷吹	清灰能力强,过滤速度大,不需分室,可连续清灰	要求脉冲阀经久耐用	适于处理高含尘烟气,需笼骨架
	环隙喷吹	清灰能力强,过滤速度比中心喷吹更大,不需分室,可连续清灰	安装要求高,压缩空气消耗量大	适于处理高含尘烟气,需笼骨架
机械振打	机械凸轮振打	清灰效果较好,与反气流清灰联合使用,效果更好	不适用于玻纤滤袋等不抗褶滤袋	滤袋直径一般为150mm,分室轮流振打
	压缩空气振打	清灰效果好,维修量比机械振打小	不适用于玻纤滤袋等不抗褶滤袋,工作受气流限制	滤袋直径一般为220mm,适用于大型收尘器

• 脉冲袋式除尘器 脉冲袋式除尘器系外滤式，气体由袋外进入袋内，粉尘被阻留在滤袋外表面，利用压缩空气周期地向滤袋喷吹，清除袋内的积灰，喷吹时高压空气从喷射孔以极高的速度喷射出来，在高速气流周围形成一个比自己体积大 5～7 倍的诱导气流，一起经喇叭管进入滤袋，使滤袋急剧膨胀引起振动，同时瞬间内产生由内向外的逆向气流，使粘在袋壁及吸入滤料内部的粉尘被吹扫下来，达到清灰的目的。经过近十年的实践证明不适于烟温高、烟尘细、烟尘轻的工业硅炉烟气净化系统使用。

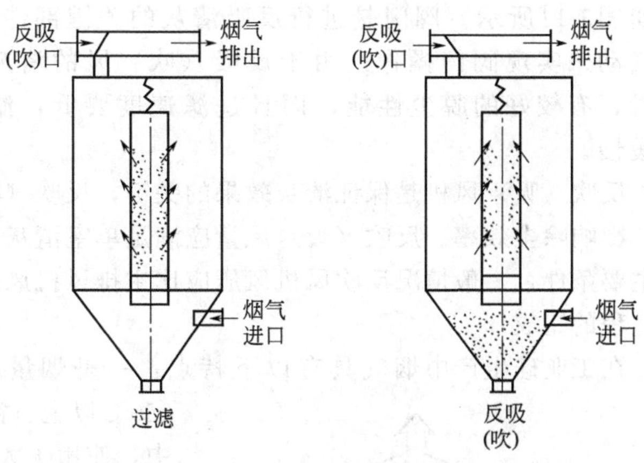

图 3-9 大布袋除尘清灰原理

• 反向气流清灰袋式除尘器 反向气流袋式除尘器是依靠反向气流，通过布袋变形将烟气过滤过程中留在滤袋上的灰尘分离，这种除尘器清灰力较弱，不宜采取过高的过滤速度，其特点是清灰机构较简单，维护、检修均较方便，能耗低，适于玻璃纤维袋采用。

反吸大滤袋除尘器的滤袋直径一般为 250～300mm，长度 7～10m，适合处理大量烟气。按进风方向区分有上进风和下进风之别，其工作原理如图 3-9 所示。

布袋是按一定规律进行清灰的，“两状态”清灰收尘器清灰时，进气口关闭，反吸口开启，使滤袋处于反向气流下，滤袋变形收缩同时滤袋上的粉尘清落，延时一定时间后又恢复到工作状态，滤袋膨胀。如此反复几次滤袋上的积灰得以清除，其一般在上进风收尘器和小型下进风除尘器上采用。其清灰程序如图 3-10。

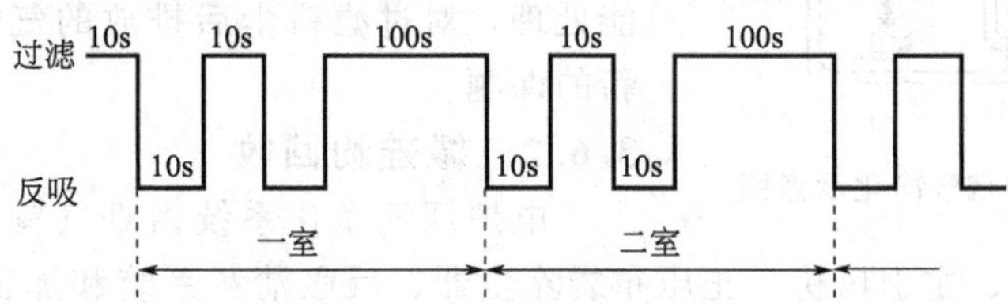

图 3-10 一般清灰程序

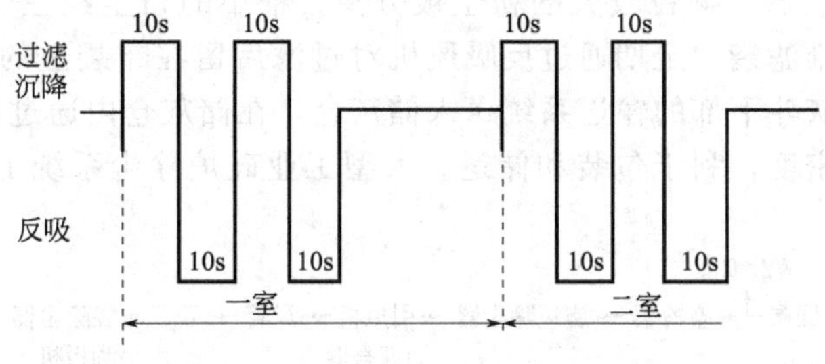

图 3-11 “三状态”清灰程序

当下进风收尘器的滤袋较长时，为了提高滤袋的清灰效果，在“两状态”清灰的基础上，可将进气口和反吸口关闭一段时间成为静止状态，使浮在滤袋内的粉尘沉降，这种状态称为“三状态”清灰。当滤袋含尘浓度较高时，宜采用“三状态”清灰。清灰程序如图3-11所示。阀门是进行反吸清灰的关键部件，要求启闭灵活、严密，目前较多采用气动来实现阀门操作。由于反吸（吹）风的清灰能力较弱，所以要求滤袋表面比较光滑，有较好的脱尘性能，而且过滤速度要低，滤袋在清灰过程中没有折叠，变形小且缓慢。

反吹（吸）风机是保证清灰效果的关键，反吹（吸）风机风量小、风压低时，清灰效果差，影响除尘效率。反吹（吸）风量应满足单室清灰需要的风量。反吹风压是保证反吹风量的主要条件，一般情况反吹风机风压应比主排风机风压大 800～1200Pa，确保清灰效果和整个过程的完成。

在工业硅生产中烟气具有以下特点：一是烟量大；二是电炉生产中烟温高，一般在350℃以上，需进行烟气的冷却；三是在工业硅生产中，使用了大量的石油焦和低灰分煤，烟气中含的二氧化硫会产生腐蚀性物质，对设备有较大的损害，同时微硅粉遇水吸湿后对设备有黏附性，使设备检修工作量增大，加速设备的损坏；四是生产出的微硅粉如果不能进行适当的消化利用，容易造成二次污染。

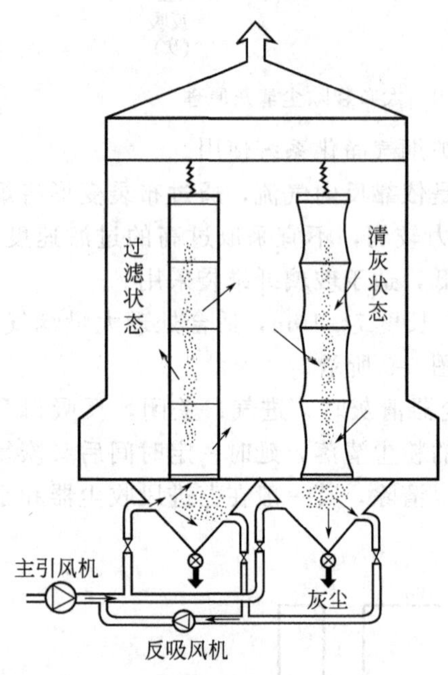

图 3-12　工业硅炉烟气净化示意图

目前，工业硅和硅铁电炉除尘系统较多地选用了反向气流清灰袋式除尘器（俗称大布袋除尘）和脉冲袋式除尘器（俗称小布袋除尘），并辅以旋风除尘器共同达到提高净化烟气效率和回收高品质微硅粉的目的。

由于布袋系统对二氧化碳、二氧化硫等气体不能处理，对过滤粉尘后排放的气体的处理将是一个新的课题。

3.6.2　微硅粉回收

电炉烟气净化系统由烟气输送管道、空气冷却器、双级旋风除尘器、主引风机、正压布袋除尘器、反吸清灰系统和加密包装系统等组成。工业硅炉烟气净化示意图如图 3-12。电炉烟气通过主引风机经烟气输送管道吸入空气冷却器，由空气冷却器对高温烟气进行冷却，防止进入过滤器温度过高而烧坏布袋，经过冷却的烟气进入双级旋风除尘器，颗粒较大的粉尘被分离，细小的粉尘经主引风机鼓入布袋除尘器。布袋选用玻璃纤维滤袋，定期通过反吸风机对过滤后留在布袋上的粉尘进行反吸清灰，粉尘落入集灰斗并由灰斗下部的输送系统送入储灰仓，在储灰仓内通过风机对粉尘进行加密处理，增加粉尘体积密度，利于包装和储运。大型工业硅炉除尘系统工艺流程如图 3-13 及图 3-14。

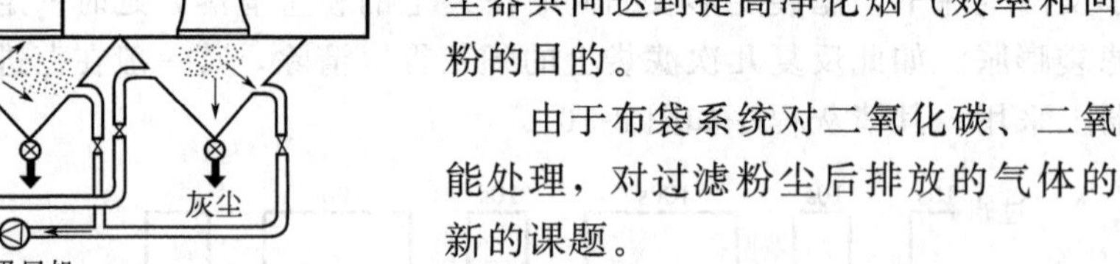

放散烟囱
电炉 → 烟罩 → 空冷器 → 旋风除尘器 → 引风机 → 风管 → 正压布袋除尘器 → 放散
出炉口 → 风机
力偶合器
电机
水平刮板机
斜刮板机
微硅粉加密仓

图 3-13　除尘系统流程

由于微硅粉堆密度小（0.18～0.23t/m³），自然倾角大，蓬松、易飞扬，不易储存、运输，所以对微硅粉进行后处理一般有以下几种方法。

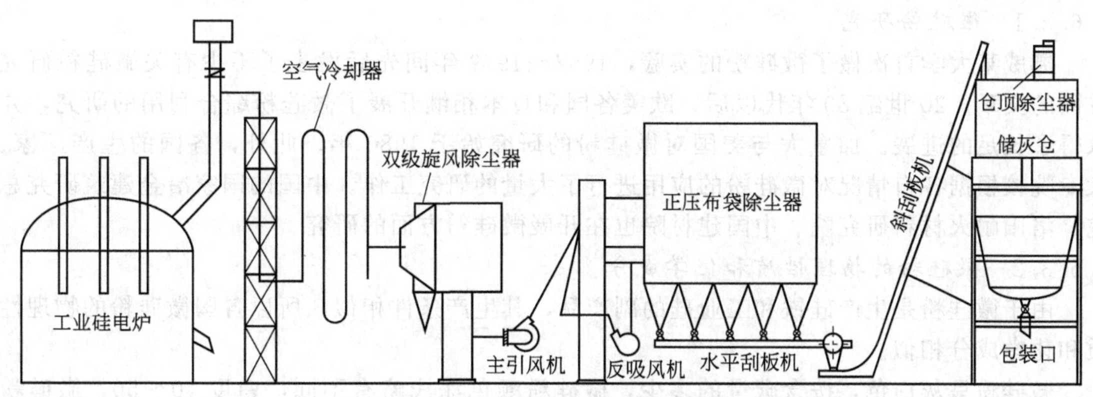

图 3-14 工业硅炉除尘系统流程图

(1) 微硅粉制粒、造球增大堆密度后存储

国外研究成功了微硅粉制粒、造球的振动机械。有的不配任何黏结剂，有的加入少量硅酸钠或碱金属的氢氧化物。制成的球粒一般为 6～30mm 大小，在 200～250℃温度下干燥，或以 900℃焙烧，制成的微硅粉粒强度很高。

(2) 水化制浆

将微硅粉掺入 60%～65%的水，经振动搅拌成浆状，泵送混凝土厂进行利用；利用 50 ： 50比例用水将微硅粉制成混凝土，进行储存、运输；酸化处理以后，可使水状悬浮物保持稳定流动性的处理方法，而且随时可获得良好的再分离性。

(3) 微硅粉加密

微硅粉加密的机理主要是通过高压的螺杆压缩风机向储灰仓鼓入无油、无水的压缩空气，使微硅粉颗粒之间得以聚合，从而提高体积密度。加密过程是根据压缩空气作用于微硅粉的压力、差压和温度换算得到的模拟流量进行控制，不同的体积密度可以通过调节流量来得到。加密后的微硅粉堆的密度提高 3 倍以上。其体积密度由原来的 200g/L 可以加大到 350～750g/L。

3.6.3 微硅粉利用

微硅粉是冶炼硅铁、工业硅时从烟气净化装置中回收的工业烟尘。世界主要国家微硅粉产量近 110 万吨；2004 年中国微硅粉产量约 8 万吨，潜在微硅粉资源每年可达 15 万吨以上。微硅粉在国外有很多叫法，在北欧各国叫凝聚硅灰，在美国和加拿大叫硅灰，也有人叫硅粉，挪威埃肯公司注册叫微硅粉。这种微硅粉与直接用石英石加工的微硅粉在成分、性能上有很大区别。

微硅粉资源开发利用研究工作始于 20 世纪 40～50 年代，国外进行了微硅粉综合利用研究。到 20 世纪 60 年代末 70 年代初微硅粉作为一种新材料已有工程应用。目前国外已在水泥、混凝土、耐火材料、橡胶、化工等工业进行了广泛的研究和应用，并已开发了一批性能优异的新产品，为制定微硅粉使用的国家或国际规范奠定了基础。中国在三峡大坝、青藏铁路等重点工程中均使用了微硅粉。由于 20 世纪 70 年代以来对环境保护的重视，国家要求铁合金和工业硅电炉烟气必须除尘净化后排放。这样，回收下来的微硅粉日益增多，促使人们不得不为微硅粉寻找应用途径。中国开展微硅粉综合利用的工作虽然起步较晚，但进展较快。如高强度混凝土、微硅粉喷射混凝土、复合增强密度剂、微硅粉砂浆、低水泥浇料等科研成果都已通过了部级或省、市级技术鉴定，并已在许多工程中应用，技术经济效果显著。

3.6.3.1 微硅粉研究

挪威某大学首次做了微硅粉的实验，1952～1979年间先后发表了不少有关微硅粉研究方面的文章。20世纪80年代以后，欧美各国和日本相继开展了微硅粉综合利用的研究，并取得了长足的进展。加拿大与美国对微硅粉的研究始于1980年。此外，各国的生产厂家、大专院校根据各自情况对微硅粉的应用进行了大量的研究工作。中国的国家冶金建筑研究总院、洛阳耐火材料研究院、中国建材院也在开展微硅粉方面的研究。

3.6.3.2 微硅粉的物理性质和化学成分

由于微硅粉是生产硅铁和工业硅的副产品，其生产条件相似，所以各国微硅粉的物理性质和化学成分相似。

微硅粉呈灰白色，按含碳量的多少，微硅粉颜色深浅略有不同，白度40～50，微硅粉与水泥混合后呈灰黑色，拌成混凝土后呈青灰色。

微硅粉的密度约为水泥的2/3，但堆积密度却只有水泥的1/6左右。

硅石在高温熔炼过程中，产生大量挥发性很强的SiO_2和Si气体，与空气迅速氧化并冷凝，产生大量微硅粉。它是一种超微固体物质，主要化学成分是SiO_2，含量可达85%～98%，其他由C、Fe_2O_3、Al_2O_3、CaO、K_2O、Na_2O、MgO等组成，比表面积25～30m^2/g，比水泥（0.4m^2/g）大50～100倍。

微硅粉中的SiO_2一般在90%以上，并且绝大部分呈非晶态。非晶态SiO_2愈多，微硅粉火山灰活性愈大，在碱性溶液中反应能力愈强。

近几年，微硅粉在建筑和建材行业中应用，效果较好。目前中国已将微硅粉广泛应用在水泥、混凝土、耐火材料、橡胶、化工等行业，并已开发了一批性能优异的新产品。

3.6.3.3 微硅粉利用

（1）应用于混凝土工业

把微硅粉作为掺和剂用于混凝土工业是国外微硅粉综合利用中研究最早、成果最多、应用最广的一个领域。由于微硅粉颗粒细小，比面积大，具有SiO_2纯度高与强火山灰活性等物理化学特点，把微硅粉作为掺和剂加入混凝土可提高多方面的性能。

① 可提高泵送性，降低泵送压力15%左右。

② 提高抗压、抗弯强度以及混凝土与钢筋、纤维的黏结强度，是超高强混凝土（C80以上等级）的必备成分。

③ 大幅度降低渗透性，使混凝土有自防水能力。

④ 大幅度提高抗氯离子渗透能力，使混凝土在氯盐污染环境中有良好的护筋性能。

⑤ 大幅度提高抗硫酸盐侵蚀性能和抗化学腐蚀性能。

⑥ 提高电阻率5～10倍，降低钢筋锈蚀开始后的锈蚀速度。

⑦ 显著提高抗冲击与耐磨性能。

（2）制作返回炉料

以球团形式作为电炉冶炼原料。球团在竖炉中800～1200℃温度下进行烧结，烧结后的球团具有足够的机械强度。球团加入竖炉之前不用干燥，烧结后的球团不存在爆裂和不适应的问题。而且，由于不需另加黏结剂，球团中杂质很少，因此可返回电炉作为冶炼材料。

（3）应用于水泥工业

微硅粉类似于混凝土添加材料，目前一些国家在不断发展这方面的应用，研制各种混合水泥，质量优于普通水泥。

（4）作为生产橡胶的填料

微硅粉化学成分和主要物理性能与白炭黑相似，所以微硅粉应用于橡胶工业是一种良好的填料。橡胶中加入二氧化硅粉尘可提高其延展率、抗撕裂及抗老化度。这种橡胶具有良好的介电性，吸水能力低。如果与炭黑同时配入原料中，可增大橡胶的弹性拉长强度和抗撕裂性。

（5）作防结块剂

为了防肥料结块，一般采用云母或硅藻土进行特殊处理，造价较高。应用微硅粉可以取代较贵的处理材料，但要准确地掌握使用的比例。国外一些国家就是采用这种方法，用微硅粉作防结块剂。

（6）作硅酸盐砖的原料

利用微硅粉作硅酸盐砖原料配加5%微硅粉制出的硅酸盐砖，在砖的硬度、抗寒强度、吸水性等方面都有了一定的提高，用微硅粉制造硅酸盐砖也减少了石灰消耗量并降低了砖的成本。

（7）作耐火材料的原料

微硅粉应用于陶瓷及耐火材料，可以大大降低浇注料的加水量，大幅度提高浇注料的强度和密度，甚而提高产品质量，改善产品的寿命，是最理想的结合剂和性能改善掺和物，应用微硅粉可生产性能优良的以下材料：

① 高档、高性能耐火浇注料及预制件；

② 大型铁沟及钢包料、透气砖等；

③ 自流型耐火浇注料及干湿法喷射施工应用；

④ 氧化物结合碳化硅砖制品（陶瓷窑具、隔焰板等）；

⑤ 高温型硅酸盐钙轻质隔热材料；

⑥ 电磁窑用刚玉莫来石推板；

⑦ 高温耐磨材料及制品。

（8）其他用途

国外一些厂家对冶炼硅质合金产生的大量二氧化硅粉尘不断进行研究探索，寻找可靠销路，除了发现上述各种有价值的用途之外，还发现这种材料用于绝缘材料、防烧结剂等。此外，微硅粉还可以用于改良土壤，增强土壤的肥力。

从发展趋势上看，今后微硅粉应用还将在耐火材料、橡胶、高分子材料等领域中有较大发展。

小　　结

工业硅生产中在1820℃时硅石被还原：$SiO_2 + 2C = Si + 2CO$。但在实际生产中硅石的还原是比较复杂的。

工业硅生产影响因素有：①电力因素，包括电压、电流、功率和溶池电阻等；②反应区的参数，有反应区尺寸、极心圆直径、炉膛内径、炉膛深度、有效电压、电流强度等。

工业硅生产设备分为冶炼设备、电气设备和机械设备三大部分。冶炼设备为三相埋弧式矿热炉，分为敞口式电炉和半封闭旋转式电炉；电气设备包括变压器和配电保护装置，配电保护装置又包括电炉开关键、继电器、控制仪表等设施；机械设备包括电极把持器、电极压放装置、电极升降系统、上料加料系统、防护设施、电炉水冷系统、原料清洗系统、炉体等设备。

工业硅生产操作包括烘炉前的准备工作、烘炉（有柴烘、油烘、木焦混合烘炉、电烘炉等方法）、开炉、加料、捣炉、出炉和浇铸等工序。

在冶炼工业硅时，会产生富含二氧化硅微粉、重金属微粒的烟气，若直接排入大气，造成极为严重的大气污染，这类烟尘被人体吸收后直接进入肺部，也会产生极大危害，但烟气中的微硅粉由于具有优良的理化性能，是一种重要的纳米-微米级无机非金属材料，在作为工业硅冶炼的返回炉料、混凝土工业的掺和剂、水泥工业的添加材料、生产橡胶的填料、农业生产中的防结块剂、作硅酸盐砖的原料和作耐火材料的原料等各方面都有一定的应用，因此需要对烟气进行处理，回收微硅粉。微硅粉回收的流程一般为空气冷却器冷却、旋风除尘器除去较大颗粒，再经布袋式除尘器后，通过加密设备把分离出的微硅粉进行加密。

习　题

3-1　简述冶炼炉各反应区域的情况。

3-2　简述工业硅生产工艺操作步骤。

3-3　简述电除尘工作原理。

3-4　简述微硅粉的用途。

第4章 氢气的制备和净化

学习目标

1. 了解氢气的物理性质和化学性质。
2. 了解氢气的生产工艺。
3. 掌握氢气净化的工艺流程。
4. 熟悉使用氢气的注意事项。
5. 熟悉生产中对氢气燃烧或爆炸的事故处理方法。

氢是元素周期表中的一号元素，元素名来源于希腊文，原意是“水素”。氢的存在，早在16世纪就有人已经注意到，但因当时人们把接触到的各种气体都笼统地称作“空气”，因此，氢气并没有引起人们的关注。直到1766年，英国的物理学家和化学家卡文迪什（H. Cavendish，1731—1810）用六种相似的反应制出了氢气，这些反应包括锌、铁、锡分别与盐酸或稀硫酸反应。同年，他在一篇名为“人造空气的实验”的研究报告中谈到此种气体与其他气体性质不同，而不认为是一种新的气体。他认为这是金属中含有的燃素在金属溶于酸后放出，形成了“可燃空气”。事实上，杰出的化学家拉瓦锡（A. L. Lavoisier，1743—1794）于1785年首次明确地指出：水是氢和氧的化合物，氢是一种元素。他将“可燃空气”命名为“Hydrogen”。它的元素符号为H。中文的“氢”字是采用“轻”的偏旁，把它放进“气”里面，表示“轻气”。1787年法国化学家拉瓦锡证明氢是一种单质并命名。

分子氢在地球上的丰度很小，但化合态氢的丰度却很大，按原子组成占15.4%，但重量仅占1%。在宇宙中，氢是最丰富的元素。在地球上氢主要以化合态存在于水和有机物中。例如氢存在于水、碳水化合物和有机化合物以及氨和酸中。含有氢的化合物比其他任何元素的化合物都多。氢在地壳外层的三界（大气、水和岩石）里占17%（以原子分数），仅次于氧而居第二位。

元素氢有三种同位素，分别记为$^{1}_{1}H$、$^{2}_{1}D$、$^{3}_{1}T$，它们的相对原子质量分别是1.007825、2.014102及3.01605。在自然界中$^{1}_{1}H$含量占氢的同位素的99.9844%，$^{2}_{1}D$占0.0156%（以原子分数计），所以普通氢显示的性质基本上是$^{1}_{1}H$的性质。而$^{3}_{1}T$是一种不稳定的同位素，可以发生核反应。

4.1 氢气的简介

4.1.1 物理性质

单质氢是以双原子分子形式存在，氢气是一种无色无嗅的气体，沸点20.28K，在标准状态下氢气的密度0.08987kg/L，是所有气体中密度最低的，比空气轻得多（1L氢气的质量是 0.0899g)。氢具有很大的扩散速度和很高的导热性。如将氢气进行深度冷冻并加压，可转变成液体，在 13.84K 时氢可转变为透明固体。

氢气微溶于水，在 273K 时 1 体积水仅能溶解 0.02 体积的氢气。但氢可被某些金属（如钯、铂）吸附，如室温时，1 体积细钯粉大约吸收 900 体积的氢气。被吸附后的氢气有很强的化学活泼性（可以认为被吸附的氢分子在某种程度上被离子化或活化了）。

4.1.2 化学性质

因氢分子中 H—H 键能较高（432kJ/mol），所以常温下，氢气表现出较大的化学稳定性，但加热时氢能参加许多化学反应。

（1）氢气的可燃性

点燃氢气与氧气的混合物，可以爆炸化合生成水，同时释放出大量的热。

$$H_2(g)+1/2O_2(g)=\!=\!=H_2O(l) \qquad \Delta H^{\ominus}=-286.5kJ/mol$$

氢在氧气中燃烧可释放出大量的热，使用氢氧吹管有可能达到 3000K 的高温，这种吹管所产生的氢氧焰可以用来“切割”金属板。

（2）氢的还原性

氢可以和许多金属氧化物、卤化物等在加热的情况下相互发生反应，显示氢的还原性，如

$$CuO+H_2=\!=\!=Cu+H_2O$$

$$Fe_3O_4+4H_2=\!=\!=3Fe+4H_2O$$

$$WO_3+3H_2=\!=\!=W+3H_2O$$

$$TiCl_4+2H_2=\!=\!=Ti+4HCl$$

（3）氢的氧化性

氢可以和ⅠA族ⅡA族（除 Be，Mg）活泼金属相互反应，生成离子型氢化物。在离子型氢化物中，氢接受电子生成负一价氢离子，显示氢的氧化性。

$$2Na+H_2\xlongequal{653K}2NaH$$

$$Ca+H_2\xlongequal{423\sim573K}CaH_2$$

氢也可以与一些电负性较大的非金属相互化合，形成各种不同的分子型氢化物。如有机化学中的加氢或脱氢反应。

$$CH_3CHO+H_2=\!=\!=CH_3CH_2OH$$

（4）化合反应

在适当温度及催化剂的条件下，氢可以和一氧化碳合成一系列有机化合物（如生成甲醇、烃类等)。氢也可以使不饱和碳氢化合物加氢，转变成饱和碳氢化合物。如

$$2H_2+CO=\!=\!=CH_3OH$$

$$CH\equiv CH+H_2=\!=\!=CH_2=CH_2$$

（5）氢与某些金属生成金属型氢化物

氢气可以与某些金属反应生成一类外观似金属的金属型氢化物，这类氢化物中，氢与金属的比值有的是整数，有的是非整数的，其性质在后面介绍。

4.1.3 氢气的用途

（1）单质氢的用途

氢气在工业上有许多重要应用。化学工业：合成氨；石油裂解加氢、煤炭的加氢液化、油脂加氢固化、塑料合成，无机、有机精细化工合成等；冶金工业：钢铁冶金，铁矿石直接

氢还原制海绵铁，然后在氢氛中直接炼钢、钨、钼等稀有金属冶炼等。以上这些应用大概占世界氢产量的90%。这些用途依赖于氢的独特物理和化学性质，是其他物质所不能替代的。氢气还有一些其他少量用途，例如充装氢气球、无线电元件的烧氢、科学实验中的还原性载气或还原性保护气氛、原子核科研中作为靶核或核反应产物的检定介质等。

（2）氢在能源方面的应用

氢气属二级能源，需要用另一种有效能源从水中制取。但由于它燃烧后生成水，不会污染环境，成为21世纪非常有前途的无污染能源之一。

4.1.4 氢的规模生产

（1）电解水生产氢的工艺

① 电解原理　因纯水是电的不良导体，其电阻超过10MΩ·cm，所以电解水制氢时需要在水中加入电解质来增大水的导电性，一般使用15%氢氧化钾溶液作电解质，电极反应如下。

阴极：$2K^{+}+2H_2O+2e^{-} \longrightarrow 2KOH+H_2$

阳极：$2OH^{-} \longrightarrow H_2O+1/2O_2+2e^{-}$

② 方法的优缺点　在世界范围有不少数量的氢气是用电解法生产的。这种方法使用原料简单（只需较纯净的水和电能），工艺过程容易掌握。电解过程的能量转化效率相当高，达到75%，改变电极表面组成增大其催化性能，效率还可提高到80%。电解法制得的氢气和氧气有很高的纯度，但电解法应用范围并不广，因为在当前电力比天然气、石油或煤炭（按相同能量标准比较）要贵很多，价格约高出3～4倍。只有在电能可以廉价供应的地方（如水力发电），才适合用电解法生产氢气。

（2）高温电解水蒸气制氢工艺

① 工艺原理　20世纪70年代末期发展起来的高温电解水蒸气的制氢技术到目前已经基本成熟，此工艺比常温电解水可节省电力约20%。

高温电解水蒸气的电极是由固体电解质（掺有氧化钇的多孔烧结二氧化锆）构成的空心管子，内外侧镀着适当的导电金属膜，内侧为阴极，外侧为阳极。水蒸气由管子内侧进入，通过多孔固体电解质而由阴极通向阳极。电解产生的氢气由管子内侧放出，氧气由管子的外侧放出，电解槽整体由许多根电极管平行并联组成，总体电压最高可达1200V。将200℃的过热水蒸气通入热交换器，与从1000℃电极室出来的热氢气或氧气逆流交换热量，将输入的水蒸气预热到900℃，进入电解室，在1000℃高温下电解。高温氢气和氧气在热交换器中降温到30℃后，由电解槽输出。

② 工艺的优缺点　这种电解工艺虽然电流效率很高，但目前成本仍然高于化石燃料的相应价格，故处于技术储备状态，有待将来电力成本大大降低或化石能源面临枯竭之时，这类未来能源的生产将会发挥她的潜力的。

（3）热化学循环分解水制氢工艺

① 方法的原理　将纯水进行热分解需要约4000℃的高温，这在技术上是困难的。为了降低水的热分解温度，20世纪60年代发展起来热化学循环分解水技术研究。“循环反应”是化学工艺中为节省能源、节省反应物料而常采用的化学技术。

水分子是共价分子，H—O键能为462.8kJ/mol，要想拆开这个键，起码需要高温。因此，应用于水分解的循环反应应该是热化学循环。到目前为止化学家已经创造了数百个热化学循环分解水的反应系统。本书不可能详尽介绍，只介绍一个新的热化学循环反应系统即硫-碘-镁反应系统。它使用三个循环试剂：二氧化硫、单质碘和氧化镁，反应系列如下：

$$SO_2(g)+I_2(s)+2H_2O \longrightarrow H_2SO_4(aq)+2HI(aq)$$

$$2MgO(s)+H_2SO_4(aq)+2HI(aq) \longrightarrow MgSO_4(aq)+MgI_2(aq)+2H_2O$$

$$MgI_2(aq)+H_2O(l) \longrightarrow MgO(s)+2HI(g)$$

$$MgSO_4(g) \longrightarrow MgO(s)+SO_3(g)$$

$$SO_3(g) \longrightarrow SO_2(g)+1/2O_2(g)$$

$$2HI(g) \longrightarrow H_2(g)+I_2(g)$$

② 方法的优缺点　热化学循环分解水制氢的研究看来颇具有生命力，这种工艺路线之所以受到广泛重视，是因为根据能量衡算，它可能成为能耗最低的和最合理的制氢工艺。另外，此工艺所需热源不受局限，任何热源都可以用为驱动热化学循环的动力。最合乎理想的途径是将热化学循环反应与太阳能利用结合起来，可能成为将来成本最低廉的制氢工艺。

4.1.5 其他制氢技术

(1) 生物制氢

生物制氢的思路是在1966年首先提出的，到了20世纪90年代受到极大重视，一些工业发达国家德、日、美等都成立了专门机构，制定生物制氢技术发展计划，开展基础性和应用性研究，希望在21世纪实现工业化生产。但到目前研究进展并不理想，中试研究都集中在细菌和酶固定化技术上面，离工业化生产还有很大距离，还没有一家完成中试成果。中国从1990年开始生物制氢技术研究，经过4年研究，首次实现中试规模连续流长期持续产氢。并且在此基础上，该课题组又先后发现了产氢能力很高的乙醇发酵类型，发明了连续流生物制氢技术反应器，初步建立了生物制氢发酵理论，提出了最佳工程控制对策。该项技术和理论成果在中试研究中获得充分验证，所产氢气纯度大于99%，生产成本明显低于水电解法制氢成本。

(2) 氨分解制氢

液氨为原料，液氨汽化预热后进入装有催化剂的分解炉，在一定温度、压力和催化剂的作用下氨即分解，产生含氢75%、氮25%的混合气，气体经热交换器和冷却器及流量计后，可进行纯化处理或直接使用。

(3) 水煤气制氢

以块状的白煤为原料，将其加入造气炉中燃烧，同时加入水蒸气，使其产生水煤气。该水煤气经脱硫变换等净化后，经变压吸附工序分离，则得到99.5%以上的氢气。

(4) 甲醇裂解制取氢气

甲醇和脱盐水经混合、加压、汽化、过热进入反应器，在催化剂作用下，反应生成转化为约75%H_2、约24%CO_2和极少量的CO、CH_4混合气，经过换热、冷凝、净化、PLC程序自动控制将未反应的水和甲醇返回原料液罐循环使用，净化后的气体依序通过装有多种特定吸附剂的吸附塔。通过变压吸附（PSA）分离法一次性分离除去CO、CH_4、CO_2，提取得到氢气。

除此之外，还有焦炉煤气提氢、生物质汽化制氢、微生物制氢等方法。

4.2 氢气的生产工艺

氢气在多晶硅厂中一般是通过电解水法生产。在电解水过程中，由电解槽阴极生成的氢气导入氢气总管，送到氢气处理工序。

电解水的现象最早是在1789年被观测到，1800年Nicholson和Carlisle发展了这一技术，到1902年就已经有400多个工业电解槽，总产氢容量为10000m^3/h；1948年Zdansk和Lonza建造了第一台增压式水电解槽。目前，已经发展了3种基于不同种类的电解槽，分别是碱性电解槽、聚合物薄膜电解槽以及固体氧化物电解槽，电解效率也由70%提高到90%。

4.2.1 碱性电解槽

电解槽是电解水制氢设备的核心，是发生电化学反应的地方，在电解小室的阴、阳电极上分别制得氢气和氧。碱性电解槽是最古老、最成熟、也最经济的电解槽，易于操作，目前仍在广泛使用，缺点是其能量转化效率是三种电解槽中最低的。其基本原理示意图如图4-1。

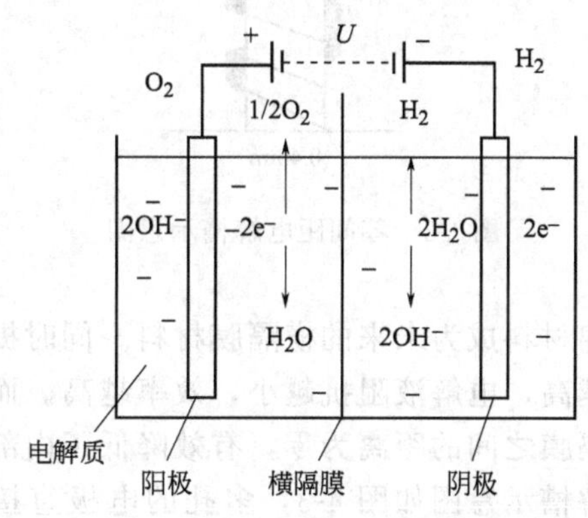

图4-1 碱性电解槽原理示意图

碱性电解槽主要由电源、电解槽箱体、电解液、阴极、阳极和横隔膜组成。通常电解液都是氢氧化钾溶液（KOH），浓度为20%～30%，横隔膜主要由石棉组成，主要起分离气体的作用，而两个电极则主要由金属合金组成，比如Raney Nickel、Ni-Mo和Ni-Cr-Fe，主要是分解水，产生氢和氧。电解槽工作温度70～100℃，压力为100～3000kPa。在阴极，两个水分子（H_2O）被分解为两个氢离子（H^+）和两个氢氧根离子（OH^-），氢离子得到电子生成氢原子，并进一步生成氢分子（H_2），而那两个氢氧根离子（OH^-）则在阴、阳极之间的电场力作用下穿过多孔的横隔膜，到达阳极，在阳极失去两个电子生成一个水分子和1/2个氧分子。阴、阳极的反应如下。

阴极：$2H_2O+2e^- \longrightarrow H_2+2OH^-$

阳极：$2OH^- \longrightarrow 1/2O_2+H_2O+2e^-$

目前广泛使用的碱性电解槽结构主要有两种：单极式电解槽和双极式电解槽。这两种电解槽的示意图如图4-2。

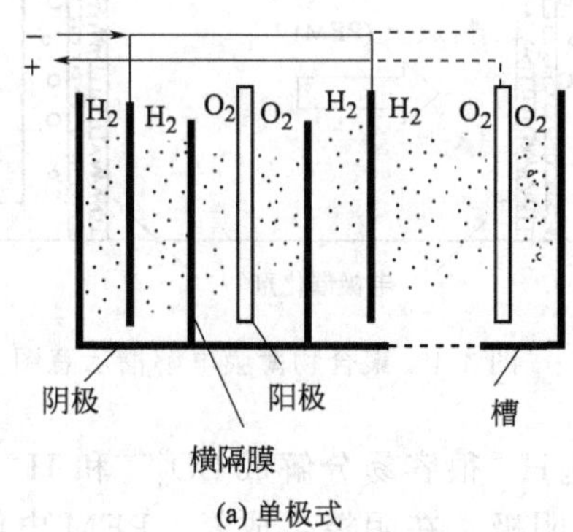

(a) 单极式

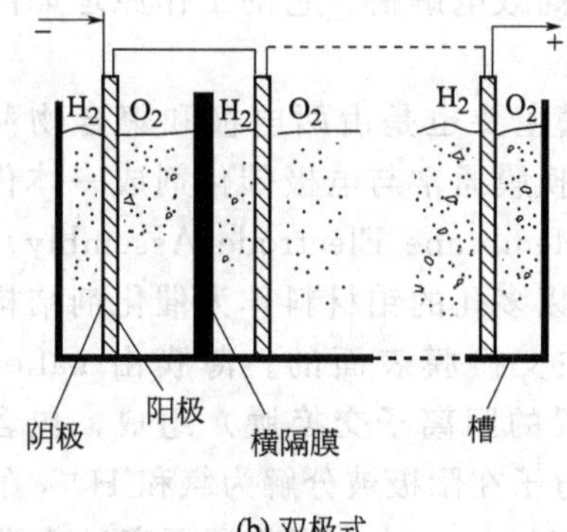

(b) 双极式

图4-2 单极式、双极式电解槽示意图

如图4-2所示，在单极式电解槽中电极是并联的，而在双极式电解槽中电极则是串联的。双极式的电解槽结构紧凑，减小了因电解液的电阻而引起的损失，从而提高了电解槽的效率。双极式电解槽由若干根拉紧螺杆把二百多个电解小室压紧在两厚实的端压板之间，所有的外连管道全部从两端压板上引出，上部为产品气和碱液混合液的引出管，下部为循环碱液的引入管和排污管。端压板采用平板结构。直流电的引入方式为中间极板接正极，两端极

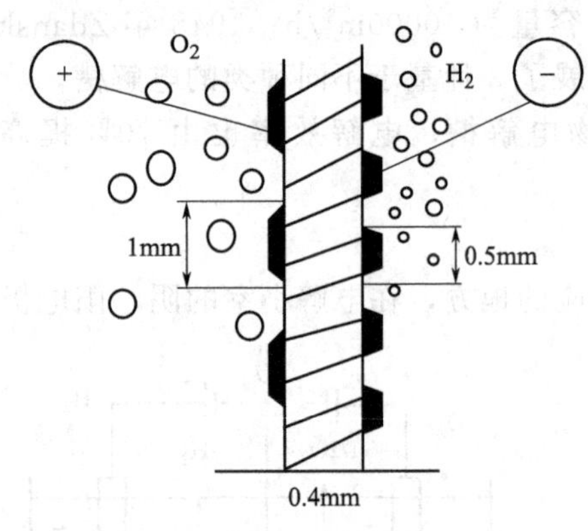

图 4-3 零间距电解槽示意图

板接负极，使整个电解槽显得十分紧凑、运行也安全可靠，但双极式电解槽在另一方面也因其紧凑的结构增大了设计的复杂性，从而导致制造成本高于单极式的电解槽。鉴于目前更强调的是转换效率，现在工业用电解槽多为双极式电解槽。为了进一步提高电解槽转换效率，需要尽可能地减小提供给电解槽的电压，增大通过电解槽的电流。减小电压可以通过发展新的电极材料、新的横隔膜材料以及新的电解槽结构——零间距结构（Zero-Gap）来实现。研究表明 Raney Nickel和 Ni-Mo 等合金作为电极能有效加快水的分解，提高电解槽的效率。而由于聚合物的良好化学、机械的稳定性，以及气体不易穿透等特性，将取代石棉材料成为未来的横隔膜材料。同时提高电解槽的效率还可以以提高反应温度来实现，温度越高，电解液阻抗越小，效率越高。而零间距结构则是一种新的电解槽构造，由于电极与横隔膜之间的距离为零，有效降低了内部阻抗，减少了损失，从而增大了效率。零间距结构电解槽示意图如图 4-3，多孔的电极直接贴在横隔膜的两侧，在阴极水分子被分解成氢离子（H^+）和氢氧根离子（OH^-），氢氧根离子（OH^-）直接通过横隔膜到达阳极生成氧气，因为没有了传统碱性电解槽中电解液的阻抗，有效增大了电解槽的效率，是未来比较有潜力的电解槽结构。

4.2.2 聚合物薄膜电解槽

碱性电解槽结构简单，操作方便，价格较便宜，比较适合用于大规模的制氢，缺点是效率不够高，约 70%～80%。为了进一步提高电解槽的效率，开发出了聚合物薄膜（PEM）电解槽和固体氧化物电解槽（Solid Oxide Electrolyzer）。聚合物薄膜电解槽（PEM Electrolyzer）是基于离子交换技术的高效电解槽。它的工作原理如图 4-4 所示。

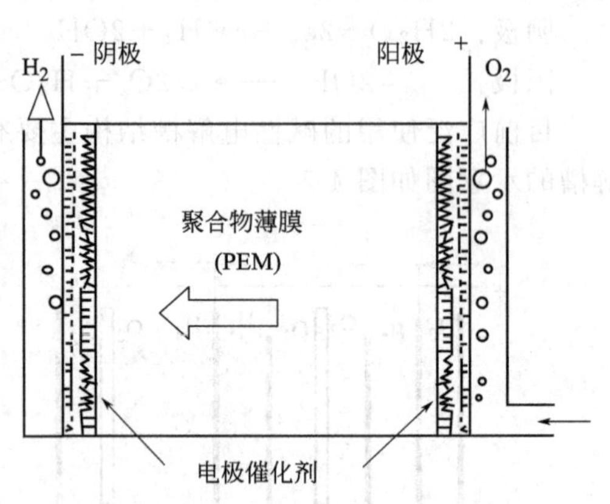

图 4-4 聚合物薄膜电解槽示意图

PEM 电解槽主要也是由两电极和聚合物薄膜组成，质子交换膜通常与电极催化剂成一体化结构（MEA：Membrane Electrode Assembly）。在这种结构中，以多孔的铂材料作为催化剂结构的电极是紧贴在交换膜表面的。薄膜由 nafion（一种聚四氟乙烯的阳离子交换膜）组成，包含有 SO_3H^-，水分子在阳极被分解为氧和 H^+，而 SO_3H^- 很容易分解成 SO_3^{2-} 和 H^+，H^+ 和水分子结合成 H_3O^+，在电场作用下穿过薄膜到达阴极，在阴极生成氢。PEM 电解槽不需电解液，只需纯水，比碱性电解槽安全、可靠。使用质子交换膜作为电解质具有化学稳定性、高的质子传导性、良好的气体分离性等优点。由于较高的质子传导性，PEM 电解槽可以工作在较高的电流下，从而增大了电解效率。并且由于质子交换膜较薄，减小了电阻损失，也提高了系统的效率。目前 PEM 电解槽的效率可以达到 85%或以上，但由于在电极处使用铂等贵重金属，nafion 也是很昂贵的材料，故 PEM 电解槽目前还难以投入大规模的使用。

4.2.3 固体氧化物电解槽

固体氧化物电解槽（Solid Oxide Electrolyzer）从1972年开始发展起来，目前还处于早期发展阶段。由于工作在高温下，部分电能由热能代替，效率很高，并且成本也不高，其基本原理示于图4-5。高温水蒸气进入管状电解槽后，在内部的负电极处被分解为H^+和O^{2-}，H^+得到电子生成H_2，而O^{2-}则通过电解质ZrO_2到达外部的阳极，生成O_2。固体氧化物电解槽目前是三种电解槽中效率最高的，并且反应的废热可以通过汽轮机、制冷系统等利用起来，使得总效率达到90%，但由于工作在高温下（1000℃），也存在着材料和使用上的一些问题。适合用做固体氧化物电解槽的材料主要是YSZ（Yttria-stabilized Zirconia）。这种材料并不昂贵，但由于制造工艺比较复杂，使得固体氧化物电解槽的成本也高于碱性电解槽的成本。其他的比较便宜的制造技术如电化学气相沉淀法（EVD：Electrochemical Vapordeposition）和喷射气相沉淀法（JVD：Jet Vapor Deposition）正在研究之中，有望成为以后固体氧化物电解槽的主要制造技术。各国的研究重点除了发展制造技术外，同时也在研究中温（300～500℃）固体氧化物电解槽以降低温度对材料的限制。随着研究的进一步深入，固体氧化物电解槽技术将和质子交换膜电解槽成为制氢的主要技术，架起一座从可再生能源到氢能源的桥梁。

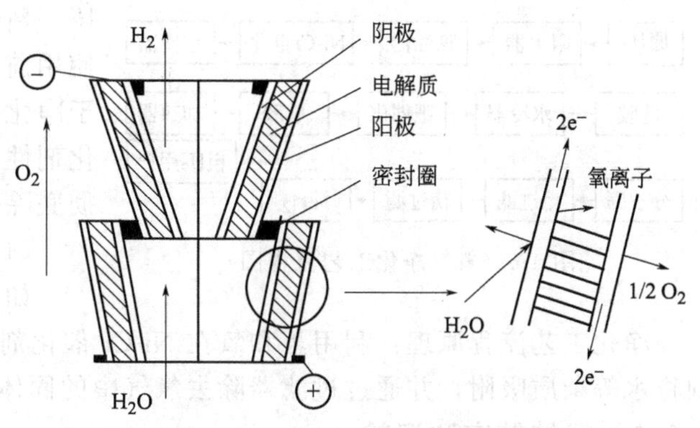

图4-5 固体氧化物电解槽示意图

4.3 氢气的净化、储存和运输

4.3.1 氢气的净化

(1) 氢气的净化方法、净化系统的安排与操作

常用的氢气净化方法有两种：钯合金扩散法、催化脱氧及吸附干燥法。钯合金扩散法是国内外净化氢气比较先进的方法，但是钯合金膜设备材料稀缺、成本高，而且使用钯合金膜时，氢气仍需先预净化，这种方法的应用不广泛。催化剂脱氧吸附干燥法是比较经济已被广泛应用的一种方法。

(2) 净化方法和流程

净化方法和流程应当根据所用的工业氢气中的杂质种类及其含的具体情况和生产的要求来确定。同时还要确定净化剂及其用量、净化设备的大小及数量。

由于氢气纯度的要求，所用的各种净化剂必须是高纯度的，净化效果要好，不与氢气反应，不消耗氢气，有较高的净化处理量，净化速度快，能连续使用，便于活化和再生。

净化剂的安装顺序一般是先脱氧而后除水，一般净化器必须要两套设备，一套使用，一套再生或备用，净化设备应当简单，管道尽可能短，管道接口处必须密封。

(3) 净化剂的使用、活化与再生

各种净化剂要求一定的使用条件（如：温度、压力等）。在使用中不但要控制使用条件，而且还要注意其他各种影响因素以及长期使用净化能力是否减弱或失效，是否需要再生。在使用中，严禁空气吸入净化系统。当有降温、降压、断氢或停氢时，首先应保证系统为正

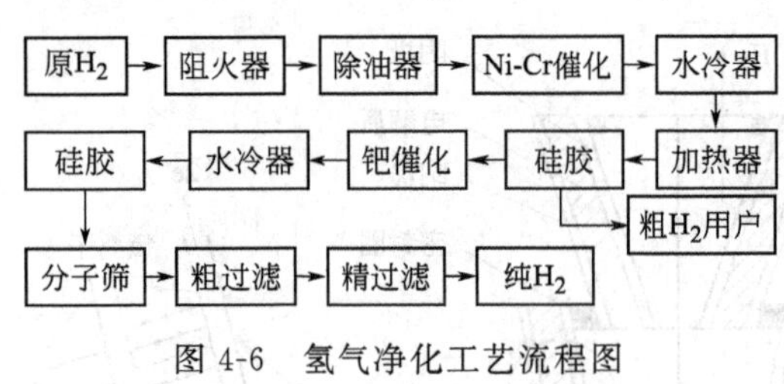

图 4-6 氢气净化工艺流程图

压。新装的净化剂由于在空气中氧化或吸水，使用前应进行活化。再生方法与再生程度决定于净化剂的性质，再生的程度和时间应根据净化剂性能与用量、吸水量等条件确定，一般以彻底除去杂质为原则。

(4) 工艺流程图

如图 4-6 所示。

净化工艺流程原理：利用氢和氧在 Ni-Cr 催化剂的作用下转化为水，然后通过各种吸附剂将水等杂质吸附，并通过过滤器除去氢气中的固体微粒，从而达到提纯氢气的目的。

4.3.2 氢的储存和运输

(1) 管道氢气运输

可以像天然气一样，用远距离管道运输。按气体扩散定律，氢气在管道中的流速将是甲烷（天然气主要成分）的 3 倍。所以将来如果用氢气代替天然气作常规燃料气，单位时间管道输送来的能量基本不变，但压送氢气的压缩泵要求 3 倍于天然气的压缩功率才行。此外管道氢气运输对泄漏问题要求更严格。

(2) 高压气瓶运输

氢气可以在 150～400atm 下装盛在气体钢瓶中，以压缩气体形式运输。这种技术已经得到充分发展，比较方便可靠，但效率是极低的。一只 30kg 重的气体钢瓶在 150atm 下仅能装盛 1kg 氢气，在 400atm 下也仅能装 2.5kg 氢气。氢气重量在运物工具重量中只占 2%～4%，所以氢气的运输成本是昂贵的。这种技术仅适用于运输少量氢气并应用于氢气价格不占很重要比例的场合。

(3) 液氢的存储

将氢气冷却到－253℃，即可呈液态，然后，将其储存在高真空的绝热容器中。液氢储存工艺首先用于宇航中，其储存成本较贵，安全技术也比较复杂。现在一种间壁间充满中孔微珠的绝热容器已经问世。这种二氧化硅的微珠直径约为 30～150μm，中间是空心的，壁厚 1～5μm。在部分微珠上镀上厚度为 1μm 的铝。由于这种微珠热导率极小，其颗粒又非常细，可完全抑制颗粒间的对流换热；将部分镀铝微珠（一般约为 3%～5%）混入不镀铝的微珠中可有效地切断辐射传热。这种新型的热绝缘容器不需抽真空，其绝热效果远优于普通高真空的绝热容器，是一种理想的液氢储存罐，美国宇航局已广泛采用这种新型的储氢容器。

(4) 金属氢化物储氢

氢与氢化金属之间可以进行可逆反应，当外界有热量加给金属氢化物时，它就分解为氢化金属并放出氢气。反之氢和氢化金属构成氢化物时，氢就以固态结合的形式储于其中。用来储氢的氢化金属大多为由多种元素组成的合金。目前世界上已研究成功多种储氢合金，它们大致可以分为四类：一是稀土镧镍等，每千克镧镍合金可储氢 153L。二是铁-钛系，它是目前使用最多的储氢材料，其储氢量大，是前者的 4 倍，且价格低、活性大，还可在常温常压下释放氢，给使用带来很大的方便。三是镁系，这是吸氢量最大的金属元素，但它需要在 287℃下才能释放氢，且吸收氢十分缓慢，因而使用上受限制。四是钒、铌、锆等多元素系，这类金属本身属稀贵金属，因此只适用于某些特殊场合。目前在金属氢化物储存方面存在的主要问题是：储氢量低，成本高及释氢温度高。带金属氢化物的储氢装置既有固定式，也有移动式，它们既可作为氢燃料和氢物料的供应来源，也可用于吸收废热，储存太阳能，还可作氢泵或氢压缩机使用。

4.4 氢气的安全使用

4.4.1 氢气的安全使用

氢气与其他气体按一定的比例混合将发生爆炸，爆炸极限如表4-1。

表4-1 氢气的爆炸极限（体积分数） 单位：%

爆炸极限	空气	氧气	一氧化碳	一氧化氮
下限	4	4	52	13.5
上限	75	95	80	4.9

(1) 使用氢气时的注意事项

① 氢气瓶与氧气瓶分开存放，更不能混用。

② 使用设备与氢气之间必须安装回火装置。

③ 通氢气之前，先用保护气体（氮气、氩气）赶净设备中空气，并检查是否漏气。不漏气时方能通入氢气。

④ 当操作完毕不用氢气时，应先通保护氮气或氩气。当设备中氢气赶净后，再关保护气体。

(2) 氢气燃烧或爆炸的事故处理

当设备、管道发生氢气泄漏而引起爆炸、燃烧时，要迅速判明氢气来源处，严禁关闭氢气来源阀门（防止回火）。在氢气来源处接上氮气或氩气，缓慢通入管道、设备，慢慢加大流量，关小氢气阀，直至完全关闭氢气阀门，火焰消失后，继续通保护气体，待管道设备冷却后，再关闭保护气体阀门。

4.4.2 氢气瓶使用注意事项

因生产需要，必须在现场（室内）使用气瓶，其数量不得超过5瓶，并应符合下列要求。

① 室内必须通风良好，保证空气中氢气最高含量不超过1%（体积分数）。

建筑物顶部或外墙的上部设气窗或排气孔。排气孔应朝向安全地带，室内换气次数每小时不得少于三次，局部通风每小时换气次数不得少于七次。

② 氢气瓶与盛有易燃、易爆物质及氧化性气体的容器和气瓶的间距不应小于8m。

③ 与明火或普通电气设备的间距不应小于10m。

④ 与空调装置、空气压缩机和通风设备等吸风口的间距不应小于20m。

⑤ 与其他可燃性气体储存地点的间距不应小于20m。

⑥ 设有固定气瓶的支架。

⑦ 多层建筑内使用气瓶，除生产特殊需要外，一般宜布置在顶层靠外墙处。

⑧ 使用气瓶，禁止敲击、碰撞；气瓶不得靠近热源；夏季应防止曝晒。

⑨ 必须使用专用的减压器，开启气瓶时，操作者应站在阀口的侧后方，动作要轻缓。

⑩ 阀门或减压器泄漏时，不得继续使用；阀门损坏时，严禁在瓶内有压力的情况下更换阀门。

⑪ 瓶内气体严禁用尽，应保留5kPa以上的余压。

扩展知识　氢气的液化

氢气液化和空气液化在原理上相似，是通过高压气体的绝热膨胀来实现的。氢气的临界温度是33K，即－240℃，必须首先取得这个低温后才能使氢气液化。所以在氢气液化机中，先令经过活性炭吸附除去杂质（杂质含量不得超过20ppm）的纯化氢气通过储氢器进入压缩机，经三级压缩达到150atm，再经高压氢纯化器（除去由压缩机带来的机油等）分两路进入液化器。

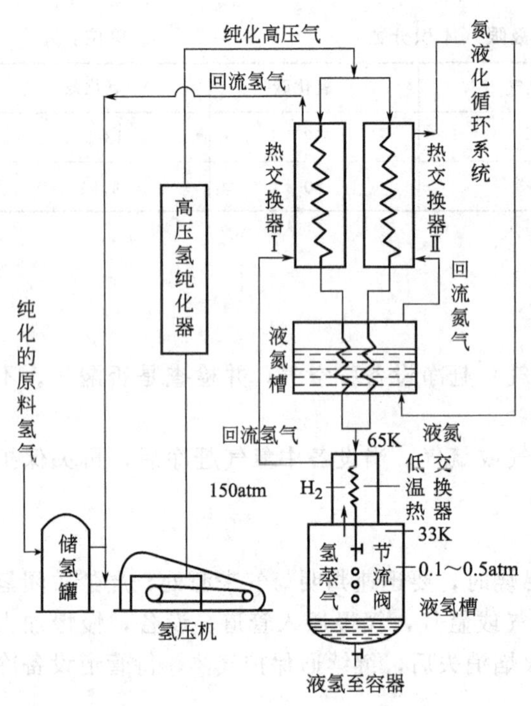

图4-7　氢液化机的原理示意图

一路经由热交换器Ⅰ与低压回流氢气进行热交换，或后经液氢槽进行预冷；另一路在热交换器Ⅱ中与减压氮气进行热交换，然后通过蛇形管在液氮槽中直接被液氮预冷。经预冷的两路高压氢汇合，此时氢气的温度已经冷却到低于65K（即－208℃）。

冷高压氢进入液氢槽的低温热交换器，直接受到氢蒸气的冷却。温度降到33K（临界点），最后通过绝热膨胀阀（称为节流阀）膨胀到气压低于0.1～0.5atm。由于高压气体膨胀的制冷作用，一部分氢液化，聚集在液氢槽中，可通过放液管放出，注入液氢储存器中。没有液化的低压氢和液氢槽里蒸发的氢蒸气一起经过热交换器（作制冷剂）由液化器通出。进入储氢器或压缩机送气管，重新进入循环。

一般氢液化机要求原料氢气纯度不低于99.5%，水分不高于2.5g/m^3，氧含量不高于0.5%。氢液化机的原理如图4-7所示。

附　氢气安全操作规章

氢气是易燃易爆气体，氢气与空气混合到一定比例，形成爆炸气体，遇到微火源（含静电和撞击打火），就会引起严重的爆炸。确保制氢、用氢安全是头等大事，特制定本安全制度，必须严格遵守。

① 制氢、用氢人员，必须强化安全意识，牢固树立安全第一思想，认真执行各项规章制度，切实做好安全工作。

② 电解水制氢操作人员必须经过严格训练，应真正掌握电解水制氢设备原理、结构、性能和操作方法经考核合格方可上岗。

③ 任何人员不得携带火种进入制氢室。制氢和充灌气人员工作时，不可穿戴易产生静电的化纤服装（如尼龙、腈纶、丙纶等）及带钉的鞋作业，以免产生静电和撞击起火。

④ 制氢人员必须严格按电解水制氢规程制氢，开机后不得远离制氢室，应注意巡视制氢设备工作情况，做到严密监视和控制各运行参数，如有异常，立即处理，不允许带故障运行。

⑤ 每次开机必须做氢气纯度分析，纯度达不到99.5%，应立即停机巡查检修。

⑥ 使用压缩氢气灌瓶时，钢瓶内氢气不得全部用完，瓶内气压应不低于0.05MPa，以防空气进入瓶内。新购氢气瓶、长期存放的钢瓶和放空氢气瓶，必须经过抽真空或充氮气置

换后方可使用。应定期进行氢气瓶技术检验，每三年检验一次。

⑦ 连续开机制氢、使用氢气开展有偿服务时，必须以保证业务使用的前提下开展，不得超负荷长时间运行。一般应停留在一挡（电流不超过100A)。

⑧ 必须严格按照电解水制氢管理办法和操作规程，对设备进行随机维护和定期检修，做到日检查、月维护、年检修，并建立维护检修档案。

⑨ 制氢室及其周围必须严防烟火，并设“严禁烟火”醒目标志，配备灭火器材。制氢室必须通风良好，以防泄漏出的氢气滞留室内形成爆炸气体。室内灯具、电源线和开关必须符合防爆要求。

⑩ 制氢室处在雷暴多发地区、高地或不在避雷保护范围的应设避雷装置。

⑪ 为防止静电，设备必须接地良好，定期检查接地线，确保接地牢固可靠，每年测试一次接地电阻，其阻值不大于4Ω。

⑫ 制氢室内不得存放易爆物品和影响制氢操作的一切杂物，严禁金属物体放在电解槽上，以免引起短路。

小　结

氢是一种具有双原子分子形式的无色无嗅的气体，其密度是所有气体中最低的。氢具有很大的扩散速度和很高的导热性；将氢气深冷并加压，可由气态变为液态，在－259.3℃时可变为透明固体。氢微溶于水，但可被某些金属吸附形成金属氢化物；氢具有可燃性、还原性，与活泼金属反应时具有氧化性；氢与空气、氧气、一氧化碳等气体按一定比例混合后，易发生爆炸。

工业上制氢的方法很多，在多晶硅生产中多采用碱性电解槽电解KOH溶液的方式制氢。生产出的氢通过除氧、除水、分子筛过滤等方式提纯后供生产HCl气体、还原三氯氢硅使用。

习　题

4-1　简述氢气的物理性质和化学性质。

4-2　简述聚合物薄膜电解槽的特点。

4-3　简述氢气净化的工艺流程。

4-4　简述使用氢气的注意事项。

4-5　简述生产中对氢气燃烧或爆炸的事故处理。

4-6　简述电解制氢的安全操作规章。

第5章　液氯的汽化

学习目标

1. 了解氯气的物理性质和化学性质及危害。
2. 掌握氯气的汽化原理和主要操作设备。
3. 熟悉氯气的使用安全注意事项。
4. 熟悉氯气泄漏时应采取的应急措施。

5.1　氯气的性质

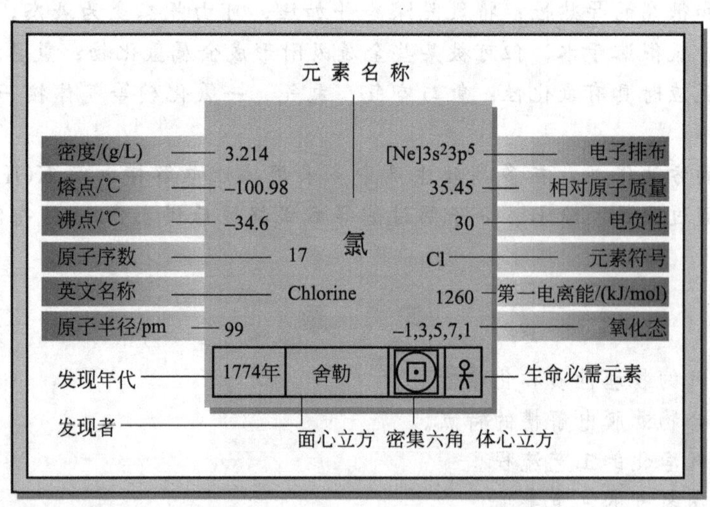

5.1.1　氯气的物理性质

氯是第ⅦA族元素。在常温、常压下，氯气是黄绿色的气体，化学符号是Cl_2，相对分子质量为71。氯气有毒，并有刺激性气味。密度为3.214g/cm^3，比空气大，一般没有风力作用，它会很长时间潜藏在低洼部位。易液化。熔、沸点较低，压强为101.325kPa、温度为−34.6℃时易液化。液态氯为金黄色。如果将温度继续冷却到−101℃时，液氯变成固态氯。氯微溶于水（1体积水在常温下可溶解2体积氯气），易溶于有机溶剂（汽油、苯等有机物），难溶于饱和食盐水。

5.1.2　氯气的化学性质

① 氯气的化学性质很活泼，能和许多金属和非金属反应。

- 和金属反应：$2Na+Cl_2 = 2NaCl$
- 和H_2反应：$H_2+Cl_2 = 2HCl+Q$

和 Si 反应： $Si+2Cl_2 = SiCl_4$

• 能溶于水生成次氯酸和盐酸

$$H_2O+Cl_2 = HClO+HCl$$

次氯酸不稳定，迅速分解生成活性氧的自由基，因此水会加强氯的氧化作用（即次氯酸有漂白的作用）。

• 与碱反应： $2NaOH+Cl_2 = NaCl+NaClO+H_2O$

• 高温下与一氧化碳作用，生成毒性更大的光气。

② 氯气能与可燃气体形成爆炸性混合物。

H_2 在 Cl_2 中的爆炸极限如下。

上限：H_2 87%，Cl_2 13%；

下限：H_2 5%，Cl_2 95%。

③ 氯气的制取 通常用电解食盐水的方法来制取 Cl_2。

$$2NaCl+2H_2O = 2NaOH+H_2\uparrow+Cl_2\uparrow$$

5.1.3 氯气的危害

因为氯气的化学活泼性使得它的毒性很强，可损害全身器官和系统。它的毒性远远大于硫化氢气体。少量氯气可以引起呼吸道困难，刺激咽喉、鼻腔和扁桃体发炎，导致眼睛红肿、刺痛、流泪，能引起胸闷和呼吸道综合征，激发哮喘病人呼吸发生困难，甚至休克。氯气进入血液可以同许多物质发生化合作用，引起神经功能障碍，杀伤和破坏血细胞，并引起盗汗、头痛、呕吐不止、胃肠痉挛、肝脏受损等，严重者可致全身性水肿，电解质失衡。氯气还对皮肤、衣物等具有强烈腐蚀和损毁作用。

大剂量氯气两分钟可致人缺氧并急速中毒死亡。严重氯气中毒的人员可能会遗留下严重的器质性功能障碍，身体长期得不到良好恢复；有些人员可能会严重瘫痪，导致终身残废。

5.2 液氯的汽化

5.2.1 工艺原理

利用液氯汽化量随温度升高而升高的特性，通过调节钢瓶温度与阀门开启度的大小，从而达到控制氯气压力的目的。

汽化就是使物质从液态变成气态的过程。

5.2.2 工艺流程图

液氯汽化工艺流程图如图 5-1 所示。

5.2.3 主要操作设备

(1) 行车

电动单梁起重机按随机图纸总装，由电动机设备处组织机加工车间、技术质量处、安全环保处、多晶车间验收修理，且按无负荷实验、静负荷试车、动负荷试车，能够在 1.1 倍额定负荷下运行，而且动作平稳、可靠、灵敏、安全制动措施有效，方可交给操作人员起吊专用。

(2) 汇流排

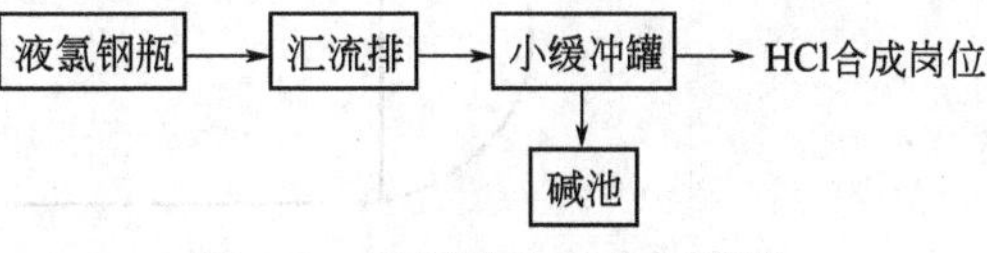

图 5-1 液氯汽化工艺流程图

气体汇流排（图 5-2）是将数个气瓶分组汇合后进行减压，再通过主管道输送至使用终端的系统设备，主要用于中小型气体供应站以及其他适用场所。根据气瓶切换形式的不同可分为手动切换、气动（半自动）切换和自动切换。根据使用的需要，可装配气体加热器、回火防止器、泄压阀、气体泄漏报警仪、压力报警器、压力开关、护瓶支架等设备。

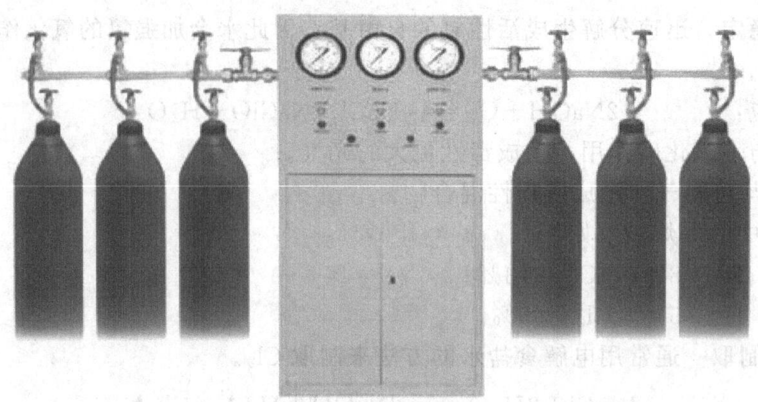

图 5-2 汇流排

（3）液氯钢瓶（图 5-3）

用以储存和运输液氯。钢瓶外套有橡胶圈防止碰撞。

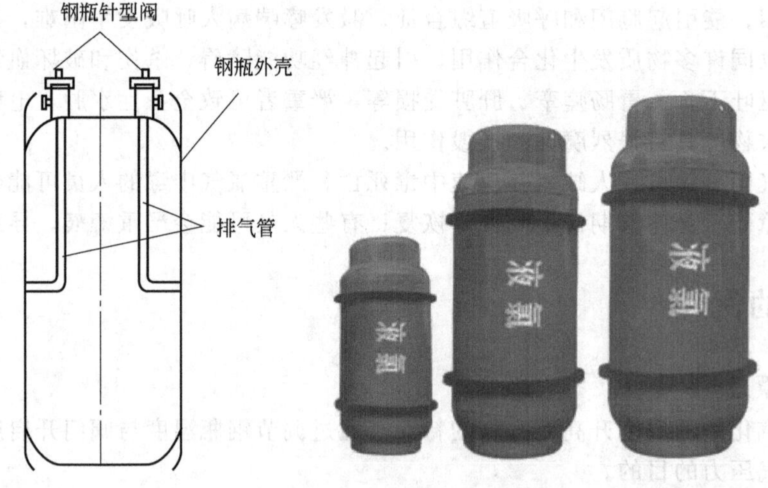

图 5-3 液氯钢瓶

（4）小缓冲罐（图 5-4）

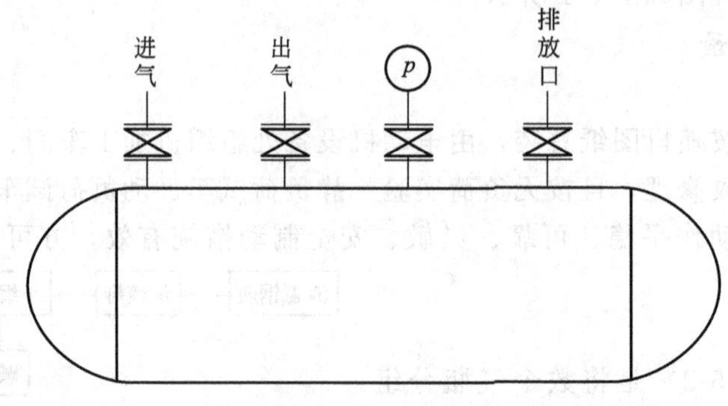

图 5-4 小缓冲罐

用于稳定系统压力，防止产生脉冲，起到调节系统流量的作用。

(5) 碱池

用于处理应急事故使用。一般为石灰水池。

5.2.4 操作要点

先选用一组钢瓶按顺序开启瓶阀、汇流排上控制阀、缓冲罐进气阀、出气阀，进入到HCl合成岗位的大 Cl_2 缓冲罐，并维持小缓冲罐内 Cl_2 压力在一定范围即可，压力不足时，可多开瓶或用水淋洗液氯钢瓶，有助于液氯汽化，一直到钢瓶液氯用完（用手摸钢瓶底面不冰手即液氯用完）。

5.3 氯的存放和安全使用

5.3.1 通用安全规则

① 新建、扩建、改建的氯气生产和使用单位，必须按照国家管理权限，向公安、劳动、环保等部门申报，未经批准不得建设。

② 氯气生产、使用的厂房和库房建设必须符合GB/J 16《建筑设计防火规范》的规定。

③ 氯气生产、使用工厂的卫生和环境条件应符合TJ 36《工业企业设计卫生标准》中的有关规定。

④ 氯属于Ⅱ级（高度危害）物质，直接接触氯气生产、使用、储存、运输等作业人员，必须经专业培训，考试合格，取得特种作业合格证后，方可上岗操作。

⑤ 氯气生产、使用、储存、运输车间（部门）负责人（含技术人员）应熟练掌握工艺过程和设备性能，并能正确指挥事故处理。

⑥ 氯气生产、使用、储存、运输等现场，都应配备抢修器材（见表5-1）、有效防护用具及消防器材（见表5-2）。

表5-1 常备抢修器材表

器材名称	常 备 数 量
易熔塞	2～3个
六角螺帽	2～3个
专用扳手	1把
活动扳手	1把
手锤	1把
克丝钳	1把
竹签、木塞、铅塞	5个，ϕ6mm
铁丝	20m
铁箍	2个
橡胶垫	2条
密封用带	1盘
氨气(10%)	200mL

表 5-2 常备防护用品表

名称	种类	常用数	备用数
防毒面罩	防毒面具	与作业人数相同	10 个操作工备 3 个
	防毒口罩		
隔离式防毒面具	送风隔离式面具	与从事紧急作业人数相同	
	隔离式氧气面具		
防护服	橡胶或聚乙烯材料	与作业人数相同	
防护手套			
防护靴			

⑦ 氯气生产、使用、储存等厂房结构，应充分利用自然通风条件换气，在环境、气候条件允许下，可采用半敞开式结构；不能采风自然通风的场所，应采用机械通风，但不宜使用循环风。

⑧ 生产、使用氯气的车间（作业场所），空气中氯气最高允许浓度为 1mg/m^3。

⑨ 氯化设备（容器、反应罐、塔器等）设计制造，必须符合《压力容器安全监察规程》的有关规定。

• 氯化系统管道必须完好，连接紧密，无泄漏。

• 定期清除滞留在反应设备和管道内的反应生成物，消除堵塞。

• 氯化设备和管道处的连接垫料应选用石棉板、石棉橡胶板、氟胶料、浸石墨的石棉绳等，严禁使用橡胶垫。

• 氯化设备中，应使用与氯气不发生化学反应的润滑剂。

• 液氯汽化器、蒸发器、储罐等，必须装有压力表、液面计、温度计等安全装置。

• 设备、管道检修时，必须切断物料来源和传动设备电源，然后泄压，放尽物料，进行气体置换后，取样分析气体合格，方可操作。操作时应有专人监护。需要动火时，必须事前办理动火手续。

⑩ 使用液氯钢瓶，必须执行原国家劳动总局颁发的《气瓶安全监察规程》的有关规定。

⑪ 使用液氯罐车，必须执行原化学工业部颁发的《液化气体铁路罐车安全管理规程》的有关规定。

⑫ 运输液氯，必须执行国务院颁发的《化学危险品安全管理条例》的有关规定。

5.3.2 生产安全规则

① 液氯应符合 GB 5138～5139 中规定的产品标准，其中纯度≥99.5%，含水≤0.06%。

② 氯气总管中含氢≤0.4%。氯气液化后尾气含氢应≤0.4%。

③ 液氯的充装压力不得超过 1.1MPa。

④ 采用压缩空气充装液氯时，空气含水应≤0.01%。采用液氯汽化器充装液氯时，只许用水加热汽化器，不准使用蒸汽直接加热。

⑤ 液氯储罐、计量槽、汽化器中液氯充装量不得超过全容积的 80%。

⑥ 严禁将液氯汽化器中的液氯充入液氯钢瓶。

⑦ 液氯汽化器、预冷器及热交换器等设备，必须装有排污装置和污物处理设施，并定期检查。

⑧ 为防止氯压机或纳氏泵的动力电源断电，造成电解槽氯气外溢，必须采用下列措施之一。

• 配备电解槽直流电源与氯压机、纳氏泵动力电源的联锁装置。

• 配备氯压机、纳氏泵动力电源断电报警装置。

• 在电解槽与氯压机、纳氏泵之间，装设防止氯气外溢的吸收装置。

⑨ 设备、管道和阀门，安装前要经清洗、干燥处理。阀门要逐只做耐压试验。

⑩ 应将管内残留的流质、切割渣屑等物清除干净，禁止用烃类和酒精清洗管道。

5.3.3 使用、储存和运输的安全规则

(1) 液氯钢瓶的充装和使用安全

① 充装前应校准计量衡器；检查台面和计量杠杆。充装用的衡器每三个月检验一次，确保准确。

② 充装前必须有专人对钢瓶进行全面检查，确认无缺陷和异物，方可充装。

③ 充装系数为1.25kg/L。严禁超装。

④ 充装后的钢瓶必须复验充装量。两次称重误差不得超过充装量的1%。复磅时应换人、换衡器。

⑤ 充装前后的重量均应登记，作为使用期中的跟踪档案。

⑥ 入库前应有产品合格证。合格证必须注明：瓶号、容量、重量、充装日期、充装人和复磅人姓名或代号。

⑦ 钢瓶有以下情况时，不得充装。

• 漆色、字样和气体不符合规定或漆色、字样脱落，不易识别气体类别。

• 钢印标记不全或不能识别。

• 新瓶无合格证。

• 超过技术检验期限。

• 安全附件不全、损坏或不符合规定。

• 瓶阀和易熔塞上紧后，螺扣外露不足三扣。

• 瓶体温度超过40℃。

⑧ 充装量为50kg钢瓶，使用时应直立装置，并有防倾倒措施；充装量为500kg和1000kg的钢瓶，使用时应卧式放置，并牢靠定位。

⑨ 使用钢瓶时，必须有称重衡器，并装有膜片压力表（如采用一般压力表时，应采取硅油隔离措施）、调节阀等装置。操作中应保持钢瓶内压力大于使用侧压力。

⑩ 严禁使用蒸汽、明火直接加热钢瓶。可采用45℃以下的温水加热。

⑪ 严禁将油类、棉纱等易燃物和与氯气易发生反应的物品放在钢瓶附近。

⑫ 钢瓶与反应器之间应设置逆止阀和足够容积的缓冲罐，防止物料倒灌，并定期检查以防失效。

⑬ 应采用经过退火处理的紫铜管连接钢瓶。紫钢管应经耐压试验合格。

⑭ 不得将钢瓶设置在楼梯、人行道口和通风系统吸气口等场所。

⑮ 应有专用钢瓶开启扳手，不得挪作它用。

⑯ 开启瓶阀要缓慢操作，关闭时亦不能用力过猛或强力关闭。

⑰ 钢瓶出口端应设置针型阀调节氯流量，不允许使用瓶阀直接调节。

⑱ 瓶内液氯不能用尽，必须留有余压。充装量为50kg的钢瓶应保留2kg以上的余氯，充装量为500kg和1000kg的钢瓶应保留5kg以上的余氯。

⑲ 作业结束后必须立即关闭瓶阀。

⑳ 空瓶返回生产厂时，应保证安全附件齐全。

(2) 液氯钢瓶的储存安全

① 钢瓶禁止露天存放，也不准使用易燃、可燃材料搭设的棚架存放，必须储存在专用库房内。

② 空瓶和充装后的重瓶必须分开放置，禁止混放。

③ 重瓶存放期不得超过三个月。

④ 充装量为 500kg 和 1000kg 的重瓶，应横向卧放，防止滚动，并留出吊运间距和通道。存放高度不得超过两层。

(3) 液氯钢瓶的运输安全

① 钢瓶装卸、搬运时，必须戴好瓶帽、防震圈，严禁撞击。

• 充装量为 50kg 的钢瓶装卸时，要用橡胶板衬垫，用手推车搬动时，应加以固定。

• 充装量为 500kg 和 1000kg 的钢瓶装卸时，应采取起重机械，起重量应大于瓶体重量的一倍，并挂钩牢固。严禁使用叉车装卸。

• 起重机械的卷扬机构要采用双制动装置，使用前必须进行检查，确保正常。

• 夜间装卸时，场地必须有足够的照明。

② 机动车辆运输钢瓶时，应严格遵守当地公安、交通部门规定的行车路线，不得在人口稠密区和有明火等场所停靠。

③ 车辆驾驶室前方应悬挂规定的危险品标志旗帜。

④ 不准同车混装有抵触性质的物品和让无关人员搭车。

⑤ 车辆停车时应可靠制动，并留人值班看管。

⑥ 高温季节应根据当地公安部门规定的时间运输。

⑦ 车辆不符合安全要求或证件（运输证、驾驶证、押运证等）不齐全的，充装单位不得发货。

⑧ 运输液氯钢瓶的车辆不准从隧道过江。

⑨ 车辆运输钢瓶时，瓶口一律朝向车辆行驶方向的右方。

⑩ 充装量为 50kg 的钢瓶应横向装运，堆放高度不得超过两层，充装量为 500kg 和 1000kg 的钢瓶装运，只允许单层设置，并牢靠固定防止滚动。

(4) 液氯储罐的充装、使用安全

① 充装液氯储罐时，应先缓慢打开储罐的通气阀，确认进入容器内的干燥压缩空气或汽化氯的压力高于储罐内的压力时，方可充装。

② 储罐车上输送液氯用的压缩空气，应经过干燥装置，保证干燥后空气含水量低于 0.01%（质量分数）。

③ 铁路罐车卸氯时，罐车的压力应高于储罐 0.15～0.2MPa。罐车最高压送压力不得超过 1.4MPa。

④ 采用液氯汽化法向储罐压送液氯时，要严格控制汽化器的压力和温度，釜式汽化器加热夹套大包底且应用热水加热，严禁用蒸汽加热，出口水温不应超过 45℃，汽化压力不得超过 1MPa。

⑤ 充装停止时，应先将罐车的阀门关闭，再关闭储罐阀门，然后将连接管线残存液氯处理干净，并做好记录。

⑥ 禁止将储罐设备及氯气处理装置设置在学校、医院、居民区等人口稠密区附近。

⑦ 储罐输入或输出管道，应设置两个以上截止阀门，定期检查，确保正常。

⑧ 储罐设置的安全要求

• 储量1t以上的储罐基础，每年应测定基础下沉状况。

• 储罐露天布置时，应有非燃烧材料顶棚或隔热保温措施。

• 在储罐20m以内，严禁堆放易燃、可燃物品。

• 储罐的储存量不得超过储罐容量的80%。

• 储罐库区范围内应设有安全标志。

5.3.4 预防泄漏和抢救

① 严格执行氯气安全操作规程，及时排除泄漏和设备隐患，保证系统处于正常状态。

② 氯气泄漏时，现场负责人应立即组织抢修，撤离无关人员，抢救中毒者。抢修、救护人员必须佩戴有效防护面具。

③ 抢修中应利用现场机械通风设施和尾气处理装置等，降低氯气污染程度。

④ 液氯钢瓶泄漏时的应急措施

• 转动钢瓶，使泄漏部位位于氯的气态空间。

• 易熔塞处泄漏时，应有竹签、木塞做堵漏处理；瓶阀泄漏时，拧紧六角螺母；瓶体焊缝泄漏时，应用内衬橡胶垫片的铁箍箍紧。凡泄漏钢瓶应尽快使用完毕，返回生产厂。

• 严禁在泄漏的钢瓶上喷水。

• 在运输途中钢瓶泄漏又无法处理时，应将载氯瓶车辆开到无人的偏僻处，使氯气危害降到最低程度。

5.3.5 防护用品的使用和急救

① 防护用品应定期检查，定期更换。

② 生产、使用、储存岗位必须配备两套以上的隔离式面具。操作人员必须每人配备一套过滤式面具，并定期检查，以防失效。

③ 生产、使用、储存现场应备有一定数量药品，吸氯者应迅速撤离现场，严重时及时送医院治疗。

在企业生产过程中，值班人员必须按照安全操作规程进行作业。严禁违章操作。

氯气微量泄漏时，值班人员应迅速采取有效措施进行处置，以防泄漏事故扩大，事后应及时报告分厂、总厂。

氯气泄漏量较大时，值班人员应以最快捷的方式向应急救援指挥领导小组进行报警，并采取适当合理的方式自救。

根据现场的严重性和可能性生产的危害后果，确定隔离区的范围，严格限制出入，一般小量泄漏的初始隔离半径为150m，大量泄漏隔离半径为450m，撤离人员应向氯气扩散的逆向撤离。

处理时应佩戴好防毒面具，尽可能切断泄漏源，去除或消除所有的可燃和易燃物质，所使用的工具严禁沾有油污，防止发生爆炸事故，处理的过程中防止泄漏的液氯进入下水道，严禁在泄漏的液氯钢瓶上喷水，有可能时，可将泄漏的液氯导入碱池，且注意碱池的碱液浓度，排入碱池的液氯量应控制在<0.28MPa/h。

车间内空气中允许氯气浓度<$1mg/m^3$，并定期巡回检查。

小　结

氯在常温、常压下为黄绿色不易燃烧的有刺激性气味的有毒气体，微溶于水，易溶于有机溶剂；－34.5℃时易被液化；氯化学性质活泼，能与许多金属和非金属反应，与水反应生成盐酸和次氯酸，与碱反应生成盐和次氯酸盐。

汽化就是使物质从液态变成气态的过程。液氯的汽化过程是经汇流排使液氯汇聚，进入小缓冲罐后形成较稳定的氯气气流。在液氯的储存、运输和使用过程中应注意遵守操作规程，防止事故的发生。

习　　题

5-1　试简述氯气的物理性质和化学性质。

5-2　试简述氯气的汽化原理和主要操作设备。

5-3　试简述氯气的使用安全注意事项。

5-4　试简述氯气泄漏时应采取的应急措施。

第6章　氯化氢的合成

学习目标

1. 了解氯化氢的性质及氯化氢合成的原理。
2. 氯化氢合成的工艺流程。
3. 氯化氢合成炉的结构。
4. 氯化氢合成的操作要点。

6.1　氯化氢的性质

氯化氢的相对分子质量36.5，是没有颜色而有刺激性气味的气体，对眼和上呼吸道黏膜有强烈的刺激性作用，HCl是极性分子，易溶水。在空气中会“冒烟”，这是因为HCl与空气中的水蒸气结合形成了酸雾。在标准状况下（压强为101.325kPa，温度0℃），1体积的水溶解约500体积的HCl，HCl的水溶液叫盐酸，密度为1.19g/mL。在有水存在的情况下，氯化氢具有强烈的腐蚀性。HCl的熔点为158.2K，沸点188.1K，生成热92.30kJ/mol。水合热17.58kJ/mol。因此HCl的合成及氯化氢溶于水都会放出热量。HCl除溶于水外，还可溶于乙醇、乙醚和苯。HCl中Cl^-处于氯元素的最低价态，它具有一定的还原能力，在1273K时可分解。由于盐酸为三大强酸之一，所以它具有一定酸的通性：能与许多金属反应放出氢气并生成相应的氯化物，也能与许多金属氧化物反应生成盐和水。

6.2　氯化氢的合成原理

在合成炉内，氯气与氢气按下式进行反应：

$$H_2+Cl_2 \xlongequal{点燃} 2HCl+183.47J$$

氢气火焰温度在1000℃以上。

生成的HCl含有少量的水分，需分离除去，由于水分与HCl之间不是以一种简单混合物的形式存在，而是一种化合亲和状态，若用硅胶作吸附剂来进行分离，则效果较差，采用冷冻脱水干燥的方法来除去HCl中水分效果较好。

氯气和氢气的混合气体在黑暗中是安全的，因反应很慢。当强光照射或加热时，氯和氢立即反应并发生爆炸。其反应的机理为：紫外线（或加热）的能量使氯分子离解为活化的氯原子：

$$Cl_2+h\nu = 2Cl^*$$

式中　$h\nu$——紫外线（或加热）的能量；

Cl^*——氯原子。

活化的 Cl^* 与 H_2 分子生成 HCl 分子和活化的 H^* 原子。

$$Cl^* + H_2 = HCl + H^*$$

H^* 再与 Cl_2 分子反应生成 HCl 分子和活化的 Cl^* 原子。

$$H^* + Cl_2 = HCl + Cl^*$$

依此类推，形成了连续反应的链，这种反应称链锁反应，反应速度特别快，有时会引起爆炸事故，因此在生产过程中必须严格控制一定的操作条件。

6.3 氯化氢合成工艺过程

液氯经检验合格后，由汽化岗位汽化为氯气后送到氯气缓冲缸（罐），氢气通过 H_2 缓冲缸（罐）。两种气体进入到合成炉在灯头进行燃烧反应，生成氯化氢气体。氯化氢气体由合成炉炉顶出口经管道自然冷却后，流入自来水列管冷却器（一级冷凝器），降温到 100℃ 以下，HCl 气流再经石墨冷却器（二级冷凝器）深冷，气流中的微量水分冷却后吸收 HCl 变为盐酸，随后经除雾器除去气流中漂流的盐酸雾滴，最后经 HCl 缓冲罐送至沸腾炉合成 $SiHCl_3$。氯化氢合成工艺流程如图 6-1 所示。

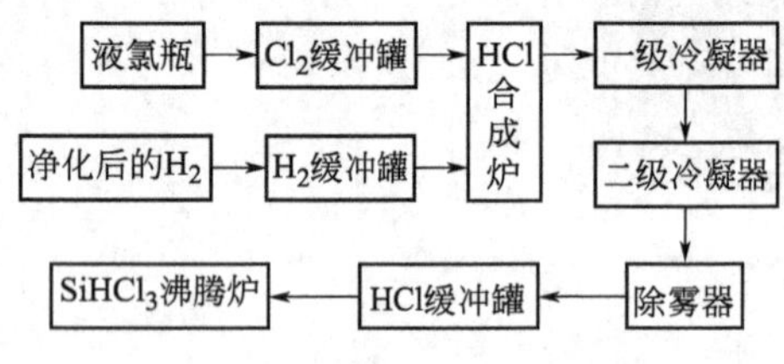

图 6-1 氯化氢合成工艺流程图

6.4 主要设备及其作用

6.4.1 氯化氢合成炉

氯化氢合成炉（图 6-2）是合成氯化氢的主要设备，其形状有锥形、直筒形两种。锥形合成炉由炉体、炉顶和灯盘组成。由于炉顶受火焰和气流的直接冲击和腐蚀，寿命较短，所以一般采用普通钢和特殊钢等材料制成。炉顶最好以法兰盘与炉体相接，当炉顶损坏时，可将备件及时装上，不致造成长期停产。为了保证安全生产，在炉顶一侧与炉体中心线上装有一定直径的防爆孔，防爆膜采用中压石棉橡胶板，如炉内超过规定压力时，可自动破裂；另一侧为气流出口管道。炉体下锤部设有窥视孔，以便掌握炉内火焰和反应情况。

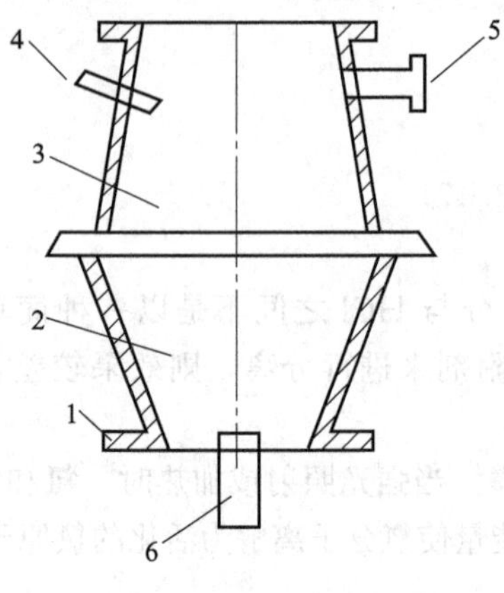

图 6-2 氯化氢合成炉

1—法兰盘；2—炉底下部；3—炉体中部；4—防爆孔；5—HCl 出口；6—灯头

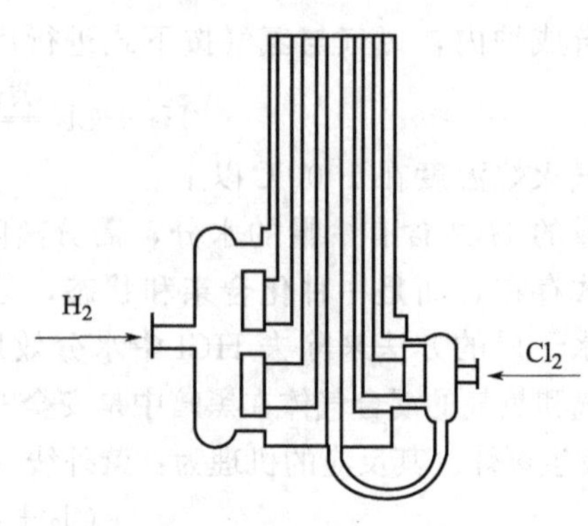

图 6-3 灯头示意图

灯头是氢气、氯气的燃烧器，有石英和不锈钢两种材料。如图 6-3 所示，可用双层或多层套管制成，其目的在于使氯气和氢气能够混合均匀，燃烧安全，减少游离氯。它固定在炉底下法兰的中部，并处于与炉体的中心线上。

6.4.2 氯气缓冲罐

氯气是经过干燥的，可采用一般碳钢设备制造的缓冲罐。它主要是起缓冲和稳定氯气压力的作用。内部可充填一些瓷圈，使之分离掉氯气中所带来的杂质，保持出口管道阀门不致堵塞。

6.4.3 冷却器

因氯化氢出口温度很高，为了保护设备不被腐蚀，必须进行降温。一般先用空气冷却。空气冷却多采用蛇形管或翅片式冷却管或自然冷却，使氯化氢温度控制在一定的范围内。空气冷却后将氯化氢送入石墨冷却器，石墨冷却器有列管式和板室式两种，一般板室式冷却器体积小，效率高，但阻力大；列管冷却器阻力小。可根据不同情况选择不同的冷却器。冷却剂可用自来水或低温食盐水。进入冷却器的氯化氢温度要适当控制，以保证石墨冷却器的安全操作，防止酚醛树脂的剥离或分解，降低使用寿命。

6.4.4 氯化氢缓冲罐

可用 Q235 碳钢制成，起稳定氯化氢压力的作用。经空气冷却后能放出少量盐酸。

6.4.5 氮气缓冲罐（缸）

储藏氮气。检修或异常情况下，用来赶气或作保护气。

6.4.6 除雾器

合成所得氯化氢经除雾器可对酸雾进行分离。除雾器内可装瓷环及聚四氟乙烯屑。

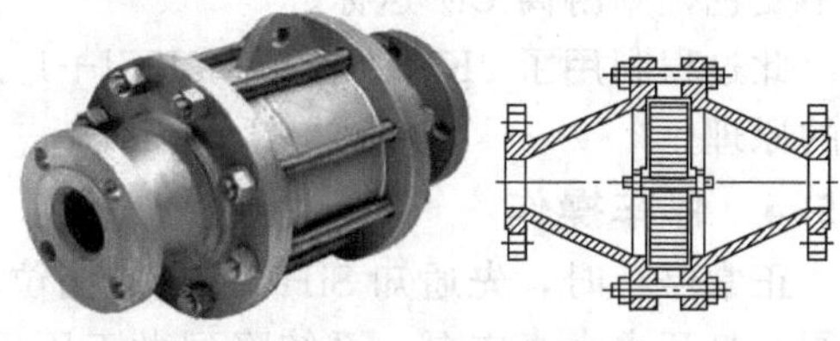

图 6-4 氢气阻火器

6.4.7 氢气阻火器

氢气阻火器如图 6-4 所示。防止火焰到氢气管道内，防止发生事故。

6.4.8 真空泵

点火之前对系统抽真空，保证安全。

6.5 工艺条件选择和操作要点

6.5.1 点火前的准备

检查整个系统的设备、管道、阀门及压力计、温度计是否正常，各类阀门必须灵活好用。系统试压时应充 N_2，用肥皂水检查各接头处；除 H_2 管道外其他各部分亦可以通入微量 Cl_2，用氨水检查，若发现漏气现象应及时处理，确保不漏气时方可点火。

氢气系统试压完成后，用 H_2 直接将本系统内的 N_2 或空气冲洗排空一定时间，经检测分析确定含 H_2 量合格方可准备点火。

氯气系统检查合格后，将 Cl_2 缓冲罐内充满待用。

氯化氢合成前冷凝器、水冷器预先通入冷媒冷却，并准备好 KI-淀粉溶液。

点火前将炉门打开并卸下，才能用真空橡皮管与氢气管连接点火下法兰，打开真空阀门，排除炉内残留气体。用纸置于炉门处检验炉内是否为负压，确定为负压后继续抽空数分钟，然后开始点火。

6.5.2 点火操作

正式点火之前，通知 H_2 站正常供应氢气，操作者准备好工具及劳保用品后即可点火。点火时将火把用手置于 H_2 进气管下法兰嘴处，接着缓慢打开氢气控制阀门，H_2 自该法兰嘴处喷出着火（带微弱炸破声），随即调节 H_2 流量大小，使火焰适当后，迅速与点火上法兰对好接上（这一操作必须戴好石棉手套和有机玻璃面罩，并力求稳、准、快，严防火焰外喷），立即适当调节 H_2 火焰在炉门内燃烧。再打开 Cl_2 阀门，Cl_2、H_2 即在灯头出口反应，其燃烧火焰呈蜡烛状时，便可关好炉门停止抽空，这种点火方法称为炉外点火。若点火失败，必须重复抽负压，方能点火开车。量初生成的 HCl 气体纯度较低，可将 HCl 输送至水洗塔排出，紧接着调节 Cl_2、H_2 流量，用 KI-淀粉溶液检测 HCl 纯度，至 HCl 气体纯度达到规定指标为止，再关闭放空，开冷凝器，HCl 经冷凝器冷凝、除雾器后经 HCl 缓冲罐，沿管道送至沸腾炉内合成三氯氢硅。

6.5.3 HCl 气体含量及过氯检测

HCl 合成中要求合成后的 HCl 含量在 92%～94%，Cl_2 不过量，因此在正常的开车过程中要求每小时取样分析一次。分析的具体操作是：用带有百分刻度的计量瓶充满 HCl，关闭两头旋塞，与充满 KI-淀粉溶液的导管接好后，打开充液旋塞，使溶液充分进入取样瓶，到溶液不流动为止。然后根据液位高度，计量 HCl 含量，若液体变蓝色，则 Cl_2 过量，液体不变色，则游离 Cl_2 达标。

此过程利用了 $2KI+Cl_2 = 2KCl+I_2$，而 I_2 遇淀粉变蓝，同时还利用了 HCl 极易溶于水的原理。

6.5.4 停车操作

正常停车时，先通知 $SiHCl_3$ 合成岗位，得到许可后打开淋洗塔放空阀，关闭沸腾炉进气阀，打开水力真空泵，系统降到微正压后，尾气导向真空泵，再逐渐调小 Cl_2、H_2 流量，先关闭 Cl_2、后关闭 H_2。通知液氯汽化岗位停 Cl_2 气、氢气站停 H_2、冷冻岗位停冷冻水，同时关闭 H_2 缓冲罐进气阀，打开放空阀，关闭氯气进气阀，当真空泵出口已无明显白雾后，关闭尾气系统阀，停真空泵及淋洗塔水。

若设备发生漏或堵塞现象，多应紧急停车，若短时间能处理的，应通知 $SiHCl_3$ 合成岗位，沸腾炉保温，合成炉降温保持火焰，系统放空，若无法与合成炉断开或短时间处理不了，应通知 $SiHCl_3$ 合成岗位停车。合成炉必须完成以下工作：

① 迅速关闭 Cl_2、H_2 进合成炉的控制阀；

② 打开放空阀，关闭沸腾炉进气阀（注意先打开淋洗塔水阀）；

③ 通知液氯汽化岗位和氢气站停止输送 Cl_2 和 H_2，冷冻岗位停止输冷冻水；

④ 系统抽负压，若要电焊，需同时开炉门。

6.6 质量控制要点

主要控制：合成的 HCl 纯度；氯化氢含水量；氢气纯度（99.99%）；液氯成分，含水量，含 H_2 量；纯氮含量，露点，含 O_2 量等。

在生产 HCl 过程中主要控制以下参数，达到生产目的。

① H_2、Cl_2 的使用压力　具体根据合成炉的大小而定，炉大，压力稍微偏高，炉小，压力控制稍微偏低，可自行选定。

② H_2、Cl_2 体积比　H_2 稍过量，可以使 Cl_2 充分反应防止游离氯产生。

③ 炉压（HCl压力） 炉压过高，会增加对合成炉的腐蚀。

④ 合成炉出口温度 温度过高，则炉内反应加剧，有可能产生爆炸危险，而且也增加对合成炉的腐蚀。

6.7 安全控制

氯气、氯化氢都是有毒气体，在正常生产和检修时，一定要按规定穿好劳保用品，正常生产时不允许 H_2、HCl 外溢，各有毒气体浓度应控制在允许浓度以内；氢气极容易自燃，氢气与一定比例的空气、氧气混合能组成爆鸣气（其中氢气与氧气混合爆炸极限为含 H_2 5%～87%，氢气与空气混合爆炸极限为含 H_2 4.5%～75%），生产过程中应避免生成爆鸣气，开炉点火前应对 Cl_2、H_2 气体进行安全分析（含氧量或含氢量测定）。系统进行维修，若需动火，应先用氮气置换。

如果发生爆炸着火事故，应迅速关小 H_2，通入 N_2 进行置换后再关闭 H_2。对着火设备应进行充氮置换或用二氧化碳封闭火焰。

放空的氢气应先通入水中。氯化氢合成岗位及氢气管线 10m 以内严禁吸烟和使用明火。定期检查合成炉的防爆膜。

进行管路、设备的高空维修作业应搭好脚手架，铺好平台，做好防护措施。对含有 Cl_2、HCl 停留气体的设备或管路进行检修，应先抽空、穿戴好劳动防护用品后才可进行。检修时，不能同时对 H_2 和 Cl_2 进行置换，以免空气中混合 H_2、Cl_2 过量而爆炸。H_2 与 Cl_2 的泄漏量都应严格控制，H_2 在空气中过量可能爆炸，Cl_2 过量则会造成环境污染。

小 结

在合成炉中，氯气与氢气按反应式 $H_2 + Cl_2 \xlongequal{} 2HCl + 183.47kJ$ 进行反应生成 HCl 气体。

液氯经氯气缓冲缸（罐）、氢气经 H_2 缓冲缸（罐）进入到合成炉，在灯头进行燃烧反应，生成氯化氢气体。氯化氢气体由合成炉炉顶出口经管道自然冷却后，再经自来水列管冷却器（一级冷凝器）、石墨冷却器（二级冷凝器）冷却，降温到 100℃以下，气流中的微量水分冷却后吸收 HCl 变为盐酸，经除雾器除去气流中漂流的盐酸雾滴，最后经 HCl 缓冲罐送至沸腾炉合成 $SiHCl_3$。

合成氯化氢的主要设备有合成炉、缓冲罐、冷却器、氯化氢缓冲罐、除雾器、氢气阻火器和真空泵。

HCl 合成主要控制：合成的 HCl 纯度；氯化氢含水量；氢气纯度（99.99%）；液氯成分、含水量、含 H_2 量；纯氮含量、露点、含 O_2 量等。

习 题

6-1 试简述氯化氢合成的原理。

6-2 试简述氯化氢的性质。

6-3 试简述氯化氢合成的工艺流程。

6-4 试简述氯化氢合成炉的结构。

6-5 试简述氯化氢合成的操作要点。

第7章　三氯氢硅的合成

1. 掌握三氯氢硅的制备原理。
2. 理解三氯氢硅的合成工艺流程各工艺条件。
3. 初步熟悉合成三氯氢硅的主要设备。
4. 初步熟悉生产现场操作要点。

7.1　三氯氢硅制备原理

硅粉和氯化氢按下列反应生成 $SiHCl_3$。

$$Si(s)+3HCl(g)\xrightarrow{280\sim320℃}SiHCl_3(g)+H_2(g)+Q$$

反应为放热反应，为保持炉内稳定的反应温度在 280～320℃范围内变化，以提高产品质量和实收率，必须将反应热及时带出。随着温度增高，$SiCl_4$ 的生成量不断变大，$SiHCl_3$ 的生成量不断减小，当温度超过 350℃时，将生成大量的 $SiCl_4$。

$$Si(s)+4HCl(g)\xrightarrow{\geqslant350℃}SiCl_4(g)+2H_2(g)+Q$$

若温度控制不当，有时产生的 $SiCl_4$ 甚至高达 50%以上。在合成 $SiHCl_3$ 的同时还会生成各种氯硅烷及 Fe、C、P、B 等杂质元素的卤化合物，如 $CaCl_2$、AgCl、$MnCl_2$、$AlCl_3$、$ZnCl_2$、$TiCl_4$、$CrCl_3$、$PbCl_2$、$FeCl_3$、$NiCl_3$、BCl_3、CCl_4、$CuCl_2$、PCl_3、$InCl_3$ 等。

如温度过低，将生成 SiH_2Cl_2 低沸物。

$$Si(s)+4HCl(g)\xrightarrow{\leqslant280℃}SiH_2Cl_2(g)+H_2+Q$$

由此可以看出，合成三氯氢硅过程中，反应是一个复杂的平衡体系，可能有很多种物质同时生成，因此要严格地控制操作条件，才能得到更多的三氯氢硅。

7.2　三氯氢硅合成工艺流程

三氯氢硅合成工艺流程如图 7-1 所示。硅铁（冶金级硅）经破碎机破碎，送入球磨机球磨，过筛后，进入料池，用蒸汽干燥，再进入电感加热干燥炉干燥，经硅粉计量罐计量后，定量加入沸腾炉内。当沸腾炉温度升至反应温度时，加入 HCl，同时切断加热电源，转入自动控制，生产得到的 $SiHCl_3$ 气体中的剩余少量硅粉经旋风除尘器和布袋过滤器除去，$SiHCl_3$ 气体经水冷却器和盐水冷凝，得到 $SiHCl_3$ 液体，流入产品计量罐，其余尾气经淋洗塔排出。

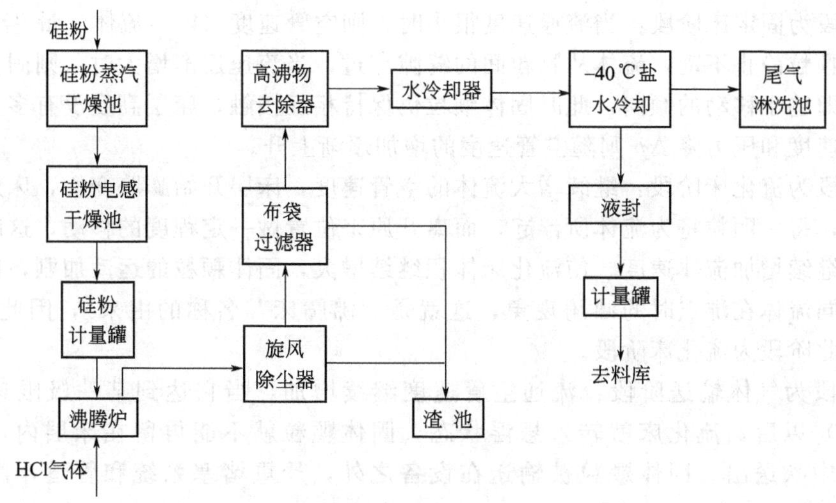

图 7-1 三氯氢硅合成工艺流程示意图

7.3 三氯氢硅合成的主要设备

7.3.1 沸腾床

合成三氯氢硅可在沸腾床和固定床两种类型的设备中进行。与固定床相比较，沸腾床具有以下优点。

① 生产能力大。每平方米反应器横截面每小时能生产 2.6～6kg 的冷凝产品，而固定床每升反应容积每小时只能生产 10g 左右的产品。

② 可以使生产连续化。固定床反应器需要在反应进行一定时间后中断进行除渣、加料，然后重新开始生产，其过程涉及很多工序，使有效生产时间缩短，生产效率相对较低，沸腾床反应器则能够连续加料，连续生产，生产效率较高。

③ 产品中 $SiHCl_3$ 含量高。沸腾床反应器的产品中 $SiHCl_3$ 含量至少在 80%以上，而固定床通常只有 70%左右。

④ 成本低。有利于采用催化反应，原料可以采用混有同粒度氯化亚铜（Cu_2Cl_2）的硅粉，不一定使用硅铜合金作催化剂，因而可降低成本。

因此，沸腾床反应器被广泛采用。

7.3.1.1 沸腾床的形成及流体动力学原理

流体在流动时的基本矛盾是流体动力和阻力的矛盾。在研究沸腾床形成的过程和流体动力学原理时，这种流体流动的推动力和阻力既“互相依存”又“互相矛盾”。流化管示意图如图 7-2 所示。

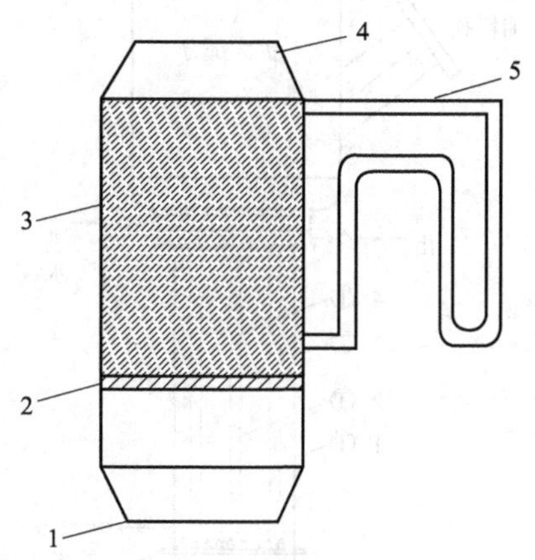

图 7-2 流化管示意图

1—流体入口管；2—气体分布板；3—流化管；4—流体出口；5—压差计

图 7-2 中流化管的底部为流体入口管，流化管的下部设有多孔的流体分布板，在其上堆放固体硅粉，HCl 气体从底部的入口进入流化管，并由顶部流体出口流出，流化管上下装有压差计，以测量流体经过床层的压力降 Δp，当流体流过床层时，随着流体流速的增加，可分为三个基本阶段。

第一阶段为固定床阶段：当流通速度很小时，则空管速度（W=流体流量/空管截面积）为零。固体颗粒静止不动，流体从颗粒间的缝隙穿过，当流速逐渐增大时，则固体颗粒位置略有调整，即趋于移动的倾向，此时固体颗粒仍保持相互接触，床层高度没有多大变化，而流体的实际速度和压力降 Δp 则随空管速度的增加逐渐上升。

第二阶段为流化床阶段：继续增大流体的空管速度，床层开始膨胀变松，床层的高度开始不断增加，每一颗粒将为流体所浮起，而离开原来位置做一定程度的移动，这时便进入流化床阶段。继续增加流体速度，使流化床体积继续增大，固体颗粒的运动加剧，固体颗粒上下翻动（如同流体在沸点时的沸腾现象，这就是“沸腾床”名称的由来），因此压力降 Δp 保持不变，此阶段为流化床阶段。

第三阶段为气体输送阶段：流通空管速度继续增加，当它达到某一极限速度（又称为带出速度）以后，流化床就转入悬浮状态，固体颗粒就不能再留在床层内，与流体一起从流化管中吹送出，固体颗粒被输送在设备之外，严重堵塞系统和管道，影响生产的正常进行。

7.3.1.2 沸腾床的传热

沸腾层内的传热及传质直接影响设备的生产能力，而且是该设备进行设计时的重要依据之一。由于沸腾层内气、固之间有很好的接触，搅动剧烈，不论传热和传质都比固定床优越得多。从动力学的角度来看，对强化反应十分有利，使设备的生产能力增加，其热交换情况分为三种。

① 物料颗粒（硅粉）与流化介质（HCl 和 $SiHCl_3$ 混合气体）之间的热交换。

② 整个沸腾层与内部热交换器之间的传热。

③ 沸腾层内部的传热。

在工业生产的情况下，对整个沸腾层来说，可视为内部各部分物料及气体皆保持恒定的温度，不随时间而改变，即可视为稳定热态。

合成 $SiHCl_3$ 的反应是放热反应，为保持炉内合适的反应温度，必须在炉内配以适当的冷却装置，以及时移走反应产生的大量热量，保证合成时 $SiHCl_3$ 的产率。

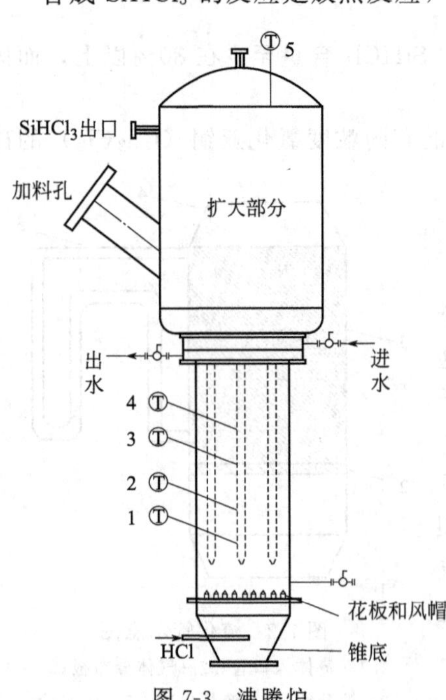

图 7-3 沸腾炉

7.3.1.3 沸腾炉的结构及技术要求

沸腾炉的结构如图 7-3 所示。

由炉筒、扩大部分、水套、花板与风帽、锥底构成。目前中国大多数工厂采用合成的 $SiHCl_3$ 设备，沸腾炉规格不同，技术性能也不同。

① 炉体和扩大部分 炉体是由钢板焊接的圆筒体，炉壳外有保温层，炉体内是沸腾层反应空间。炉体上部接一扩大部分并接有水套。

扩大部分的作用如下。

• 保证从沸腾层喷出来的气流及被带出的物料颗粒趋向平稳和“澄清”，使可能被气体带出的细硅粉部分在此沉降下来。

• 保证悬浮在气流中的细小硅粉在炉内有足够的停留时间，使硅粉和 HCl 充分接触，有足够的时间进行化学反应。

• 在生产过程中有足够的热惯量，以保证加料时温度波动较小，不需要重新加热。

• 保证具有足够的部分热交换的表面积。

一般要求沸腾炉筒和扩大部分的高度比为5∶1，直径比为3∶5。

② 气体分布板　气体分布板的作用是使气体进入床层以前得到均匀分布，保证流态化过程均匀而稳定地进行。种类有：泡罩式、平板多孔、磁球。表7-1为不同形式分布板的试验使用结果。

表7-1　不同形式分布板的试验使用结果

分布板形式	$SiHCl_3$ 含量 /%	产率 /(L/h)	Si消耗 /(kg/kg产品)	HCl消耗 /(kg/kg产品)	温差 /℃
泡罩式	85	10	0.261	0.95～1.26	偶尔温差5～10
平板多孔	67.7	10		0.86	经常温差20～30
磁球	79.8	9.9	0.246	0.84	经常温差15～25

泡罩式优点：床层内温度均匀，床层压差波动微小，能适应不同的料层高度，$SiHCl_3$ 含量较高。

对泡罩式分布板的要求如下。

• 使气体按整个炉底截面均匀上升，并使气体以一定的线速度吹入料层，保证化学反应需要的气量和稳定沸腾的流体线速度，保证过程的连续性。

• 被处理的物料不应通过分布板而漏下。

• 构造简单，容易制造，便于拆洗。

• 耐高温、耐腐蚀，并有一定的机械强度。

③ 散热装置　炉内热交换器（水套）。

为了保证沸腾层的反应温度在指定的范围内以提高 $SiHCl_3$ 在合成冷凝器中的含量，必须及时均匀地移走合成反应产生的大量热量，需要安装炉内热交换器即水套。

对水套有以下要求。

• 热交换器表面温度（即水套内温水的温度）和沸腾层之间的平均温度差较小，以免造成沸腾层内部过冷（低于合成反应温度），影响反应速率，降低合成液中的 $SiHCl_3$ 含量。

水套内的冷却剂可以采用常温下的水和80～100℃温水（或低压蒸汽）。常温下的水与沸腾层的温度相差较大，故易产生局部过冷现象，采用80～100℃温水或低压蒸汽，其温度与沸腾炉反应温度差值小，热稳定性良好。由此看来采用后者效果更好些。

• 热交换器在合成炉中的合理布置（均匀分布和垂直高度的确定）。

④ 加热装置　开炉时为了使炉内温度升高，以便合成反应顺利进行，必须配置加热装置进行加温。一般采用电感升温，也有采用热 N_2 加热，炉内硅粉温度达到要求、沸腾反应正常后，可切断电源停止加热，此时感应圈又可起冷却作用。

7.3.2　布袋式过滤器

布袋式过滤器由外壳和过滤层组成，其结构如图7-4所示。

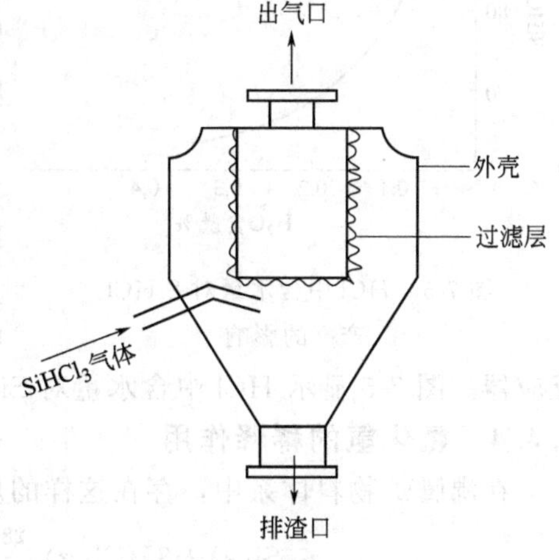

图7-4　布袋式过滤器

过滤层的作用是使 $SiHCl_3$ 中不含硅粉，且使 $SiHCl_3$ 气体流速减慢，有充分的冷凝时间。

外壳有夹层，内充有蒸汽，保证除尘器的温度在一定范围之间，防止高沸点氯硅烷在此冷凝结块，堵塞过滤网，使系统压力增大。

7.4 三氯氢硅合成的工艺条件

硅粉和 HCl 在沸腾炉反应器中的反应是在气固相之间的反应。如果反应条件不同，生成的产物也不相同。反应时不仅要考虑化学平衡和化学反应速率，还要从经济角度和生产实际角度来选择合适的工艺条件，这就需要综合考虑各种因素，以便得到较高的产率。

7.4.1 反应温度

对 $SiHCl_3$ 的生成影响较大，温度过低，则反应速度低，过高，则使化学平衡向生成 $SiCl_4$ 的方向移动，会导致 $SiHCl_3$ 含量低、$SiCl_4$ 增多。因为 $SiCl_4$ 结构具有高度的对称性，硅原子与氯原子以共价键的形式结合，结构很稳定。当 $t=600$℃时，$SiCl_4$ 也不分解，而 $SiHCl_3$ 的分子结构是不对称的，硅原子和氢原子的结合近似离子键，不稳定，400℃就开始分解，550℃时分解加剧。所以生产过程中反应温度控制在适当的范围内，可以提高产物中 $SiHCl_3$ 的含量。

7.4.2 反应压力

炉内需要保持一定的压力，保证气固相反应速度。且炉底和炉顶要保持一定的压力降，才能保证沸腾床的形成和连续工作。系统压力过大，沸腾炉内 HCl 的流速小、进气量小，反应效率低，$SiHCl_3$ 含量低、产量小，且加料容易加塌，易烧坏花板和风帽，不易控制。

$SiHCl_3$ 合成炉内压力一般不超过 0.05MPa。

7.4.3 氧和水分

游离氧和水分对 $SiHCl_3$ 合成极其有害，因 Si—O 键比 Si—Cl 键更为稳定，沸腾炉内的反应产物极易发生氧化和水解，使 $SiHCl_3$ 产率降低，水解生成的硅胶会堵塞管道、冷凝器，使系统压力变大，沸腾炉不能正常生产，且不易操作，检修次数增多。水解产生的盐酸对设备有强烈的腐蚀作用。游离氧或水分还能在硅表面逐渐形成一层致密的氧化膜，影响 Si 和 HCl 的接触面积，影响反应的正常进行。

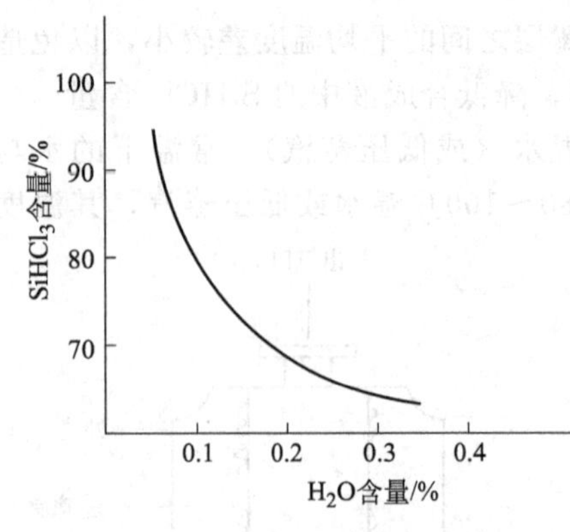

图 7-5 HCl 中含水量对 $SiHCl_3$ 产率的影响

如果 Si 和 HCl 中的含水量越大，则 $SiHCl_3$ 的含量越低。当 Si 和 HCl 中的含水量为 0.1%，则 $SiHCl_3$ 含量小于 80%，当含水量为 0.05%时，$SiHCl_3$ 含量可达到 90%，因此对 Si 和 HCl 脱水是十分重要的。硅粉和氯化氢都需要经过干燥才能进入沸腾床反应器。图 7-5 显示 HCl 中含水量对 $SiHCl_3$ 产率的影响情况。

7.4.4 氯化氢的稀释作用

在沸腾炉物料体系中，存在这样的反应：

$$Si(s)+3HCl(g)\xrightarrow{280\sim320℃}SiHCl_3(g)+H_2(g)+Q$$

$$Si(s)+4HCl(g)\xrightarrow{\geqslant 350℃}SiCl_4(g)+2H_2(g)+Q$$

两个式子的平衡常数分别为

$$K_{p_1}=\frac{p_{SiHCl_3}p_{H_2}}{p_{HCl}^3} \tag{7-1}$$

$$K_{p_2}=\frac{p_{SiCl_4}p_{H_2}^2}{p_{HCl}^4} \tag{7-2}$$

式中 p_{SiHCl_3}——三氯氢硅（$SiHCl_3$）在体系中的分压；

p_{H_2}——氢气（H_2）在体系中的分压；

p_{HCl}——氯化氢（HCl）在体系中的分压；

p_{SiCl_4}——四氯化硅（$SiCl_4$）在体系中的分压。

由式(7-1) 可得

$$p_{SiHCl_3}=K_{p_1}\frac{p_{HCl}^3}{p_{H_2}} \tag{7-3}$$

由式(7-2) 可得

$$p_{SiCl_4}=K_{p_2}\frac{p_{HCl}^4}{p_{H_2}^2} \tag{7-4}$$

式(7-3)、式(7-4) 相除得

$$\frac{p_{SiHCl_3}}{p_{SiCl_4}}=\frac{K_{p_1}}{K_{p_2}}\times\frac{p_{H_2}}{p_{HCl}} \tag{7-5}$$

以上两个化学反应处于同一个平衡体系中，由式(7-5) 可以看出，在温度不变的情况下，K_{p_1} 和 K_{p_2} 为常数，当加氢气（H_2）对氯化氢进行稀释时，H_2 含量增加，则 p_{SiHCl_3}/p_{SiCl_4} 比值增大，表明 $SiHCl_3/SiCl_4$ 摩尔比增大，则合成液相（$SiHCl_3+SiCl_4$）中的 $SiHCl_3$ 含量也随之增大。即在体系中加入氢气（H_2）进行稀释有利于 $SiHCl_3$ 的生成。同时，加入氢气还能够带出反应生成的大量热量，起到冷却剂的作用，对调节炉温有利。

一般稀释加氢的量为 H_2∶HCl 的摩尔比为 1∶(3～5) 为宜。

7.4.5 催化剂

使用催化剂能降低反应温度，提高反应速度和产率，同时还能避免少量的氧和水分的影响。一般有两种方式：一是加入含 Cu 5%的硅合金，可以使反应温度降低到 240℃左右；二是加入适量的 Cu_2Cl_2，在温度控制得好的情况下，$SiHCl_3$ 的含量可达 85%～90%以上，特别注意如果加入 Cu_2Cl_2 过多，易造成催化剂中毒。

目前采用加 Cu_2Cl_2 的方法，一般控制其比例为 Si∶Cu_2Cl_2＝100∶(0.4～1)。

7.4.6 硅粉粒度

硅粉与 HCl 气体的反应属于气固相之间的反应，是在固体表面进行的，硅粉越细，比表面积越大，越有利于反应。但是颗粒在“沸腾”过程中互相碰撞，易摩擦起电，如果颗粒过小，那么它们容易在电场作用下聚集成团，使沸腾床出现“水流”现象，影响反应的正常进行，且易被气流夹带出合成炉，堵塞管道和设备，造成原料的浪费。如果硅粉过粗，与 HCl 气体的接触面积变小，反应效率低，且易沉积在沸腾炉底，烧坏花板及风帽，导致系统压力变大，不易沸腾。

对硅粉粒度的要求是：干燥、流动性好、活性好、粒度合适。经过反复实践证明，采用 80～120 目的硅粉粒度对提高转化率且维持正常操作是合适的。

7.4.7 硅粉料层高度及 HCl 流量

硅粉料层高度及 HCl 流量对 $SiHCl_3$ 的产量和质量有很大的影响。如果料层过高，为了保持“沸腾”状态，则要求过高的 HCl 压力，但是 HCl 压力过高，就会造成合成炉中的硅粉被气流带出，从而堵塞后面系统。如果料层过低，HCl 流量过小，“沸腾”的不均匀性增大，甚至达不到“沸腾”的效果，HCl 会沿“短路”通过料层，硅粉和 HCl 的接触不好，反应不充分，$SiHCl_3$ 的产率就会下降。

硅粉料层高度是指硅粉的静止料层高低位差。硅粉料层高度及 HCl 流量一般根据沸腾床面积及高度的大小和投料量来确定。

其计算方法为（以合成炉 ϕ300mm×6830mm 为例，投料量为 120～140kg）：

$$H=\frac{Q_{硅}}{D_{硅}F}$$

式中 H——硅粉静止层的高度，m；

$D_{硅}$——硅粉堆积密度，kg/m^3；

$Q_{硅}$——硅粉质量，kg；

F——沸腾床合成炉截面积，m^2。

沸腾床合成炉截面积为：

$$F=\frac{\pi}{4}D^2=\frac{3.14}{4}\times0.3^2=0.07065\ (\text{m}^2)$$

式中 D——沸腾床的直径，m。

80～120 目硅粉的堆积密度 $D_{硅}$ 为 1310kg/m^3，取投料量 $Q_{硅}$ 的平均值 135kg，则可以得到硅粉静止层的高度：

$$H=\frac{135}{1310\times0.07065}=1.459\ (\text{m})$$

每千克硅粉的静止层高度为：1.459/135=0.0108m

即在这个合成炉中，投料量为 135kg 时，硅粉静止层高度为 1.459m，在这种情况下，HCl 的流量控制在 28～38m^3/h，合成炉的生产能够正常进行。

7.4.8 产品质量要求

$SiHCl_3$ 含量≥80%，不含硅粉。

7.4.9 硅粉的转化率

$$\eta=\frac{\frac{28}{135.5}\times\text{三氯氢硅的密度}\times\text{三氯氢硅的含量}}{\text{硅的单耗}}\times100\%$$

三氯氢硅密度为 1.32kg/L。

【例 7-1】 据统计 2005 年某厂氯化料的平均含量为 86%，每升消耗工业硅 0.3kg，忽略其他影响因素，求硅的转化率？

解

$$\eta=\frac{\frac{28}{135.5}\times1.32\times86\%}{0.3}=78.2\%$$

【例 7-2】 某月氯化生产产量为 62500L，消耗硅粉 18t，消耗液氯 75t，求工业硅粉的单耗和液氯的单耗？

解

$$\text{硅粉单耗}=\frac{\text{实际消耗的硅粉}}{\text{实际生产的}SiHCl_3}=\frac{18000}{62500}=0.288\ (\text{kg/L})$$

$$液氯单耗=\frac{实际消耗的液氯}{实际生产的 SiHCl_3}=\frac{75000}{62500}=1.2\ (kg/L)$$

7.5 生产现场操作要点

当合成炉生产达到稳定状态时，只需要控制温度、压力、加料量等各个工艺条件，就可以使生产连续进行。但是必须随时监控各仪器、仪表，如果出现异常情况，则需要采用包括停车等各种措施。因此合成炉开车、停车等操作对安全生产尤其重要。

7.5.1 合成炉开炉前的准备工作

① 检查整个系统管道、阀门、设备、仪表、电路和压力表等是否正常好用。

② 用 N_2（$1.5\times10^5\sim2\times10^5$ Pa）试压，用氨水（或者用肥皂水）检查系统所有的接缝处，确保无漏气和堵塞现象。

③ 沸腾炉升温（用电加热器）至 200℃左右烘干，同时自炉底通 N_2，流经全系统至水淋洗塔排出，使系统处于干燥和正压状态。

7.5.2 合成炉开车步骤

① 向合成炉内投入经适当温度干燥好的硅粉。

② 沸腾炉（用电加热器）继续升温使中、下部温度维持在 380～400℃之间，除尘器保持在 100℃左右。

③ 水冷却器中通入自来水，冷凝器中通入－60～－40℃的盐水，随后向合成炉内通入 HCl 气体。

④ 反应开始后停止送电，靠反应放出的热量维持炉内温度。在炉内换热器中通入热水以带走多余的热量，使炉内温度控制在 280～320℃范围内。

正常情况下，操作人员可根据各个测量点的压力和压差、炉内各点的温度、产量的变化来判断炉内反应情况。

定时加入硅粉以维持炉内有足够的硅粉料层，保证沸腾床的形成。每隔固定的时间用压力为 $2.5\times10^5\sim3\times10^5$ Pa 的 N_2 吹渣一次，残渣吹至除渣罐水封口排出。

具体的生产条件和详细操作步骤要根据单位的具体情况而选择。

7.5.3 停炉操作步骤

正常停炉的步骤如下。

① 停止加入硅粉。当炉内剩余硅粉不再反应后，温度自行下降，同时不再有冷凝产物流出。炉内降温可以采用自然降温和通入自来水降温两种方法。

② 关闭尾气和 HCl 气体控制阀门，炉内维持正压（$2.5\times10^5\sim3\times10^5$ Pa）或者通入 N_2 以赶出炉内气体。吹渣赶气后，关闭尾气。

③ 停止系统送电。

④ 停止输送冷却水和冷冻盐水。

7.5.4 可能发生的危险情况及预防、处理措施

(1) 可能发生的危险情况

① HCl 气体泄漏；

② $SiHCl_3$ 泄漏、燃烧甚至爆炸；

③ 硅粉粉尘泄漏；

④ HF 腐蚀；

⑤ 管路、设备高空维修作业坠落伤人；

⑥ 水解物撞击着火伤人；

⑦ 检修过程机械伤人。

(2) 预防、处理措施

① 生产 $SiHCl_3$ 车间内，储料库应防火、防爆、通风，严禁烟火。

② 上班前必须按规定穿戴好劳保用品，备好专用生产工具，然后进入岗位；接触硅粉或排渣时，应戴好防尘口罩；接触有毒气体如 HCl、$SiHCl_3$、$SiCl_4$ 等时，应戴好防毒面具；使用 HF 或 NaOH 时，要戴眼镜和防护手套；清洗设备时，对劳保用品应先进行检查是否完整，若有破损，需及时调换。

③ 生产过程中若发生了故障，必须马上停车断电，将 $SiHCl_3$、HCl 等气体排净，在淋洗塔内用大量水吸收或水解，直至气体浓度较小时，方能拆开检修。

④ 操作室内严禁烟火，设备不许敲打撞击。

⑤ 三氯氢硅引火点 28℃，着火点 220℃，因此严禁三氯氢硅与火焰、火花和高温物体接触；万一发生着火爆炸，首先切断三氯氢硅料源，隔离着火点，然后用 CCl_4、CO_2 灭火器灭火，少量时可用大量水注灭。

⑥ 系统和料罐均应密封、密闭，操作人员定期进行检查，不允许出现三氯氢硅的跑、冒、滴、漏等情况；一旦发现泄漏，应立即切断料源，及时进行处理。

⑦ 一旦发生操作人员吸入大量三氯氢硅时，应立即将患者移到空气新鲜处并请医生治疗；如果三氯氢硅溅入眼内、皮肤上，应先用水洗，后按医生嘱咐治疗。

⑧ 设备、管道需动火时，应先将余气（液）排净，经 N_2 气充分置换，并留有排气开口处，方能动火；为防止有 H_2 气窜入的容器，动火前应取样，经分析合格后，方能持动火证动火。

⑨ 检修尾气淋洗塔时应先用 N_2 气吹洗或水淋洗后，再进行检修，以防发生着火伤人。

⑩ 管路、设备高空维修作业搭好脚手架，铺好作业平台，做好防护措施。

7.5.5 环保注意事项

① 加强设备维护和保养，防止非预期的 $SiHCl_3$ 泄漏。

② 检修中拆卸的固体废物集中处理。

③ 沸腾炉尾气、旋风除尘器及袋滤器排出的所有废气（渣），均应经淋洗塔，用大量水吸收稀释后再排放。应经常清洗池内和淋洗塔体内的水解产物，以保证系统畅通。

④ 尾气淋洗产生的 SiO_2 固体废物在污水处理站进行沉淀处理。

⑤ 尾气淋洗产生的废酸水从酸水管道进入污水处理站进行处理；检修时的污水，也必须进入污水处理站进行处理。

小　结

硅粉和氯化氢按下列反应生成 $SiHCl_3$。

$$Si(s)+3HCl(g)\xrightarrow{280\sim320℃}SiHCl_3(g)+H_2(g)+Q$$

反应为放热反应。

三氯氢硅合成工艺流程为：硅铁（冶金级硅）经破碎、球磨、过筛后，在料池中用蒸汽干燥，再经电感加热干燥炉干燥，经硅粉计量罐计量后，定量加入沸腾炉内。升温至反应温度后，加入 HCl 进行反应，生成的 $SiHCl_3$ 气体经旋风除尘器和布袋过滤器除去少量硅粉，再经水冷却器和盐水冷凝，得到 $SiHCl_3$ 液体，流入产品计量罐，其余尾气经淋洗塔排出。

三氯氢硅合成主要设备有：破碎机、球磨机、电感加热干燥炉、沸腾炉、旋风除尘器和布袋过滤器、水冷却器、淋洗塔。

三氯氢硅合成控制因素如下。

① 反应温度：280～320℃；

② 反应压力一般不超过 0.05MPa；

③ 硅粉粒度：80～120 目；

④ 催化剂用量：Si ∶ Cu_2Cl_2 = 100 ∶ (0.4～1)；

⑤ 氧和水分；

⑥ 硅粉料层高度及 HCl 流量；

⑦ 产品质量要求：$SiHCl_3$ 含量≥80%，不含硅粉。

生产现场操作要点包括：

① 合成炉开炉前的准备工作；

② 合成炉开车步骤；

③ 停炉操作步骤；

④ 可能发生危险情况及预防、处理措施；

⑤ 环保注意事项。

习 题

7-1 简述三氯氢硅的合成原理。

7-2 简述三氯氢硅合成的工艺流程。

7-3 简述沸腾床的形成和流体力学原理。

7-4 简述三氯氢硅合成各工艺条件的选择原则。

7-5 简述三氯氢硅合成炉开车步骤。

7-6 简述三氯氢硅合成炉停车步骤。

7-7 简述三氯氢硅合成生产过程中可能发生的危险情况以及预防、处理措施。

第8章　三氯氢硅的提纯

学习目标

1. 掌握三氯氢硅中杂质的分析检测方法；精馏的基本原理；精馏工艺；精馏操作技术。
2. 了解精馏设备；精馏的物料和热量衡算。

8.1　三氯氢硅中杂质含量的分析

在三氯氢硅的合成过程中，由于原料、工艺过程等多种原因，不可避免地会在三氯氢硅产品中存在磷、硼、铜、镁等很多微量杂质，这些杂质对三氯氢硅还原生产多晶硅的产品纯度有很大的影响。需要对这些杂质元素进行分析。

8.1.1　三氯氢硅中痕量杂质的化学光谱测定

$SiHCl_3$ 中痕量杂质是指 Mn、Fe、Ni、Ti、Mg、Al、Pb、Ca、Cr、Cu、Zn 等金属杂质。对这些杂质的分析采用蒸发法。

蒸发法就是用微量的高纯水与 $SiHCl_3$ 作用，生成少量的水解物 SiO_2，SiO_2 对痕量元素有吸附作用。基体在常温下用高纯氮气作载体进行慢挥发，残留的 SiO_2 用氢氟酸蒸气溶解除去，残渣用盐酸溶解，用溶液干渣法光谱测定。

本方法适用于测定杂质含量在 10^{-8}～10^{-7} 的样品。

蒸发法的具体操作步骤如下：

① 取铂金坩埚洗净并且烘干；

② 在坩埚中加入 3～5 滴高纯水，用塑料量筒取 30mL $SiHCl_3$ 倒入坩埚中；

③ 将坩埚放入有机玻璃蒸发器中，以很小的高纯氮气流驱赶基体约 10～12h；

④ 当 $SiHCl_3$ 挥发干净后，取出铂金坩埚，换置于石墨熏蒸器中，同时放一个盛有约 30mL 氢氟酸的铂金皿，盖严熏蒸器的盖子，用低温（调压器开到 130V 处）电炉加热约 2h；

⑤ 待 SiO_2 完全溶解，取出坩埚，加 2 滴 1 ： 1 的盐酸溶解残渣；

⑥ 再加几滴水（用预先洗净的塑料小滴管），在手操箱里，用坩埚里的溶液充分洗涤坩埚底部，将溶液滴在一对经处理好的平头石墨电极头上，再用少量水洗涤坩埚底部，洗涤液也滴在电极头上，在红外灯下烤干，摄谱，进行光谱测定。

8.1.2　三氯氢硅中痕量硼的分析

三氯氢硅中硼的分析采用自然挥发法。

自然挥发法是使三氯氢硅中杂质硼被部分水解物吸附，而让基体三氯氢硅自然挥发，用

氢氟酸除去 SiO_2，对残渣进行光谱测定。

本方法取样 2mL，空白值＜0.003μg 时，其分析灵敏度可达 1×10^{-7}。本方法分析范围为 $1\times10^{-9}\sim7\times10^{-6}$。

自然挥发法的具体操作步骤如下：

① 取带盖的铂金坩埚洗干净并且干燥；

② 在坩埚中加入数滴高纯水（约 0.3mL），加入 3 滴 1%的甘露醇溶液（空白样、被测试样各三份）；

③ 用干燥的聚乙烯管取试料 1～2mL，迅速滴入坩埚内，盖上盖子，轻轻摇动片刻，静置 5min 左右，打开盖子让试样自然挥发；

④ 挥发完毕后，加几滴高纯水，用 1mL 氢氟酸洗坩埚内壁水解物（先洗涤坩埚盖子、内壁水解物，洗液流入坩埚内，然后沿坩埚内壁滴加）；洗涤完毕，盖好盖子，将坩埚移到水浴上（水浴中加有少量甘露醇固体）加热；加热数分钟后，打开盖子，用少量纯水吹洗盖子及坩埚内壁，加热蒸发，蒸干后沿壁吹高纯水，再蒸干；

⑤ 重复上述操作再吹洗一次，蒸干后取下坩埚，滴加 3～4 滴高纯水，用聚乙烯小滴管（每个坩埚配一个滴管）充分洗涤坩埚底部，洗涤液依次转移到一对预先处理好的平头石墨电极头上，再用 3～4 滴纯水洗坩埚一次，洗液移到同一对电极头上，在红外灯下烤干，摄谱，进行光谱分析。

8.1.3 三氯氢硅中痕量磷的分析

三氯氢硅中痕量磷的分析采用气相色谱法测定。

在高温富氢条件下，$SiHCl_3$ 被还原成 Si、HCl 和各种氯硅烷，三氯氢硅中的磷在石英砂催化作用下被还原为 PH_3。用 NaOH 溶液分离 PH_3，混合的氯硅烷被水解生成硅酸钠、氯化氢，氯化氢被氢氧化钠中和。反应式如下：

$$SiHCl_3+2NaOH+H_2O \longrightarrow Na_2SiO_3+3HCl+H_2$$

$$2P+3H_2 \longrightarrow 2PH_3$$

当反应达到动态平衡后，磷化氢可定量从氢氧化钠溶液中逸出，经富集后进行色谱分离，再进入双火焰光度检测器进行 HPO 光发射，中心波长为 526nm。根据其发射光强度与磷的浓度成正比的关系，计算磷的含量。

具体操作步骤如下：

① 用注射器从进样孔将已知量的 $SiHCl_3$ 样品（通常为 0.2～0.8mL）注入四级逆式配气室中；

② 通入充足的氢气，待充分混合后，送入还原炉管，在温度 680℃，用石英砂做催化剂，样品及其中所含磷杂质分别被还原为混合氯硅烷、氯化氢和磷化氢；

③ 混合气体进入氢氧化钠溶液，分别反应脱去还原物中的氯硅烷和氯化氢，尾气中只剩下氢气、磷化氢和水分；

④ 由于磷化氢和氢气的液化温度很低（磷化氢的液化温度为－88℃），用干冰-丙酮冷阱（温度为－78℃）冷却脱去水分；

⑤ 只含有磷化氢和氢气的混合气体经液氮捕集柱，磷化氢的固化温度为－134℃，而氢的液化温度为－253℃，所以在液氮捕集柱中，磷化氢被固化，剩下的氢气排空；

⑥ 待还原富集完全后（一般为 20min），将捕集柱接至气相色谱分离柱的前方；

⑦ 将捕集柱迅速移至室温冷水中进行解吸；

⑧ 经 GDX-101 柱把磷化氢和其他可能存在的氢化合物分离；

⑨ 用双火焰光度检测器检测磷化氢的信号，再用标准比较法计算出样品中磷的含量。

注意：这里所用的水、氮气和酸都必须经过特殊提纯，器皿一定要洗干净（也必须是用高纯水洗），操作步骤、过程必须严格，否则会使测定的数据不准确。

本方法也适用于 $SiCl_4$ 的检测。

8.2 提纯三氯氢硅的方法简介

多晶硅质量的好坏往往取决于原料三氯氢硅的纯度。在产品质量要求特别高的时候，全部生产过程的效果在极大程度上由原料三氯氢硅的纯度而定。

目前提纯 $SiHCl_3$ 的方法很多，不外乎精馏法、络合法、固体吸附法、部分水解法和萃取法。

8.2.1 萃取法

在一定温度下，某物质在相同化学组成的混合物中分配在两个互不混溶的有机溶剂中，充分振荡后，使某些物质进入有机溶剂中，而另一些物质仍留在溶液中，从而达到分离的效果。

8.2.2 络合物法

在混合溶液中加入对某物质能起作用的络合剂与这种物质生成一种稳定的络合物。即使加热也不会分解和挥发，从而在高沸物中除去。

8.2.3 固体吸附法

是用固体吸附剂来进行吸附的，要求吸附剂的纯度要高，此种方法对分离极性杂质磷和金属氯化物特别有效，但被吸附的物质往往容易使吸附剂中毒。

8.2.4 部分水解法

是将三氯化硼（BCl_3）用水洗的方法，生成硼氧化物（B_2O_3），同时有大量的 $SiO_2 \cdot nH_2O$ 产生，因此也是不太适用的一种方法。

8.2.5 精馏法

是一种最重要的提纯方法，此法具有处理量大、操作方便、板效率高的特点，又避免引进任何试剂，绝大多数杂质都能够被完全分离，特别是非极性重金属氧化物，但它对彻底分离硼、磷和强极性杂质氯化物受一定限制。

目前，生产厂家对三氯氢硅的提纯主要是采用精馏法。四氯化硅的提纯与三氯氢硅的提纯方法一致。

8.3 精馏的基本概念

8.3.1 精馏

在化工、轻工生产中，经常需要将两种或两种以上液体组成的溶液分离为纯的组分或一定沸程的馏分，这些均相混合物的分离一般采用蒸馏的方法来完成。蒸馏是一种分离均相混合物的单元操作。把液体混合物进行多次部分汽化，同时又把产生的蒸气多次部分冷凝，使混合物分离为所要求组分的操作过程称为精馏。

蒸馏分离的依据是混合物中各组分的挥发度不同，即各组分的沸点不同，当它们在气液两相趋于平衡时，各组分在两相中的相对含量不同，其中易挥发组分在气相中的含量较液相中的高，而难挥发组分在液相中的相对含量较气相中的高。利用混合物中各组分间挥发性差异这种性质，通过加入热量或者取出热量的方法，使混合物形成气液两相系统，并且让它们相互接触进行热量和物质传递，致使易挥发组分在气相中增浓，难挥发组分在液相中增浓，从而实现混合物的分离。

工业蒸馏的方法有以下三种。

① 闪急蒸馏　将液体混合物加热后经受一次部分汽化的分离操作。

② 简单蒸馏　使混合液逐渐汽化并使蒸气及时冷凝以分段收集的分离操作。

③ 精馏　借助回流来实现高纯度和高回收率的分离操作，应用最广泛。

对于各组分挥发度相等或相近的混合液，为了增加各组分间的相对挥发度，可以在精馏分离时添加溶剂或盐类，这类分离操作称为特殊蒸馏，其中包括恒沸精馏、萃取精馏和加盐精馏；还有在精馏时混合液各组分之间发生化学反应的，称为反应精馏。

8.3.2　汽化和液化

汽化是物质由液态转变为气态的相变过程（相就是指在系统中具有相同物理性质和化学性质的均匀部分，不同相之间往往有一个相界面，把不同的相分别开）。与之相对应的是液化，所谓液化，就是指物质从气态变成液态的相变过程。

液体中分子的平均距离比气体中小得多。汽化时分子间平均距离加大、体积急剧增大，需克服分子间引力并反抗大气压力做功。因此，汽化要吸热。单位质量液体转变为同温度蒸气时吸收的热量称为汽化潜热，简称汽化热。汽化热随温度升高而减小，因为在较高温度下液体分子具有较大动能，液相与气相差别减小。在临界温度下，物质处于临界态，气相与液相差别消失，汽化热为零。

汽化有蒸发和沸腾两种形式。

（1）蒸发

液态物质在任何温度下，从表面进行汽化的现象叫蒸发。

组成液体的分子是在不断地作无规则的运动的，液体的温度就是液体内部分子运动平均动能的标志。在同一温度下，不是所有的分子运动都是相同的，总是有一些分子运动的动能比平均动能大或小。当分子动能足够大的这部分分子接近液面时，就能克服液体表面层对它的引力和外部的压强，变成这种液体的蒸气而逸出液面，因此液面上蒸气的温度并不比液体的温度高，这就是液体在任何温度下，能进行蒸发的道理。

由于蒸发的不断进行，液体内部比它的平均动能大的分子逐渐逸出液面，剩下分子的平均动能会渐渐减小，从而使液体的温度降低，因此蒸发可以降低温度（在压力一定、液体很少的情况下）。

（2）沸腾和沸点

沸腾是在液体表面和内部同时进行的剧烈汽化过程。

通常，液体内部和器壁上总有许多小气泡，其中的蒸气处于饱和状态。随着温度上升，小气泡中的饱和蒸气压相应增加，气泡不断胀大。当饱和蒸气压增加到与外界压力相同时，气泡骤然胀大，在浮力作用下迅速上升到液面并放出蒸气。这种剧烈的汽化就是沸腾。

当纯液体物质的饱和蒸气压等于外压时，液体就会沸腾，此时的温度叫液体在指定压力下的沸点。物质的沸点随外界压强的变化而变化：当外界压力增大时，沸点升高，外界压力降低时，沸点降低。通常人们说的“某物质的沸点”就是指外压等于 101.325kPa（760mmHg）时的纯物质沸点，又称为标准沸点。

沸腾与蒸发在相变上并无根本区别。沸腾时由于吸收大量汽化热而保持液体温度不变。

沸点随外界压力的增大而升高。

(3) 影响蒸发速度的因素

① 液体的温度越高，蒸发得越快 温度越高，液体内部分子运动的平均动能越大，液体表面层对分子的作用也越小，因为在单位时间内能克服液体表面层的作用而进到空间的分子数目越多，所以蒸发得越快。

② 液体表面积越大，蒸发得越快。

③ 液体受到的压强越小，蒸发得越快。

8.3.3 蒸气压

蒸气压指的是在液体（或者固体）的表面存在着该物质的蒸气，这些蒸气对液体（或者固体）表面产生的压强就是该液体（或者固体）的蒸气压。

若在一密封容器中盛有部分液体，由于液体上有一定的空间，液面就要进行蒸发，最初一部分动能大的分子克服表面层的引力，而逸出液面进入空间，在空间产生蒸气压。随着进入空间的分子增多，蒸气压越来越大，液面上蒸气分子的密度不断增加，由于碰撞返回液面内部的分子数目逐渐增多。

当进入空间的分子数与返回液体内部的分子数相等时，液体汽化的速度和气体液化的速度相等，液体量没有减少，气体量也没有增加，气相与液相达到平衡。气液两相达到平衡时气体叫做饱和蒸气。饱和蒸气具有的压强叫做饱和蒸气压。

此时的平衡是一个动态的平衡，当温度或者外界压力发生变化时，平衡就会被打破，气体继续液化或者液体继续汽化，直到达到新的平衡。因此，饱和蒸气压与温度和外界压力有关。当温度一定、外界压力一定时，气相压力最终稳定在一定数值上，此时的气相压力称为某物质在该温度下的饱和蒸气压。

测定几种不同物质在不同温度下的饱和蒸气压如表 8-1 所示，由表 8-1 可得出如下结论。

表 8-1 几种液体在不同温度下的饱和蒸气压表 单位：mmHg

温度/℃ \ 名称	水	苯	乙醚	汞
−20	0.77	6	68.9	—
0	4.35	26.57	184.4	0.0002
20	17.53	74.70	437	0.0013
40	55.32	182.7	907	0.0064
60	149.4	391.7	1725	0.0265
80	355.1	757.6	0203	0.092
100	760	—	—	0.2793

注：1mmHg=133.322Pa，下同。

① 同一温度下，不同液体的饱和蒸气压不同。

② 同一液体的饱和蒸气压是随温度升高而增大的，随温度下降而下降。

③ 当温度不变时，饱和蒸气压的大小与它的体积无关。

8.3.4 易挥发组分和难挥发组分

从表 8-1 可以看出在同一温度下，有的液体的饱和蒸气压高，而有的液体的饱和蒸气压低，说明有的容易挥发，有的不易挥发。人们将它们分为易挥发组分和难挥发组分。

(1) 易挥发组分和难挥发组分

易挥发组分：混合物中某组分，在一定温度时的蒸气压比任何其他组分蒸气压值都大，该组分称为易挥发组分。

难挥发组分：混合物中某组分，在一定温度时的蒸气压比任何其他组分蒸气压值都小，该组分称为难挥发组分。

易挥发和难挥发组分是相对的概念。

(2) 挥发度和相对挥发度

在完全互溶的混合液中，某一组分的挥发度可以定义为该组分在蒸气相中的分压与其在液相中的平衡浓度（摩尔分数）之比，即

$$\nu_A=\frac{p_A}{x_A}$$

$$\nu_B=\frac{p_B}{x_B}$$

式中 ν_A，ν_B——组分A和B的挥发度；

p_A，p_B——组分A和B在气相中的分压；

x_A，x_B——组分A和B在液相中的摩尔分数。

为了比较混合溶液中组分挥发度的大小，引入相对挥发度的概念。混合溶液中两个组分的挥发度之比，称为相对挥发度。用α表示。

$$\alpha=\frac{\nu_A}{\nu_B}=\frac{p_A/x_A}{p_B/x_B}=\frac{p_A x_B}{p_B x_A} \tag{8-1}$$

对于理想溶液，都遵守拉乌尔定律：

$$p_A=p_A^{\ominus}x_A,\quad p_B=p_B^{\ominus}x_B$$

则相对挥发度可以表示为两个组分的饱和蒸气压之比，即

$$\alpha=\frac{p_A^{\ominus}}{p_B^{\ominus}}$$

式中 $p_A^{\ominus}$——组分A在该温度下的饱和蒸气压；

$p_B^{\ominus}$——组分B在该温度下的饱和蒸气压。

对于双组分的理想气体，根据道尔顿分压定律：

$$p_A=py_A$$

$$p_B=py_B=p(1-y_A)$$

$$\text{且 } x_A=1-x_B$$

将这三式代入式(8-1)，可得

$$\frac{y_A}{1-y_A}=\alpha\frac{x_A}{1-x_A} \quad 或 \quad \alpha=\frac{x_B y_A}{x_A y_B}$$

经整理后可以得到：

$$y_A=\frac{\alpha x_A}{1+(\alpha-1)x_A} \tag{8-2}$$

y_A，y_B分别为A、B两种气体在气相的摩尔分数。

该式即为蒸气与液体相平衡关系的数学表达式。

当已知物系的相对挥发度时，可以按照平衡关系式计算液相与蒸气气相的平衡组成，也可以确切且简便地判断混合液蒸馏分离的难易程度。

当 $\alpha>1$ 时，$y_A>x_A$，则该物系能够采用蒸馏方法加以分离。并且 α 值越大，挥发度差别越大，蒸馏分离越容易。

当 $\alpha<1$ 时，则说明组分 B 挥发度大，更容易挥发。

当 $\alpha=1$ 时，则 $y_A=x_A$，说明该物系不能采用一般的蒸馏方法加以分离。

对于蒸气与液体相平衡关系问题，主要有以下两点。

① 对于完全互溶体系的蒸气与液体平衡关系，取决于溶液的性质　理想溶液服从拉乌尔定律，而实际溶液与理想溶液存在着一定的偏差。当实际溶液与理想溶液偏差不大时，可按理想溶液来处理，这样可以使问题大大简化。当实际溶液与理想溶液偏差较大时，非理想体系的相平衡关系可以由实验直接测出，或者用活度系数对拉乌尔定律进行修正。

相对挥发度用 $\alpha_{实}$ 表示。

$$\alpha_{实}=\frac{p_A}{p_B}\times\frac{r_A}{r_B}$$

式中　r_A——组分 A 的活度系数；

r_B——组分 B 的活度系数。

一般说来，被提纯元素中，杂质含量很少，因此 r_A 可作 1，此时

$$\alpha_{实}=\frac{p_A}{p_B}\times\frac{r_A}{r_B}=\alpha\times\frac{1}{r_B}$$

由于混合液的沸点变化不大，故 p_A/p_B 可视为常数，因此实际挥发度仅取决于杂质的活度系数 r_B。

在制备高纯元素时，杂质的含量是很少的，在此情况下，杂质分子间的作用可以忽略不计，因此可考虑杂质单独存在情况下的挥发度，这就可以简化挥发度的计算了。

制备超纯液体的精馏提纯时，由于超纯液体即杂质浓度极稀的溶液，例如在 $SiHCl_3$ 液体的精馏中所遇到的 PCl_3 、BCl_3 、$FeCl_3$ 等杂质的混合液，其中杂质的浓度大多在百万分之一摩尔分数以下。这时在液相中，一个 $SiHCl_3$ 分子周围大量地存在着 $SiHCl_3$ 分子，其所受的分子引力可以认为完全是周围 $SiHCl_3$ 对杂质分子的引力，而其余含极微的杂质分子对它的引力可以忽略不计。

为此可以得出下列结论：在一定温度下（例如在被精馏液体的常压下之沸点温度），超纯液体中杂质组分与其本组分的相对挥发度不随杂质组分浓度的变化而变化。

② 蒸气与液体相平衡关系随总压的变化而变化　因此，体系的压强对采用蒸馏方法分离物质有很大的影响。

8.3.5　露点、泡点、高沸物、低沸物

把气体混合物在压力不变的条件下降温冷却，当冷却到某一温度时，产生的第一个微小的液滴的温度叫做该混合物在指定压力下的露点温度，简称露点。处于露点温度下的气体称为饱和气体。

液体混合物在一定压力下加热到某一温度时，液体中出现第一个很小的气泡，即刚开始沸腾时的温度叫该液体在指定压力下的泡点温度，简称泡点。处于泡点温度下的液体称为饱和液体。对于纯物质液体，泡点也就是其在某压力下的沸点。

若不特别注明压力的大小，则通常表示在 101.325kPa（760mmHg）下的泡点。一定组成的液体，在恒压加热的过程中，出现第一个气泡时的温度，也就是一定组成的液体在一定压力下与蒸气达到气液平衡时的温度。泡点随液相组成和压力而变。气液平衡时，液相的泡点即为气相的露点。

沸点不同的两液体组成混合物，在一定压力下，液相与气相组成相同的混合物称为恒沸混合物，相应的温度称为恒沸点（Azeotropic Point），也称共沸点。恒沸物是一种特例，类似于纯液体沸点时气液相组成相同，但它是混合物而不是纯化合物，因其组成随压力而改变，与纯液体沸点相比，恒沸点高于沸点的为最高恒沸混合物，低者为最低共沸混合物。有共沸点存在时，不能用普通分馏方法分离成两个纯组分。

一般来说，液相混合物升高或降低温度时，平衡的气液两相组成是不同的，沸点低的组分易挥发，气相中的浓度大于液相。对于液体混合物来说，各组分的分压之和等于外压时，物料开始沸腾。由于各组分的分压随其在液相中含量的改变而有所不同，因此，它没有恒定的沸点。液体混合物的泡点至露点的整个范围内都处于沸腾状态，并且在不同温度下气液相组成是不同的。

高、低沸物：在混合溶液中，以某纯物质的沸点为界（如 $SiHCl_3$ 的沸点为 31.5℃），高于此沸点的物质为高沸物，反之则为低沸物。

8.4 双组分溶液的气液相平衡

8.4.1 理想溶液

任一组分在全部浓度范围内都符合拉乌尔定律的溶液称为理想溶液。

理想溶液应符合以下条件：

① 各组分能够以任何比例互溶；

② 各组分混合形成溶液时没有热反应；

③ 溶液的体积是各组分单独存在时的体积之和；

④ 各组分以任何比例形成的溶液，气相中各组分的蒸气压与液相中组分的关系都遵从拉乌尔定律。

除了光学异构体的混合物、同位素化合物的混合物、立体异构体的混合物以及紧邻同系物的混合物等可以（或近似地）算作理想溶液外，一般溶液大都不具有理想溶液的性质。但是因为理想溶液所服从的规律较简单，并且实际上，许多溶液在一定浓度区间的某些性质常表现得很像理想溶液，所以引入理想溶液的概念，不仅在理论上有价值，而且也有实际意义。以后可以看到，只需要对从理想溶液所得到的公式作一些修正，就能用之于实际溶液。

8.4.2 理想物系的气液相平衡

在一定的温度和压力下，如果物料系统中存在两个或两个以上的相，物料在各相的相对量以及物料中各组分在各个相中的浓度不随时间变化，称系统处于平衡状态。平衡时，物质还是在不停地运动，但是各个相的量和各组分在各相的浓度不随时间变化，当条件改变时，将建立起新的相平衡，因此相平衡是运动的、相对的，而不是静止的、绝对的。在精馏设备中，气体自沸腾液中产生，可近似地认为气体和液体处于平衡状态，因此，首先要讨论两相共存的平衡物系中气液两相之间的关系。

根据相律，平衡物系的自由度 F 为：

$$F=N-\Phi+2$$

现组分数 $N=2$，相数 $\Phi=2$，故平衡物系的自由度为 2。平衡物系涉及的参数为温度，压强与气、液两相的组成。气、液两相组成常以摩尔分数表示。对双组分物系，一相中某一组分的摩尔分数确定后，另一组分的摩尔分数也随之而定，液相或气相组成均可用单参数表示。这样，温度、压强、液相组成（或气相组成）三者之间规定两个，则物系的状态将被唯一地确定，余下的参数已不能任意选择。

8.4.3 双组分理想物系的液相组成-温度（泡点）关系式

（1）理想物系的含义

① 液相为理想溶液，服从拉乌尔（Raoult）定律；

② 气相为理想气体，服从理想气体定律或道尔顿分压定律。

（2）相平衡关系表达方式

对于已知组成的混合溶液，在确定自由度的条件下，其蒸气相与液体相之间的平衡关系可以用实验测定。实验测定的数据可通过编列平衡数据表、绘制各种相图或列出数学函数关系式等方式进行表达。

① 平衡数据表　各种化学或化工数据手册所载平衡数据表中的数据有不同的表达方式。在讨论双组分精馏过程时，最常用的平衡数据表达方式有以下两种。

• 在一定总压下，温度与液体相（蒸气相）平衡组成关系，即 t-$x(y)$ 关系。

• 在一定总压下，蒸气相与液体相的平衡组成关系，即 y-x 关系。

表 8-2 所列为苯和甲苯混合液在总压为 1.013×10^5 Pa 时，温度与相平衡组成关系的实验数据。

表 8-2　苯-甲苯混合液的温度与相平衡组成数据（$p=1.013\times10^5$ Pa）

温度 t /℃	液相组成 x_A（摩尔分数）	蒸气相组成 y_A（摩尔分数）	温度 t /℃	液相组成 x_A（摩尔分数）	蒸气相组成 y_A（摩尔分数）
80.1	1.00	1.00	95.3	0.40	0.620
82.3	0.90	0.957	98.5	0.30	0.507
84.6	0.80	0.909	102.5	0.20	0.373
87.0	0.70	0.854	106.2	0.10	0.210
98.5	0.60	0.791	110.6	0.00	0.00
92.0	0.50	0.713			

② 气液组成关系式　根据拉乌尔定律，平衡体系的溶液组成与蒸气相平衡分压之间的关系为

$$p_A=p_A^{\ominus}x_A$$

$$p_B=p_B^{\ominus}x_B$$

式中　p_A，p_B——平衡时，组分 A 和组分 B 在气相中的蒸气分压，Pa；

$p_A^{\ominus}$，$p_B^{\ominus}$——纯组分 A 和纯组分 B 在某温度下的饱和蒸气压，Pa；

x_A，x_B——相平衡时溶液中组分 A 和组分 B 的摩尔分数。

蒸气相的总压应等于各组分的分压之和。

对于 A、B 双组分混合溶液，则可得

$$p=p_A+p_B=p_A^{\ominus}x_A+p_B^{\ominus}x_B=p_A^{\ominus}x_A+p_B^{\ominus}(1-x_A)$$

整理上式可以得到

$$x_A=\frac{p-p_B^{\ominus}}{p_A^{\ominus}-p_B^{\ominus}} \tag{8-3}$$

由于纯组分的饱和蒸气压与温度存在一定的函数关系，所以又可以表示为

$$x_A=\frac{p-f_B(t)}{f_A(t)-f_B(t)}$$

纯组分的饱和蒸气压与温度的关系通常是非线性函数，可以根据实验测定得到，也可以用以下经验式来计算。

$$\lg p^{\ominus}=A-\frac{B}{T-C} \tag{8-4}$$

式(8-4) 称为安托因（Antoine）公式。

式中 $p^{\ominus}$——任一纯组分的饱和蒸气压，Pa；

T——温度，K；

A，B，C——安托因常数。当使用这类经验公式时，一定要注意手册中所列常数的数值及与之相对应的温度和压强的单位。

根据道尔顿分压定律，组分 A 在蒸气相中的摩尔分数 y_A 应为

$$y_A=\frac{p_A}{p}$$

已知

$$p_A=p_A^{\ominus}x_A$$

所以可得

$$y_A=\frac{p_A^{\ominus}}{p}x_A \tag{8-5}$$

式中 y_A——组分 A 在蒸气相中的摩尔分数；

x_A——组分 A 在液体相中的摩尔分数；

$p_A^{\ominus}$——纯组分 A 在该温度下的饱和蒸气压；

p——蒸气相的总压。

由此可见，对于双组分理想溶液，可根据纯组分的饱和蒸气压实验数据，按式(8-3) 和式(8-5) 换算为温度与平衡组成的关系数据，或者两相平衡组成关系数据。如表 8-2 所列苯和甲苯纯组分在不同温度下的饱和蒸气压数据，换算结果如表 8-3、表 8-4 所列。此计算结果与直接测定数据相当接近，说明苯和甲苯双组分物系近乎理想物系。

另外，可以引入在前面提到的相对挥发度，即用 $y_A=\frac{\alpha x_A}{1+(\alpha-1)x_A}$ 来表达蒸气与液体相平衡关系。

表 8-3 苯和甲苯的饱和蒸气压

温度		苯蒸气压强 $p_A^{\ominus}$		甲苯蒸气压强 $p_B^{\ominus}$	
℃	K	mmHg	MPa	mmHg	MPa
80.1	353.25	760	0.1013	295	0.0393
84.0	357.15	852	0.1136	333	0.0444
88.0	361.15	957	0.1276	379.5	0.0506
92.0	365.15	1078	0.1437	432	0.0576
96.0	369.15	1204	0.1605	492.5	0.0656
100.0	373.15	1344	0.1792	559	0.0745
104.0	377.15	1495	0.1993	625	0.0833
108.0	381.15	1659	0.2211	704.5	0.0939
110.6	383.75	1748	0.2330	760	0.1013

表 8-4 苯和甲苯的蒸气-液体两相平衡组成（$p=1.013\times10^5$Pa）

温度 t/℃	$x_A=\dfrac{p-p_B^\ominus}{p_A^\ominus-p_B^\ominus}$	$y_A=\dfrac{p_A^\ominus}{p}x_A$
80.1	1.00	1.00
84.0	$\frac{0.1013-0.0444}{0.1136-0.0444}=0.822$	$\frac{0.1136}{0.1013}\times0.822=0.922$
88.0	$\frac{0.1013-0.0506}{0.1276-0.0506}=0.658$	$\frac{0.1276}{0.1013}\times0.658=0.829$
92.0	$\frac{0.1013-0.0576}{0.1437-0.0576}=0.508$	$\frac{0.1437}{0.1013}\times0.508=0.721$
96.0	$\frac{0.1013-0.0656}{0.1605-0.0656}=0.376$	$\frac{0.1605}{0.1013}\times0.376=0.596$
100.0	$\frac{0.1013-0.0745}{0.1792-0.0745}=0.256$	$\frac{0.1792}{0.1013}\times0.256=0.453$
104.0	$\frac{0.1013-0.0833}{0.1993-0.0833}=0.155$	$\frac{0.1993}{0.1013}\times0.156=0.307$
108.0	$\frac{0.1013-0.0939}{0.2211-0.0939}=0.0582$	$\frac{0.2211}{0.1013}\times0.0582=0.127$
110.6	0	0

理想溶液的相对挥发度可以直接由饱和蒸气压的实验数据计算得到。表 8-5 所列数据即为根据表 8-3 所列苯-甲苯饱和蒸气实验数据计算所得该混合液的相对挥发度值。从表 8-5 所列数据可以看出，α 值随温度变化而变化，但对于像苯-甲苯这种接近理想溶液的物系，α 值随温度变化不大，且可取其平均值，按定值处理。

表 8-5 苯-甲苯混合液的相对挥发度（$p=1.013\times10^5$Pa）

温度 t/℃	苯蒸气压 $p_A^\ominus$/MPa	甲苯蒸气压 $p_B^\ominus$/MPa	相对挥发度 α
80.1	0.1013		
84.0	0.1136	0.0444	2.56
88.0	0.1276	0.0506	2.52
92.0	0.1437	0.0576	2.49
96.0	0.1605	0.0656	2.45
100.0	0.1792	0.0745	2.41
104.0	0.1993	0.0833	2.39
108.0	0.2211	0.0939	2.35
110.6		0.1013	

【例 8-1】 理想物系泡点及平衡组成的计算

某蒸馏的操作压强为 106.7kPa，其中溶液含苯摩尔分数 0.2、甲苯摩尔分数 0.8，求此溶液的泡点及平衡的气相组成。

苯-甲苯溶液可作为理想溶液，纯组分的蒸气压为

苯
$$\lg p_A^\ominus=6.031-\frac{1211}{t+220.8}$$

甲苯
$$\lg p_B^\ominus=6.080-\frac{1345}{t+219.5}$$

式中，$p_A^\ominus$ 和 $p_B^\ominus$ 的单位为 kPa，温度 t 的单位为℃。

解 已知 $x_A=0.20$，$p=106.7\text{kPa}$，由式(8-3) 得

$$x_A=\frac{p-p_B^{\ominus}}{p_A^{\ominus}-p_B^{\ominus}} \quad 或者 \quad 0.20=\frac{106.7-p_B^{\ominus}}{p_A^{\ominus}-p_B^{\ominus}}$$

假设一个泡点 t，用题给的安托因方程算出 $p_A^{\ominus}$、$p_B^{\ominus}$，代入上式作检验。设 $t=103.9℃$

$$\lg p_A^{\ominus}=6.031-\frac{1211}{103.9+220.8}=2.301$$

得 $p_A^{\ominus}=200.2\text{kPa}$

$$\lg p_B^{\ominus}=6.080-\frac{1345}{103.9+219.5}=1.921$$

得 $p_B^{\ominus}=83.38\text{kPa}$

将 $p_A^{\ominus}$ 和 $p_B^{\ominus}$ 代入式(8-3)，得

$$x_A=\frac{p-p_B^{\ominus}}{p_A^{\ominus}-p_B^{\ominus}}=\frac{106.7-83.38}{200.2-83.38}=0.20$$

说明假设正确，即溶液的泡点温度为 103.9℃。

按式(8-4) 可求得平衡气相组成为

$$y_A=\frac{p_A}{p}=\frac{p_A^{\ominus}}{p}x_A=\frac{200.2}{106.7}\times 0.20=0.375$$

由此可见，对于双组分理想气体，可根据纯组分的饱和蒸气压实验数据，按式(8-2)、式(8-3) 及式(8-5) 来换算成温度与平衡组成的关系数据。

③ 平衡相图　在分析精馏原理和图解计算时，如果将平衡数据以各种相图来表达，则既形象又方便。

• **温度-组成图**　将表 8-2 所列实验数据标绘在横坐标为组成、纵坐标为温度的坐标系上，如图 8-1 所示为常压下双组分理想混合液（苯-甲苯）的温度-组成图，即 t-$x(y)$ 图，其中 y 与 x 都是以易挥发组分（苯）的摩尔分数来表示。

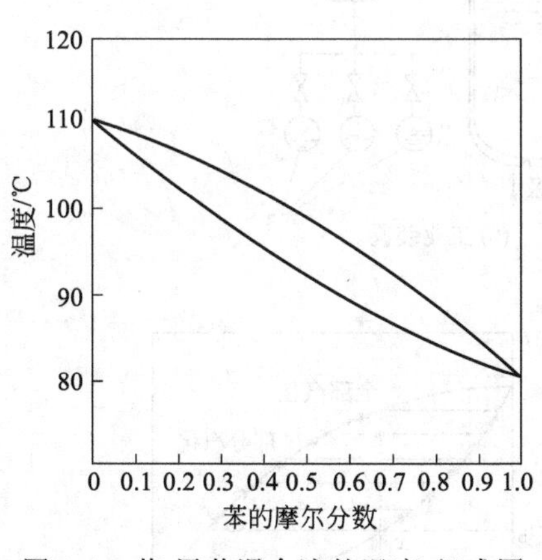

图 8-1　苯-甲苯混合液的温度-组成图

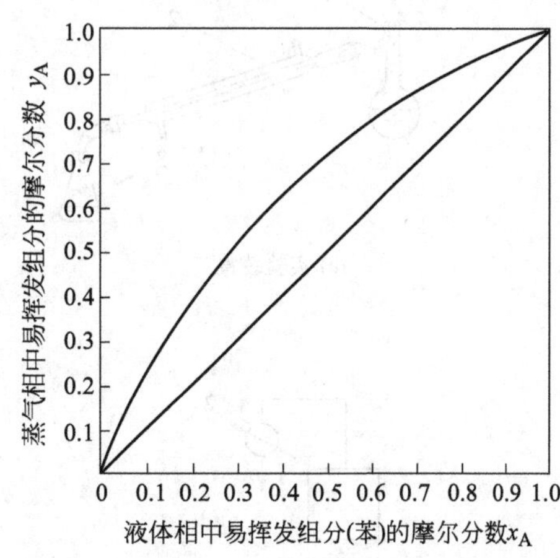

图 8-2　苯-甲苯混合液的相平衡组成图

图 8-1 中蒸气相曲线位于液相曲线的上方，表明在同一温度下，平衡时的蒸气相中含易挥发组分量大于液相。液相曲线上各点温度即为溶液开始沸腾时的温度，即为泡点（以区别于纯组分的沸点），因此，液相曲线表示平衡时的液相组成与泡点的关系。蒸气相曲线上各点温度为蒸气开始冷凝时的温度，称为露点。因此，蒸气相曲线表示平衡时的蒸气相组成与露点的关系。两条曲线构成三个区域：液相曲线以下为溶液尚未沸腾的液相区；蒸气相曲线

以上为溶液全部汽化为过热蒸气的过热蒸气区；两条曲线之间为气液共存区。

• **相平衡组成图** 讨论精馏问题时，经常采用在平衡状态下，由液相组成 x 与蒸气相组成 y 标绘而成的相图，即相平衡组成图或称 y-x 图。y-x 图可利用 t-$x(y)$ 图采集数据标绘而成，如图 8-2 所示。对应于某一温度（泡点与露点之间），在 t-$x(y)$ 图上可读取一对互成平衡的蒸气相组成和液相组成。将此互成平衡的两相组成标绘在 y-x 图上得一点。同理，在 t-$x(y)$ 图上取若干组数据标在 y-x 图上，则可将这些点联成一条曲线，即为 y-x 平衡曲线。显然，曲线上各点表示不同温度下的蒸气与液体两相平衡组成。在 y-x 图上另有一条 45°对角线作为辅助线，对角线上的各点所表示的两相组成完全相同，即 $y=x$。

根据 y-x 图的形状，可以很方便地判断采用蒸馏方法分离该物系的难易程度，若物系的平衡曲线离对角线越近，即蒸气与液体两相的组成越相近，则分离也就越难；反之，则分离越容易。

8.5 精馏原理

8.5.1 简单蒸馏原理和流程

简单蒸馏操作过程是在如图 8-3 所示的装置中实现的。

简单蒸馏是将原料液一次性加入蒸馏釜中，在一定压强下加热至沸腾，使液体不断汽化，汽化得到的蒸气引出经冷凝后，加以收集。因此，简单蒸馏属于间歇操作。

蒸馏过程中，由于蒸气中易挥发组分将随过程的进行而递减，同时，泡点和露点温度也将随之改变，因此，简单蒸馏过程为非定态过程，其变化过程如图 8-3(d) 中的 t-$x(y)$ 图所示。

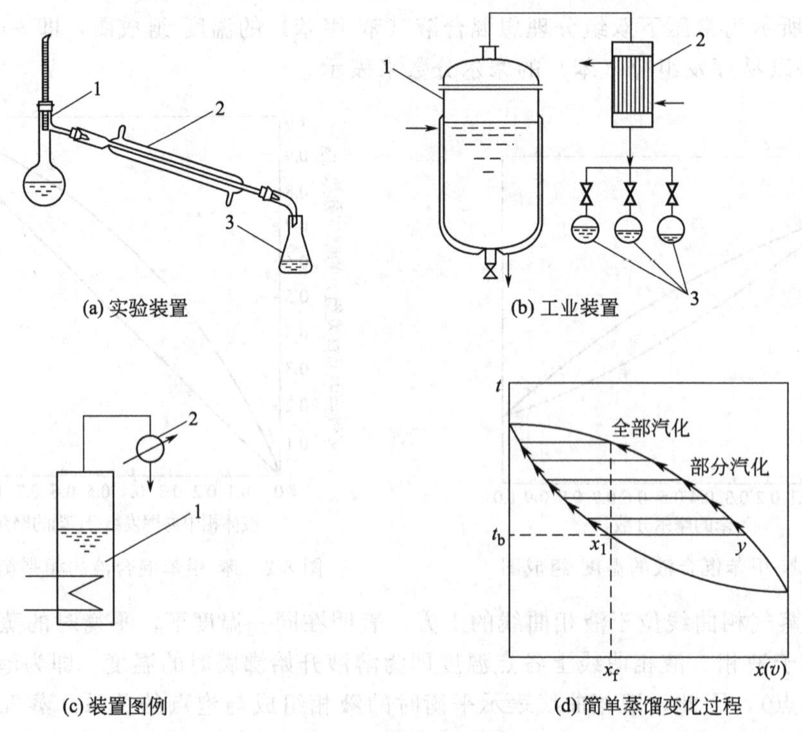

图 8-3 简单蒸馏

1—蒸馏釜；2—冷凝器；3—馏出液接受器

简单蒸馏主要用于分离沸点相差很大的液体混合物，或者用于对含有复杂组分的混合液进行粗略的预处理，例如石油和煤焦油的粗略分离。

8.5.2 连续精馏原理和流程

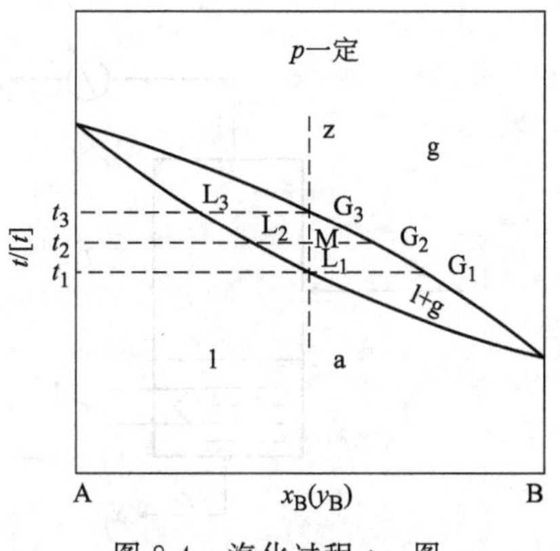

图 8-4 汽化过程 t-x 图

如图 8-4 所示。设在一定外压、一定温度下，将组成为 x_1 的混合液（图 8-4 中 a 点）加热，当达到泡点温度 t_1 时（图 8-4 中 L_1 点）液体开始沸腾，所产生的蒸气组成 y_1（图 8-4 中 G_1 点），y_1 与 x_1 平衡，而 $y_1>x_1$。如果继续加热，且不从物系中取走物料，温度升高到 t_2（图 8-4 中 M 点），则气液两相共存，液相组成为 x_2（图 8-4 中 L_2 点），蒸气相的组成为 x_2，与 y_2（图 8-4 中 G_2 点）成平衡，且 $y_2>x_2$。如再继续加热使温度升高到 t_3（图 8-4 中 G_3 点），则液相完全汽化，在液相完全消失之前，其组成为 x_3（图 8-4 中 L_3 点），液相完全消失成为蒸气后，蒸气的组成为 y_3（图 8-4 中 G_3 点），而此时可以从图 8-4 中看出 y_3 与混合液的最初组成 x_1 相同。如果继续加热到 z 点，蒸气成为过热蒸气，温度升高，但是组成不改变，仍为 y_3。此加热以使混合液汽化的过程，从 L_1 点向上到 G_3 以前的阶段，称为部分汽化过程。如加热到 G_3 点或者 G_3 点以上，则称为全部汽化过程。

反之，也可以从混合物的蒸气（z 点）出发，进行冷凝。此过程恰与上述汽化过程相反，即温度降到 t_3（露点）时开始冷凝出液相，组成为 x_3（图 8-4 中 L_3 点）。继续冷却到 M 点，则气液两相共存，液相组成为 x_2（L_2 点），气相组成为 y_2（G_2 点）。在冷却到 L_1 之前，剩余气相量已经很少，再冷却到 L_1 点则气相全部消失，得到的液相组成 x_1 与最初的混合蒸气组成 y_3 一致。再继续冷却，温度降低，但是液相组成不变。从 G_3 到 L_1 之前的过程叫做部分冷凝过程。冷却到 L_1 点以下的过程为完全冷凝过程。

由上述讨论可以看出，只有采取部分汽化的方法，才能从混合液中分离具有不同组成的蒸气，而且气相中易挥发组分较多，也即部分汽化能够起一定的分离作用；而完全汽化则不能使混合液的组成改变，不起分离作用。同理，只有采取部分冷凝的方法，才能从混合蒸气中分离出具有不同组成的液体，所余气相得到增浓，即部分冷凝也能够起到一定的分离作用；而完全冷凝则不能起任何分离作用。

部分汽化和部分冷凝之所以能够起到部分分离的作用，其基本依据是混合液（气体）中各组分的挥发性能之间的差异，此差异越大，越容易分离。精馏就是依据此原理，通过部分汽化或者部分冷凝达到使混合液（气体）中各组分分离的目的。

简单蒸馏是仅进行一次部分汽化和部分冷凝的过程，只能部分地分离液体混合物，而精馏是进行多次部分汽化与多次部分冷凝过程，可使混合液得到近乎完全的分离。

一次部分汽化与一次部分冷凝如图 8-5 所示，将组成为 x_F、温度为 t_F 的混合液加热到 t_1，使其部分汽化，并将气相与液相分开，则所得的气相组成为 y_1，液相组成为 x_1。由图 8-6 可以看出：$y_1>x_F>x_1$。这样，用一次部分汽化方法得到的气相产品的组成 y_1 不会大于 y_F，这里 y_F 是加热原料液时产生的第一个气泡的组成。同时液相产品的组成 x_1 不会低于 x_W，这里 x_W 是原料液全部汽化后剩下的最后一滴液体的组成。

由此可见，将液体混合物进行一次部分汽化（或部分冷凝）的过程，只能起到部分分离的作用，因此这种方法只适用于粗分离或初步加工的场合。

要使混合物中的组分得到几乎完全的分离，必须进行多次部分汽化和多次部分冷凝的过

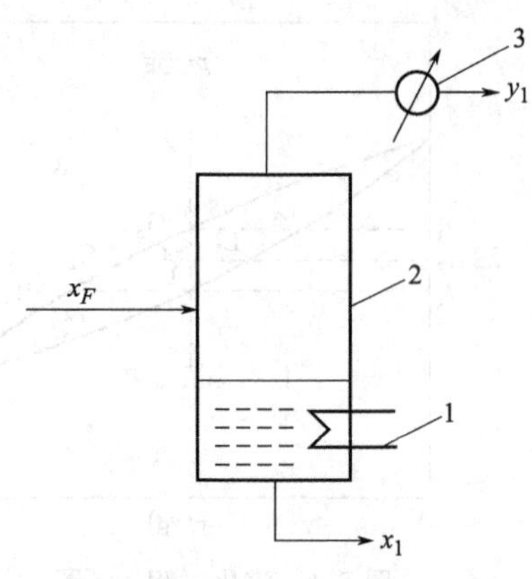

图 8-5　一次部分汽化示意图

1—加热器；2—分离罐；3—冷凝器

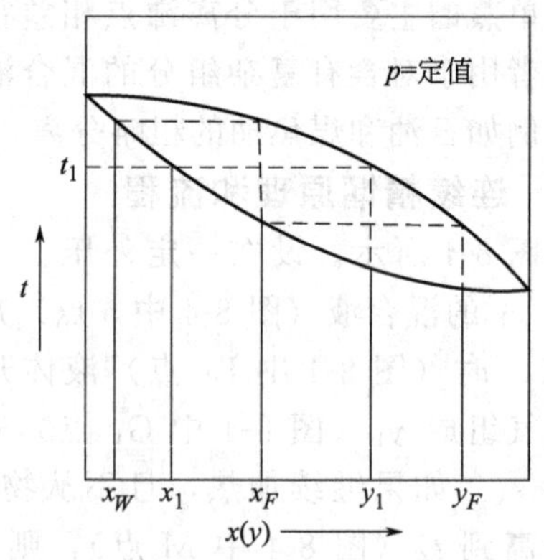

图 8-6　一次部分汽化时的 t-x（y）图

程。设想将图 8-5 所示的单级分离加以组合，变成如图 8-7 所示的多级部分汽化分离（图中以三级为例）。若将第一级中溶液部分汽化所得气相产品在冷凝器中加以冷凝，然后再将冷凝液在第二级中加以部分汽化，此时所得气相组成为 y_2，且 $y_2>y_1$，若部分汽化的次数（即级数）越多，所得蒸气的易挥发组分组成也越高，最后几乎可得到纯态的易挥发组分。同理，若将从各分离器所得的液相产品分别进行多次部分汽化和多次部分冷凝的过程，那么这种级数越多，得到液相产品的易挥发物质组成越低，最后可得到几乎纯态的难挥发组分。

上述的气液相组成的变化情况可以从图 8-8 中清晰地看出。因此，进行多次部分汽化和多次部分冷凝是使混合液得以几乎完全分离的必要条件。

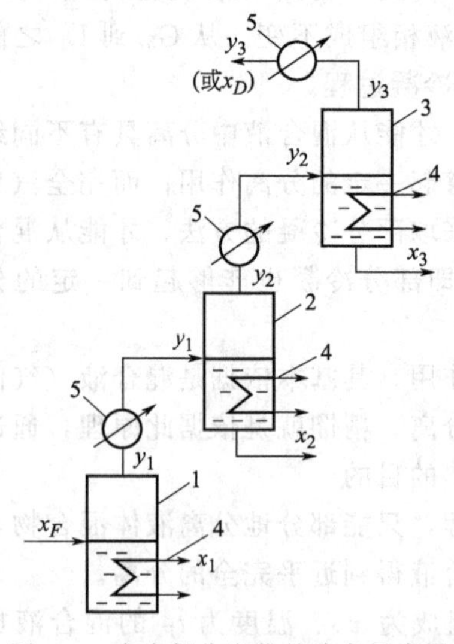

图 8-7　多次部分汽化的分离示意图

1～3—分离罐；4—加热器；5—冷凝器

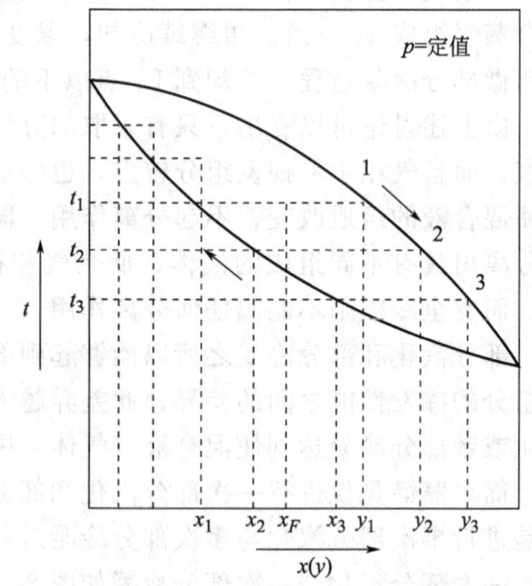

图 8-8　多次部分汽化的 t-x（y）图

但图 8-7 所示的过程也存在着设备数量庞大、中间产物众多、最后纯产品收率很低等弊端。为了解决这些问题，可将多次部分汽化和多次部分冷凝结合起来，如图 8-9 所示。

为了说明方便起见，各流股均以组成命名。由图 8-9 可知，第二级液相组成 x_2 小于第一级原料液组成 x_F，但两者较接近，因此 x_2 可返回与 x_F 相混合。同时，让第三级所产生的中间产品 x_3 与第二级的液料 y_1 混合，……，这样就消除了中间产物。由图 8-9 还可看出，当第一级所产生蒸气与第三级下降的液相 x_3 直接混合时，由于液相温度 t_3 低于气相温度 t_1，因此高温蒸气 y_1 将加热低温液体，而使液体部分汽化，而蒸气本身则被部分冷凝。由此可见，不同温度且互不平衡的气-液两相接触时，必然会产生传质和传热的双重作用，所以使上一级液相回流（如液相 x_3）与下一级上升的气相（如气相 y_1）直接接触，就可以将图 8-7 所示的流程演变为图 8-9 所示的分离流程，从而省去了中间加热器和冷凝器。

从上述分析可知，将每一级中间产物返回到下一级中，不仅是为了提高产品的收率，而且是过程进行必不可少的条件。例如，对于第二级而言，如果没有液体 x_3 回流到 y_1 中，而又无中间加热器和冷凝器，那么就不会有溶液的部分汽化和蒸气的部分冷凝，第二级也就没有分离作用了。显然，每一级都需有回流液，那么，对于最上一级（图 8-9 中第三级）而言，将 y_3 冷凝后不是全部作为产品，而是把其中一部分返回与 y_2 相混合，这是最简单的回流方法。在精馏过程中，混合液加热后所产生的蒸气由塔顶蒸出，进入塔顶冷凝器。蒸气在此冷凝（或部分冷凝）成液体，将其一部分冷凝液返回塔顶沿塔板下流，这部分液体叫做回流液；将另一部分冷凝液（或未凝蒸气）从塔顶采出，作为产品。因此，回流是保证精馏过程连续稳定操作的必不可少的条件之一。

上面分析的是增浓混合液中易挥发组分的情况。对增浓难挥发组分来说，原理是完全相同的。因此，将加热器移至底部，使难挥发组分组成最高的蒸气进入最下一级，显然这部分蒸气只能由最下一级下降的液体部分汽化而得到，此时汽化所需的热量由加热器（再沸器）供给。所以在再沸器中，溶液的部分汽化而产生上升蒸气，如同塔设备上部回流一样，也是精馏过程得以连续稳定操作的必不可少的条件。

图 8-10 所示的是精馏塔的模型，操作时，塔顶和塔底可分别得到易挥发组分和难挥发组分。塔中各级的易挥发组分浓度由上而下逐级降低，当某级的组成与原料液的组成相同或

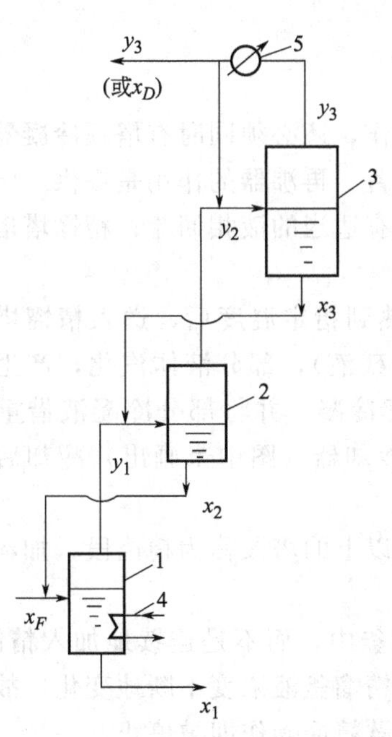

图 8-9 无中间产品及无中间加热器与冷凝器的分离示意图

1～3—分离器；4—加热器；5—冷凝器

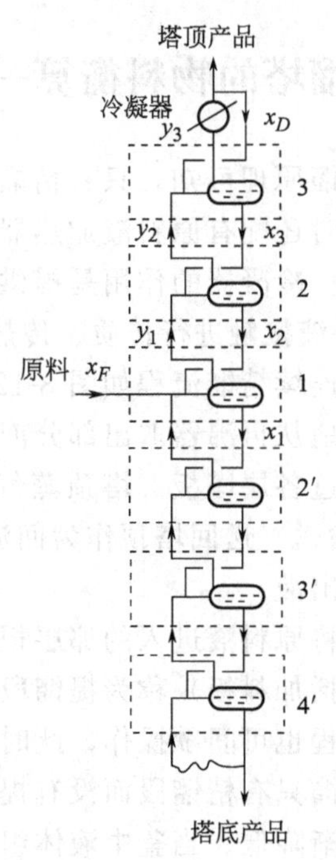

图 8-10 精馏塔模型

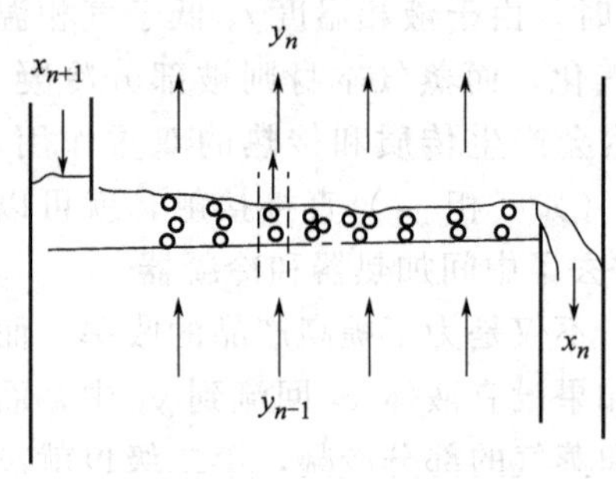

图 8-11 筛板塔的操作情况

相近时，原料液就由此级加入。

化工厂中精馏操作是在直立圆筒形精馏塔内进行的。塔内装有若干层塔板或充填一定高度的填料。不管是板式塔的液层还是填料塔的填料表面都是气-液两相进行热量交换和物质交换的场所。

图 8-11 所示的为筛板塔中任意第 n 层板上的操作情况。塔板上开有许多小孔，由下一层板（第 $n-1$ 层板）上升的蒸气通过板上小孔上升，而上一层板（第 $n+1$ 层板）上的液体通过溢流管下降到第 n 层板上，在第 n 层板上气-液两相密切接触，进行传质传热。设进入第 n 层板的气相组成和温度分别为 y_{n-1} 和 t_{n-1}，液相的组成和温度分别为 x_{n+1} 和 t_{n+1}，二者相互不平衡，即 x_{n+1} 大于与 y_{n-1} 成平衡的液相组成 x_{n+1}^*。因此组成为 y_{n-1} 的气相与组成为 x_{n+1} 的液相在第 n 层板上接触时，由于存在温度差和浓度差，气相就要进行部分冷凝使其中部分难挥发组分转入液相中；而气相冷凝时放出的潜热传给液相，使液相部分汽化，其中部分易挥发组分转入气相中。总的结果致使离开第 n 层板的液相中易挥发组分的浓度比进入该板时低，而离开的气相中易挥发组分浓度又较进入时高，即 $y_n > y_{n-1}$。若气-液两相在板上接触时间足够长，那么离开该板时气-液两相互成平衡。若离开该板的气-液两相达到平衡状态，则将这种塔板称为理论板。精馏塔的每层板上都进行着上述相似的过程。因此，塔内只要有足够多的塔板层数，就可使混合液达到所要求的分离程度。

总之，精馏是将由挥发度不同的组分所组成的混合液在精馏塔中同时进行多次部分汽化和多次部分冷凝，使其分离成几乎纯态组分的过程。

8.6 精馏塔的物料衡算——操作线方程

根据精馏原理可知，只有精馏塔还不能完成精馏操作，还必须同时有塔顶冷凝器和塔底再沸器。有时还配有原料液加热器、回流液泵等附属设备。再沸器的作用是提供一定流量的上升蒸气流；冷凝器的作用是提供塔顶液相产品及保证有适当的液相回流；精馏塔塔板的作用是提供气-液接触进行传质、传热的场所。

典型的连续精馏流程如图 8-12 所示。原料液经预热到指定温度后，送入精馏塔内。操作时，连续地从再沸器取出部分液体作为塔底产品（釜残液），部分液体汽化，产生上升蒸气，依次通过各层塔板。塔顶蒸气进入冷凝器中被全部冷凝，并将部分冷凝液借重力作用（也可用泵输送）送回塔顶作为回流液体，其余部分经冷却器（图中未画出）冷却后被送出作为塔顶馏出液。

通常，将原料液进入的那层板称为加料板，加料板以上的塔段称为精馏段，加料板以下的塔段（包括加料板）称为提馏段。

精馏过程也可间歇操作，此时原料液一次性加入塔釜中，而不是连续地加入精馏塔中。因此间歇精馏只有精馏段而没有提馏段。同时，因间歇精馏釜液浓度不断地变化，故一般产品组成也逐渐降低。当釜中液体组成降到规定值后，间歇精馏操作即被停止。

理论上看，当精馏塔中进行的部分汽化和部分冷凝次数足够多时，可以在塔底得到几乎纯态的难挥发组分，在塔顶可以得到几乎纯态的易挥发组分。

要达到上述要求，需要有足够的塔板数或者填料层高度，这就需要精馏塔有足够的高度。在精馏塔的设计过程中，塔高的计算是最重要的一项。计算塔高首先必须知道塔板数或者填料层高度。实际塔板数是以理论塔板数为基础进行计算的，理论塔板数的计算是从物料衡算开始，通过建立操作线方程，进而实现计算目标。

8.6.1 全塔物料衡算

通过对精馏塔的全塔物料衡算，可以求出精馏产品的流量、组成以及进料流量、组成之间的关系。

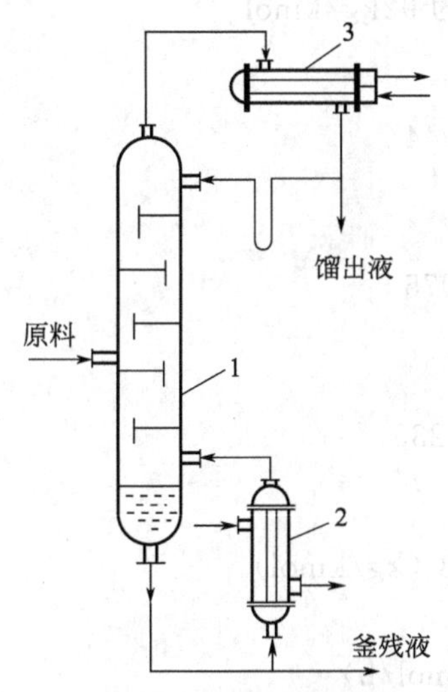

图 8-12 连续精馏装置

1—精馏塔；2—再沸器；3—冷凝器

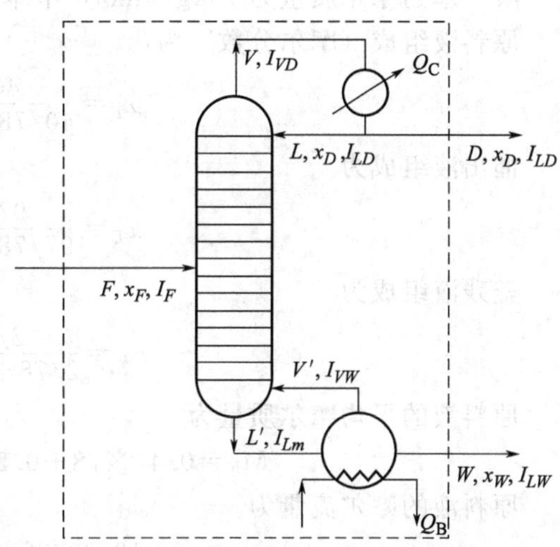

图 8-13 精馏塔的全塔物料衡算

对图 8-13 所示的连续精馏装置作物料衡算，并以单位时间为基准，则

总物料 $F=D+W$

易挥发组分 $Fx_F=Dx_D+Wx_W$ (8-6)

式中 F——原料液流量，kmol/s；

D——塔顶产品（馏出液）流量，kmol/s；

W——塔底产品（釜液）流量，kmol/s；

x_F——原料液中易挥发组分的摩尔分数；

x_D——馏出液中易挥发组分的摩尔分数；

x_W——釜液中易挥发组分的摩尔分数。

由上两式可以导出

$$\frac{D}{F}=\frac{x_F-x_W}{x_D-x_W} \tag{8-7}$$

$$D/F=1-W/F \tag{8-8}$$

式中，D/F、W/F 分别为馏出液和釜液的采出率。

在生产中，原料液的组成 x_F 通常是给定的，根据式(8-7)、式(8-8) 可知：

① 当塔顶、塔底产品组成 x_D、x_W 即产品质量已规定，产品的采出率 D/F 和 W/F 亦随之确定而不能再自由选择；

② 当规定塔顶产品的产率和质量，则塔底产品的组成、产品的质量及产率亦随之确定而不能自由选择（当然也可以规定塔底产品产率和质量）。

塔顶产品的产率可以用馏出液中易挥发组分的回收率来表示。馏出液中易挥发组分回收

率定义为馏出液中易挥发组分的量与起始原料液中的量之比，即

$$\eta=\frac{Dx_D}{Fx_F}$$

【例 8-2】 在连续精馏塔中分离苯-甲苯混合溶液。已知原料液流量为10000kg/h，苯的组成为40%（质量分数，下同）。要求馏出液组成为97%，釜残液组成为2%。试求馏出液和釜残液的流量（kmol/h）及馏出液中易挥发组分的回收率。

解 苯的摩尔质量为78kg/kmol，甲苯的摩尔质量为92kg/kmol

原料液组成（摩尔分数）为

$$x_F=\frac{40/78}{40/78+60/92}=0.44$$

馏出液组成为

$$x_D=\frac{97/78}{97/78+3/92}=0.975$$

釜残液组成为

$$x_W=\frac{2/78}{2/78+98/92}=0.0235$$

原料液的平均摩尔质量为

$$M_F=0.44\times78+0.56\times92=85.8\ (\text{kg/kmol})$$

原料液的摩尔流量为

$$F=10000/85.8=116.6\ (\text{kmol/h})$$

由全塔物料衡算，可得

$$D+W=F=116.6 \qquad ①$$

对于易挥发组分

$$Dx_D+Wx_W=Fx_F$$

即

$$0.975D+0.0235W=116.6\times0.44 \qquad ②$$

联解①、②两式可得

$$D=51.0\ (\text{kmol/h})$$
$$W=65.6\ (\text{kmol/h})$$

馏出液中易挥发组分回收率为

$$\frac{Dx_D}{Fx_F}=\frac{51.0\times0.975}{116.6\times0.44}=0.97=97\%$$

在规定分离要求时，应使 $Dx_D\leqslant Fx_F$ 或 $D/F\leqslant x_F/x_D$。如果塔顶产出率 D/F 取得过大，即使精馏塔有足够的分离能力，塔顶仍不可能获得高纯度的产品，因其组成必须满足：

$$x_D\geqslant\frac{Fx_F}{D}$$

8.6.2 塔板传质过程的简化——理论板和恒摩尔流假设

与气体吸收过程一样，为对塔板上所发生的两相传递过程进行完整的数学描述，除必须进行物料衡算和热量衡算外，还必须写出表征过程特征的传质速率方程式与传热速率方程式。但是，塔板上所发生的传递过程是十分复杂的，它涉及进入塔板的气、液两相的流量、组成、两相接触面积及混合情况等许多因素。也就是说，塔板上的传质和传热速率不仅取决于物系的性质、塔板上的操作条件，而且与塔板的结构有关，很难用简单的方程加以表示。

为避免这一困难，引入了理论板的概念。

① 所谓理论板是一个气、液两相皆充分混合而且传质与传热过程的阻力皆为零的理论化塔板。因此，不论进入理论塔板的气、液两相组成如何，在塔板上充分混合并进行传质与传热的最终结果总是使离开塔板的气、液两相在传质与传热两方面都达到平衡状态：两相温度相同，组成互成平衡。

实际上，由于板上气-液两相接触面积和接触时间是有限的，因此在任何形式的塔板上气-液两相都难以达到平衡状态，即理论板是不存在的。理论板仅用作衡量实际板分离效率的依据和标准。通常在精馏计算中，先求得理论板数，然后利用塔板效率予以修正，即可求得实际板数。引入理论板的概念，对精馏过程的分析和计算非常有用。

② 恒摩尔流假设　为简化精馏计算，通常引入塔内恒摩尔流动的假定，即恒摩尔气流，恒摩尔气流是指在精馏塔内，在没有中间加料（或出料）条件下，各层板的上升蒸气摩尔流量相等，即

$$\text{精馏段 } V_1=V_2=V_3=\cdots=V=\text{常数}$$
$$\text{提馏段 } V'_1=V'_2=V'_3=\cdots=V'=\text{常数}$$

但两段的上升蒸气摩尔流量不一定相等。

还有恒摩尔液流的假定，恒摩尔液流是指在精馏塔内，在没有中间加料（或出料）条件下，各层板的下降液体摩尔流量相等，即

$$\text{精馏段 } L_1=L_2=L_3=\cdots=L=\text{常数}$$
$$\text{提馏段 } L'_1=L'_2=L'_3=\cdots=L'=\text{常数}$$

但两段的下降液体摩尔流量不一定相等。

在精馏塔的塔板上气-液两相接触时，若有 n(kmol/h) 的蒸气冷凝，相应有 n(kmol/h) 的液体汽化，这样恒摩尔流动的假定才能成立。为此必须符合以下条件：混合物中各组分的摩尔汽化潜热相等；各板上液体显热的差异可忽略（即两组分的沸点差较小）；塔设备保温良好，热损失可忽略。

由此可见，对基本上符合以上条件的某些系统，在塔内可视为恒摩尔流动。以后介绍的精馏计算是以恒摩尔流为前提的。

若已知某物系的气-液平衡关系，即离开任意理论板（n 层）的气-液两相组成 y_n 与 x_n 之间的关系已被确定。若还能知道由任意板（n 层）下降的液相组成 x_n 与由下一层板（$n+1$ 层）上升的气相组成 y_{n+1} 之间的关系，则精馏塔内各板的气-液相组成将可逐板予以确定，因此即可求得在指定分离要求下的理论板数。而上述的 y_{n+1} 和 x_n 之间的关系是由精馏条件决定的，这种关系可由塔板间的物料衡算求得，并称之为操作关系。

8.6.3 精馏段的物料衡算——操作线方程

按图 8-14 虚线范围（包括精馏段第 $n+1$ 层塔板以上塔段和冷凝器）做物料衡算，以单位时间为基准，即

总物料　　$V=L+D$　　(8-9)

易挥发组分　　$Vy_{n+1}=Lx_n+Dx_D$　　(8-10)

式中　x_n——精馏段中任意第 n 层板下降液体的组成（摩尔分数）；

y_{n+1}——精馏段中任意第 $n+1$ 层板上升蒸气的组成（摩尔分数）；

V——塔顶物料流量，kmol/s；

D——塔顶馏出液流量，kmol/s；

L——塔顶回流液流量，kmol/s。

将式(8-9) 代入式(8-10)，并整理得

$$y_{n+1}=\frac{L}{L+D}x_n+\frac{D}{L+D}x_D \tag{8-11}$$

如将上式等号右边的两项的分子和分母同时除以 D，可得

$$y_{n+1}=\frac{L/D}{L/D+1}x_n+\frac{1}{L/D+1}x_D$$

令 $L/D=R$，代入上式得

$$y_{n+1}=\frac{R}{R+1}x_n+\frac{1}{R+1}x_D \tag{8-12}$$

式中，R 为回流比（回流比就是回流液量与采出量的质量比），其值一般由设计者选定，R 值的确定和意义将在后面讲述。式(8-11) 和式(8-12) 称为精馏段操作线方程。该方程的物理意义是表达在一定的操作条件下，精馏段内自任意第 n 层板下降液相组成 x_n 与其相邻的下一层（即第 $n+1$ 层）上升蒸气组成 y_{n+1} 之间的关系。根据恒摩尔流假设，L 为定值，且在连续定态操作时，R、D、x_D 均为定值，因此该式为直线方程，即在 x-y 图上为一直线，直线的斜率为 $R/(R+1)$，截距为 $x_D/(R+1)$，由式(8-12) 可知：

当 $x_n=x_D$ 时，$y_n=x_D$，即该点位于 x-y 图的对角线上，如图 8-15 中的 a 点；

当 $x_n=0$ 时，$y_{n+1}=x_D/(R+1)$，即该点位于 y 轴上，如图 8-15 中的 b 点，则直线 ab 即为精馏段操作线。

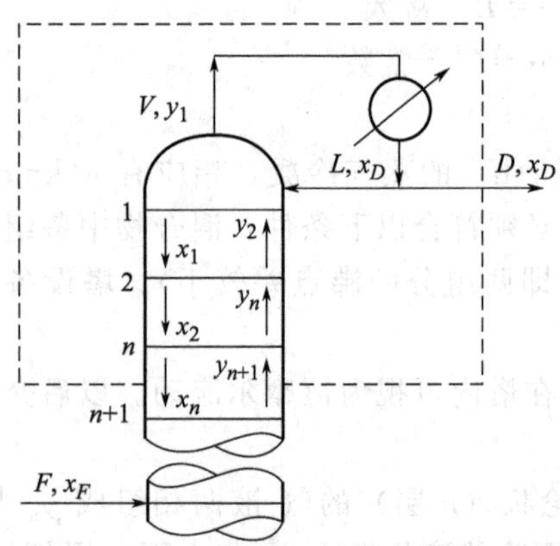

图 8-14 精馏段操作线方程推导示意图

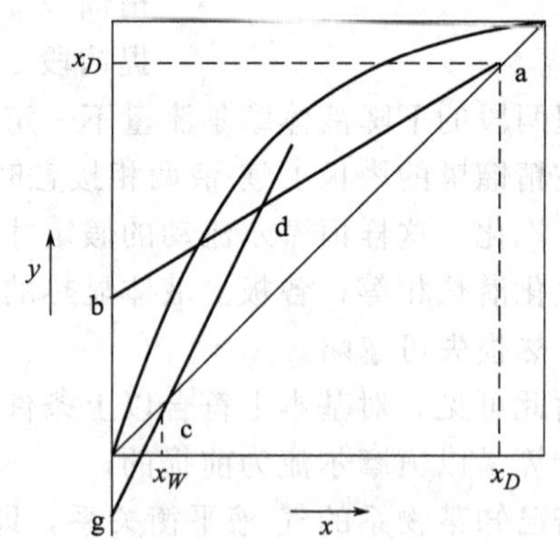

图 8-15 精馏塔的操作线

【例 8-3】 在一个两组分连续精馏塔中，精馏段内自第 n 层理论板下降的液相组成 x_n 为 0.65（易挥发组分摩尔分数，下同），进入该板的气相组成为 0.75，塔内气-液摩尔流量比 V/L 为 2，物系的相对挥发度为 2.5，试求回流比 R、从该板上升的气相组成 y_n 和进入该板的液相组成。

解 ① 回流比 R

由回流比定义：$R=L/D$

其中 $D=V-L$

可得 $R=\frac{L}{V-L}=\frac{1}{\frac{V}{L}-1}=\frac{1}{2-1}=1$

或者由精馏段操作线斜率得

$$\frac{R}{R+1}=\frac{L}{V}=\frac{1}{2}$$

可得 $R=1$

② 气相组成 y_n

根据理论板的假定，离开第 n 层的气液组成符合气液平衡关系，即

$$y_n=\frac{\alpha x_n}{1+(\alpha-1)x_n}$$

其中 $\alpha=2.5$，$x_n=0.65$

可得

$$y_n=\frac{2.5\times0.65}{1+(2.5-1)\times0.65}=0.823$$

③ 液相组成 x_{n-1}

根据精馏段操作线方程

$$y_{n+1}=\frac{R}{R+1}x_n+\frac{1}{R+1}x_D$$

其中 $y_{n+1}=0.75$，$x_n=0.65$，$R=1$

将数据代入方程

$$0.75=\frac{1}{2}\times0.65+\frac{x_D}{1+1}$$

可得 $x_D=0.85$

将 x_D 代入精馏段操作线方程

$$y_n=\frac{R}{R+1}x_{n-1}+\frac{1}{R+1}x_D$$

即

$$0.823=\frac{1}{2}x_{n-1}+\frac{0.85}{2}$$

可得 $x_{n-1}=0.796$

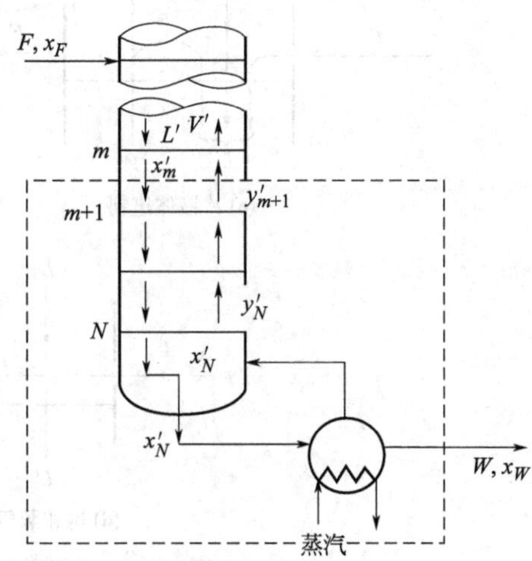

图 8-16 提馏段操作线方程推导示意图

8.6.4 提馏段的物料衡算——操作线方程

按图 8-16 虚线范围（即自提馏段任意相邻两板 m 和 $m+1$ 间至塔底釜残液出口）做物料衡算。

总物料 $$L'=V'+W \tag{8-13}$$

易挥发组分 $$L'x'_m=V'y'_{m+1}+Wx_W \tag{8-14}$$

式中 x'_m——提馏段中任意第 m 板下降液体的组成，摩尔分数；

y'_{m+1}——提馏段中任意第 $m+1$ 板上升蒸气的组成，摩尔分数。

V'——从提馏段进入精馏段物料流量，kmol/s；

W——塔底产品流量，kmol/s；

L'——从提馏段进入精馏段物料流量，kmol/s；

联解式(8-13) 和式(8-14)，可得

$$y'_{m+1}=\frac{L'}{L'-W}x'_m-\frac{W}{L'-W}x_W \tag{8-15}$$

式(8-15) 称为提馏段操作线方程。该式的物理意义是表达在一定操作条件下，提馏段内任意第 m 板下降的液相组成与相邻的下一层（即 $m+1$ 板）上升的蒸汽组成之间的关系。

根据恒摩尔流假设，L'为定值，且在连续定态操作中，W 和 x_W 也是定值，故式(8-15) 为直线方程，在 x-y 图上为一条直线。该直线的斜率为 $L'/(L'-W)$，截距为 $-Wx_W/(L'-$

W)。由式(8-15) 可知：

当 $x'_m = x_W$ 时，$y'_{m+1} = x_W$，即该点位于 x-y 图的对角线上，如图 8-15 中的 c 点；

当 $x'_m = 0$ 时，$y'_{m+1} = -Wx_W/(L'-W)$，该点位于 y 轴上，如图 8-15 中的 g 点。

直线 cg 即为提馏段操作线。由图 8-15 可见，精馏段操作线和提馏段操作线相交于 d 点。

需要注意的是，提馏段内液体摩尔流量 L'的求取不像精馏段液体摩尔流量 L 那样容易，因为 L'不仅与 L 的大小有关，而且还与进料量和进料热状况有关。

8.6.5 进料热状况对操作线的影响——操作线交点轨迹方程

8.6.5.1 精馏塔的进料热状态

在精馏操作中，加入精馏塔中的原料可能有以下五种热状态，如图 8-17 所示。

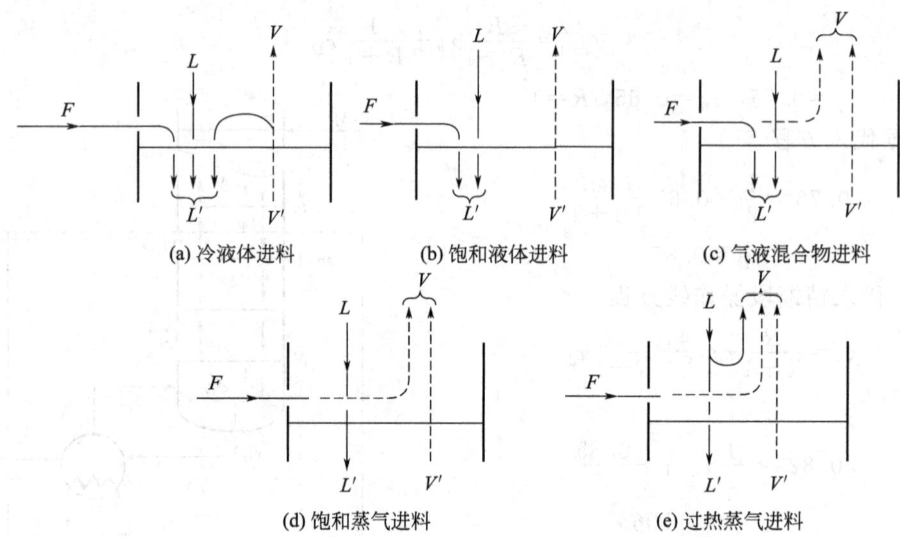

图 8-17 进料状况对进料板上、下各流股的影响

(1) 冷液体进料

加入精馏塔的原料液温度低于泡点。

提馏段内下降液体流量包括三部分：

① 精馏段内下降的液体流量 L；

② 原料液流量 F；

③ 由于将原料液加热到进料板上液体的泡点温度，必然会有一部分自提馏段上升的蒸气被冷凝，即这部分冷凝液也成为 L'的一部分。

因此精馏段内上升蒸气流量 V 比提馏段上升的蒸气流量 V'要少，其差值即为被冷凝的蒸气量。由此可见

$$L' > L + F,\ V' > V$$

(2) 饱和液体进料

加入精馏塔的原料液温度等于泡点。

由于原料液的温度与进料板上液体的温度相近，因此原料液全部进入提馏段，而两段的上升蒸气流量相等，即

$$L' = L + F,\ V' = V$$

(3) 气液混合物进料

原料温度介于泡点和露点之间。

进料中液体部分成为 L' 的一部分，而其中蒸气部分成为 V 的一部分，即

$$L<L'<L+F,\ V'<V$$

(4) 饱和蒸气进料

原料为饱和蒸气，其温度为露点。

进料为 V 的一部分，而两段的液体流量相等，即

$$L=L',\ V=V'+F$$

(5) 过热蒸气进料

原料为温度高于露点的过热蒸气。

精馏段上升蒸气流量包括三部分：

① 提馏段上升蒸气流量 V'；

② 原料液流量 F；

③ 由于原料温度降至进料板上温度必然会放出一部分热量，使来自精馏段的下降液体被汽化，汽化的蒸气量也成为 V 的一部分，而提馏段下降的液体流量 L' 也就比精馏段的下降液体量 L 要少，差值即为被汽化的部分液体量。由此可知：

$$L'<L,\ V>V'+F$$

由以上分析可知，精馏塔中两段的气、液摩尔流量间的关系受进料量和进料热状况的影响，通用的定量关系可通过进料板上的物料衡算和热量衡算求得。

8.6.5.2 进料板上的物料衡算和热量衡算

对图 8-16 所示的虚线范围内分别做进料板的物料衡算和热量衡算，以单位时间为基准，即

总物料衡算
$$F+V'+L=V+L' \tag{8-16}$$

热量衡算
$$FI_F+V'I_{V'}+LI_L=VI_V+L'I_{L'} \tag{8-17}$$

式中 I_F——原料液的焓，kJ/mol；

I_V，$I_{V'}$——进料板上、下处饱和蒸气的焓，kJ/mol；

I_L，$I_{L'}$——进料板上、下处饱和液体的焓，kJ/mol；

V'——从提馏段进入精馏段饱和蒸气物料流量，kmol/s；

L'——从提馏段进入精馏段饱和液体物料流量，kmol/s；

F——塔顶物料流量，kmol/s；

L——塔顶回流液流量，kmol/s；

V——塔顶物料流量，kmol/s。

由于与进料板相邻的上、下板的温度及气、液相组成各自都很接近，即

$$I_V \approx I_{V'} \quad 和 \quad I_{L'} \approx I_L$$

将上述关系代入式(8-17)，联解式(8-16) 和式(8-17)

$$\frac{L'-L}{F}=\frac{I_V-I_F}{I_V-I_L} \tag{8-18}$$

令
$$q=\frac{I_V-I_F}{I_V-I_L}=\frac{1\text{kmol 原料变为饱和蒸气所需热量}}{\text{原料液的千摩尔汽化潜热}} \tag{8-19}$$

q 称为进料热状况参数。对各种进料热状态，可以用式(8-19) 计算 q 值。

由式(8-18) 和式(8-19) 可得

$$L'=L+qF \tag{8-20}$$

将式(8-20) 代入式(8-16)，可得

$$V=V'+(1-q)F \tag{8-21}$$

式(8-20) 和式(8-21) 表示在精馏塔内精馏段和提馏段的气液相流量与进料量及进料热状态参数之间的关系。

根据 q 的定义可以进行以下讨论：

冷液进料 $q>1$；

饱和液体进料 $q=1$；

气液混合物进料 $q=0\sim1$；

饱和蒸气进料 $q=0$；

过热蒸气进料 $q<0$。

如将式(8-20) 代入式(8-15)，则提馏段的操作线方程可以改写为

$$y'_{m+1}=\frac{L+qF}{L+qF-W}x'_m-\frac{W}{L+qF-W}x_W$$

【例 8-4】 分离例 8-2 中的苯-甲苯混合溶液，若进料为饱和液体，操作回流比为 3.5，试求提馏段操作线方程，并且说明提馏段操作线的斜率和截距。

解 由例 8-2 可知

$F=116.6\text{kmol/h}$　　$D=51.0\text{kmol/h}$

$W=65.6\text{kmol/h}$　　$x_W=0.0235$

精馏段下降液体量为

$$L=RD=3.5\times51.0=178.5\ (\text{kmol/h})$$

进料为饱和液体，故 $q=1$

整理得到提馏段操作线方程为

$$\begin{aligned}y'_{m+1}&=\frac{L+qF}{L+qF-W}x'_m-\frac{W}{L+qF-W}x_W\\&=\frac{178.5+1\times116.6}{178.5+1\times116.6-65.6}x'_m-\frac{65.5\times0.0235}{178.5+1\times116.6-65.6}\\&=1.29x'_m-0.0067\end{aligned}$$

提馏段操作线的斜率为 1.29，截距为 -0.0067。

一般情况下，提馏段操作线的截距都很小，且均为负值。

【例 8-5】 分离例 8-2 苯-甲苯的混合溶液，如将进料热状态变为 20℃的冷液体，试求提馏段的上升蒸气流量和下降液体流量。

已知操作条件下苯的汽化潜热为 389kJ/kg，甲苯的汽化潜热为 360kJ/kg，原料液的平均比热容为 158kJ/(kmol·℃)。苯-甲苯混合溶液的平衡数据可以由图 8-1 查得。

解 由例 8-2 和例 8-4 可知

$F=116.6\text{kmol/h}$　　$D=51.0\text{kmol/h}$

$W=65.6\text{kmol/h}$　　$R=3.5$　　$x_F=0.44$

精馏段内上升蒸气流量和下降液体流量分别为

$$V=(R+1)D=(3.5+1)\times51.0=230\ (\text{kmol/h})$$

$$L=RD=3.5\times51.0=178.5\ (\text{kJ/kmol})$$

进料状态参数为

$$q=\frac{I_V-I_F}{I_V-I_L}=\frac{c_p(t_S-t_F)+r}{r}$$

其中，由图 8-1 查得 $x_F=0.44$ 时进料泡点温度为

$$t_S=93℃$$

原料液的平均汽化潜热为

$$r=0.44\times389\times78+0.56\times360\times92=31900\ (\text{kJ/kmol})$$

已知

$$c_p=158\text{kJ/(kmol}\cdot℃)$$

故

$$q=1+\frac{158\times(93-20)}{31900}=1.362$$

提馏段下降液体流量为

$$L'=L+qF=178.5+1.362\times116.6=337.3\ (\text{kmol/h})$$

提馏段上升蒸气流量为

$$V'=V-(1-q)F=230-(1-1.362)\times116.6=272.2\ (\text{kmol/h})$$

8.6.6　q 线方程（进料方程）

由于提馏段操作线的截距很小，因此提馏段操作线 cg 不易准确做出，而且这种做图方法不能直接反映进料热状况的影响。因此不采用截距法做图，通常是先找出提馏段操作线与精馏段操作线的交点 d，再连接 cd 即可得提馏段操作线。两操作线的交点可以通过联立两操作线方程而得到，略去式(8-10) 和式(8-14) 中变量的下标，即得

$$V_y=L,x+Dx_D$$
$$V'_y=L',\ x-Wx_W$$

以上两式相减可得

$$(V'-V)y=(L'-L)x-(Dx_D+Wx_W) \tag{8-22}$$

由式(8-6)、式(8-20)、式(8-21) 可知

$$L'-L=qF$$
$$V'-V=(q-1)F$$
$$Fx_F=Dx_D+Wx_W$$

将上述三式代入式(8-22)，整理后可得

$$y=\frac{q}{q-1}x-\frac{1}{q-1}x_F \tag{8-23}$$

式(8-23) 称为 q 线方程或进料方程，即为两条操作线交点的轨迹方程。在连续定态操作中，当进料热状况一定时，进料方程也是一条直线方程，标绘在 x-y 图上的直线称为 q 线，该线的斜率为 $q/(q-1)$，截距为 $-x_F/(q-1)$。q 线必与两操作线相交于一点。

8.6.7　操作线在 x-y 图上的做法

(1) 精馏段操作线做法

精馏段操作线方程为 $y_{n+1}=\frac{R}{R+1}x_n+\frac{1}{R+1}x_D$，表示在一定的操作条件下，精馏段内任意第 n 层板下降液相组成 x_n 与其相邻的下一层（即第 $n+1$ 层）上升蒸气组成 y_{n+1} 之间的关系。略去下标则方程为 $y=\frac{R}{R+1}x+\frac{1}{R+1}x_D$，根据恒摩尔流假定，$L$ 为定值，且在连续定态操作时，R、D、x_D 均为定值，因此该式为直线方程式，在 x-y 图上为一直线。直线的斜率为 $R/(R+1)$，截距为 $x_D/(R+1)$，在 y 轴上的交点为 b，同时该直线与对角线的交点为 a(x_D、x_D)，连接 a 点和 b 点，则直线 ab 即为精馏段操作线。

(2) 提馏段操作线做法

若将 q 线方程与对角线方程 $y=x$ 联立，解得交点坐标为 $x=x_F$，$y=x_F$，如图 8-18 中点 e。再过 e 点做斜率为 $q/(q-1)$ 的直线，如图 8-18 中直线 ef，即为 q 线。q 线与精馏段操作线 ab 相交于点 d，该点即为两操作线交点。连接点 c(x_W，x_W) 和点 d，直线 cd 即为提馏段操作线。

(3) 进料热状况对 q 线及操作线的影响

进料热状况不同，q 线的位置也就不同，故 q 线和精馏段操作线的交点随之改变，从而提馏段操作线的位置也会发生相应变化。不同进料热状况对 q 线的影响列于表 8-6 中。

表 8-6 进料热状况对 q 线的影响

进料热状况	进料的焓 I_F	q 值	q 线斜率 $\frac{q}{q-1}$	q 线在 x-y 图上的位置
冷液体	$I_F<I_L$	>1	+	ef_1(↗)
饱和液体	$I_F=I_L$	1	∞	ef_2(↑)
气-液混合物	$I_L<I_F<I_V$	$0<q<1$	−	ef_3(↖)
饱和蒸气	$I_F=I_V$	0	0	ef_4(←)
过热蒸气	$I_F>I_V$	<0	+	ef_5(↙)

当进料组成 x_F、回流比 R 及分离要求（x_D 及 x_W）一定时，五种不同进料热状况对 q 线及操作线的影响如图 8-19 所示。

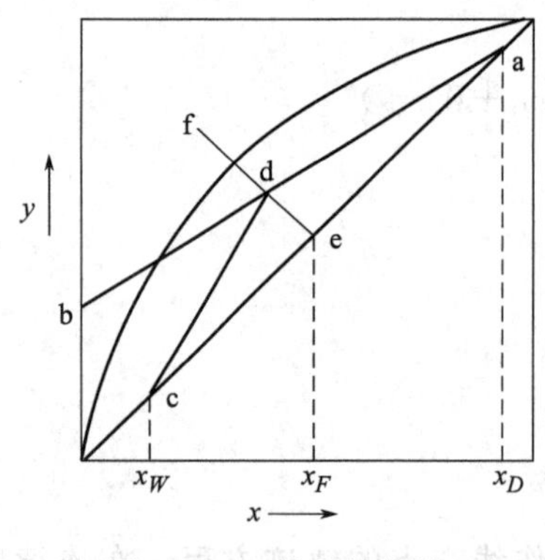

图 8-18 q 线和操作线

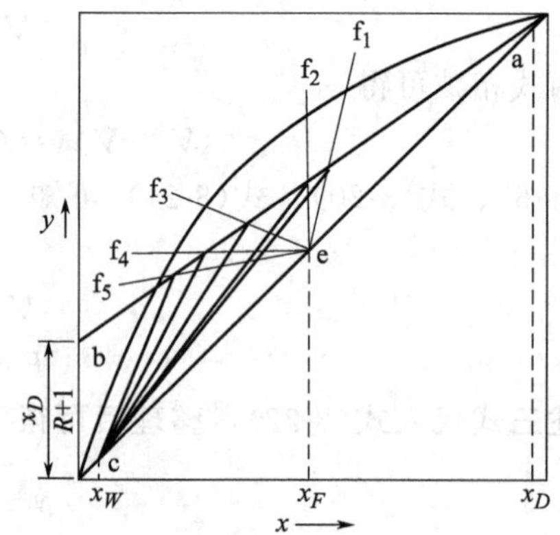

图 8-19 进料热状况对操作线的影响

8.7 双组分连续精馏过程的计算

双组分连续精馏过程的计算主要涉及塔的高度计算和加热量以及冷却剂用量的计算。在化工计算中塔高计算经常采用理论级（平衡级）的方法，这种方法不仅用于精馏过程的分级接触板式塔设备的计算，也可以用于连续接触填料塔设备的计算。

用理论级方法进行分级接触精馏的计算，一般分为三个步骤：

① 先计算达到预定分离要求所需的理论塔板数（理论级数）；

② 研究实际塔板与理论塔板之间的偏离程度，并用简单的参数——塔板效率来表示；

③ 根据塔板效率和理论塔板数，求出实际塔板数。

8.7.1 板式精馏塔理论塔板数的计算

理论塔板数的计算方法有很多种，比较常用的有逐板计算法和图解计算法。

8.7.1.1 逐板计算法

(1) 逐板计算法通用步骤

逐板计算法的依据是气液平衡关系式和操作线方程。该方法是从塔顶开始，交替利用平衡关系式和操作线方程，逐级推算气相和液相的组成，来确定理论塔板数。

若生产任务规定将相对挥发度为 α 及组成为 x_F 的原料液，分离成组成为 x_D 的塔顶产品和组成为 x_W 的塔底产品，并选定操作回流比为 R，则逐板计算理论塔板数的步骤如下。

① 若塔顶冷凝器为全凝器，则 $y_1=x_D$。按照气-液相平衡关系式，由 y_1 计算出第一层理论塔板上液相组成 x_1。

② 由第一层理论塔板下降的回流液组成 x_1，按精馏段操作线方程，计算出第二层理论板上升的蒸气组成 y_2。再利用气-液相平衡关系式，由 y_2 计算出第二层理论板上的液相组成 x_2。

③ 按操作线方程，由 x_2 计算出 y_3。再利用气-液相平衡关系式，由 y_3 求出 x_3。

依次类推，一直算到 $x_n \leqslant x_F$ 为止。每利用一次平衡关系式，即表示需要一块理论塔板。

提馏段理论塔板数也可按上述相同步骤逐板计算，只是操作方程改用提馏段操作方程，并一直算到 $x'_m \leqslant x_m$ 为止。

逐板计算法较为准确，不仅应用于双组分精馏计算，也可用于多组分精馏计算。但若用手工计算就比较烦琐，随着计算机的广泛应用，这种原来十分烦琐的方法变成了一种简捷可靠的方法。

全回流（在精馏操作中，把停止塔进料、塔釜出料和塔顶出料，将塔顶冷凝液全部作为回流液的操作，成为全回流）时，精馏塔所需的理论塔板数，可用逐板计算法导出一个简单的计算式。

在任何一块理论塔板上，气-液达到平衡。对于双组分物系，气液两相组成之间的关系为

$$\frac{y_i}{1-y_i}=\alpha\frac{x_i}{1-x_i}$$

全回流操作情况下，操作线方程为

$$y_{i+1}=x_i$$

式中 x_i——在第 i 块理论塔板上，液相组成（以易挥发组分摩尔分数表示）；

y_i——第 i 块理论塔板上，蒸气相组成（以易挥发组分摩尔分数表示）；

y_{i+1}——由 $i+1$ 块塔板上升的蒸气组成（以易挥发组分摩尔分数表示）。

(2) 全回流操作情况下，全塔最少理论塔板数 $N_{\min}$ 的求法

设在全回流操作情况下，全塔共有理论塔板数 $N_{\min}=n$，则 $i=1$，2，3，…，n。

现在从塔顶开始，逐板进行推算。

① 塔顶 已知塔顶回流液组成为 x_D，当塔顶蒸气在冷凝器中全部冷凝时

$$y_1=x_D$$

第一层理论塔板：

根据气液平衡关系式

$$\frac{y_1}{1-y_1}=\alpha\frac{x_1}{1-x_1}$$

将 $y_1=x_D$ 关系代入上式，得

$$\frac{x_D}{1-x_D}=\alpha_1\frac{x_1}{1-x_1}$$

根据操作线方程 $x_1=y_2$

可得

$$\frac{x_D}{1-x_D}=\alpha_1\frac{y_2}{1-y_2} \tag{8-24}$$

第二层理论塔板：

根据气液平衡关系式

$$\frac{y_2}{1-y_2}=\alpha_2\frac{x_2}{1-x_2}$$

将此式代入式(8-24)，可得

$$\frac{x_D}{1-x_D}=\alpha_1\alpha_2\frac{x_2}{1-x_2}$$

根据操作线方程 $x_2=y_3$

可得

$$\frac{x_D}{1-x_D}=\alpha_1\alpha_2\frac{y_3}{1-y_3}$$

依此类推，第 n 层理论塔板：

根据气液平衡关系

$$\frac{y_n}{1-y_n}=\alpha_n\frac{x_n}{1-x_n}$$

同理可得

$$\frac{x_D}{1-x_D}=\alpha_1\alpha_2\alpha_3\cdots\alpha_n\frac{x_n}{1-x_n}$$

根据操作线方程

$$x_n=y_{n+1}$$

可得

$$\frac{x_D}{1-x_D}=\alpha_1\alpha_2\alpha_3\cdots\alpha_n\frac{y_{n+1}}{1-y_{n+1}}$$

② 塔釜　根据气液平衡关系式

$$\frac{y_{n+1}}{1-y_{n+1}}=\alpha_W\frac{x_W}{1-x_W}$$

可得

$$\frac{x_D}{1-x_D}=\alpha_1\alpha_2\alpha_3\cdots\alpha_n\alpha_W\frac{x_W}{1-x_W} \tag{8-25}$$

若以平均相对挥发度 α 代替各层塔板上的相对挥发度，则

$$\alpha_1\alpha_2\alpha_3\cdots\alpha_n\alpha_W=\alpha^{n+1}$$

代入式(8-25) 可得

$$\frac{x_D}{1-x_D}=\alpha^{n+1}\frac{x_W}{1-x_W}$$

将上式两边取对数并加以整理，可得

$$n=\frac{\ln\left[\left(\frac{x_D}{1-x_D}\right)\left(\frac{1-x_W}{x_W}\right)\right]}{\ln\alpha}-1$$

由此可得在全回流条件下的理论塔板数计算式

$$N_{\min}=\frac{\ln\left[\left(\frac{x_D}{1-x_D}\right)\left(\frac{1-x_W}{x_W}\right)\right]}{\ln\alpha}-1 \tag{8-26}$$

该式通常称为芬斯克公式。用此式计算的全回流条件下理论塔板数 $N_{\min}$ 中，已扣除了相当于一块理论塔板的塔釜。式中，平均相对挥发度 α 一般取塔顶和塔底的相对挥发度的几何平均值，即

$$\alpha=\sqrt{\alpha_D\alpha_W}$$

8.7.1.2 图解法

图解法求理论板数的基本原理与逐板计算法完全相同，即用平衡线和操作线代替平衡方程和操作线方程，将逐板法的计算过程在 x-y 图上图解进行。该法虽然结果准确性较差，但是计算过程简便、清晰，因此目前在双组分连续精馏计算中仍广为采用。

如图 8-20 所示，图解法求理论板数的步骤如下：

① 在 x-y 图上画出平衡曲线和对角线；

② 依照上节介绍的方法做精馏段操作线 ab、q 线 ef、提馏段操作线 cd；

③ 由塔顶即图 8-20 中点 a($x=x_D$，$y=x_D$) 开始，在平衡线和精馏段操作线之间做直角梯级，即首先从点 a 做水平线与平衡线交于点 1，点 1 表示离开第 1 层理论板的液、气相组成 (x_1，y_2)，即由交点 1′可定出 y_2。再由此点做水平线与平衡线交于点 2，可定出 x_2。这样，在平衡线和精馏段操作线之间做由水平线和垂直线构成的梯级，当梯级跨过两操作线交点 d 时，则改在平衡线和提馏段操作线之间绘梯级，直到梯级的垂线达到或越过点 c(x_W，x_W) 为止。图中平衡线上每一个梯级的顶点表示一层理论板。其中过 d 点的梯级为进料板，最后一个梯级为再沸器。

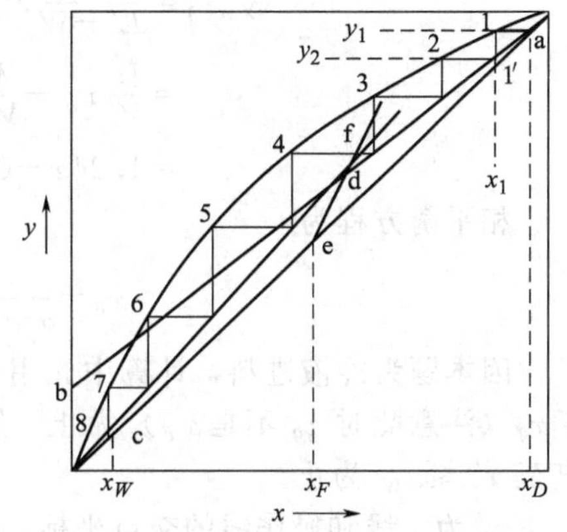

图 8-20 图解法求塔板数图解过程

在图 8-20 中，图解结果为：梯级总数为 7，第 4 级跨过两操作线交点 d，即第 4 级为进料板，故精馏段理论板数为 3。因再沸器相当于一层理论板，故提馏段理论板数为 3。该分离过程需 6 层理论板（不包括再沸器）。

图解时也可从塔底点 c 开始绘梯级，所得结果基本相同。

8.7.2 适宜进料位置

最适宜的进料板位置就是指在相同的理论板数和同样的操作条件下，具有最大分离能力的进料板位置或在同一操作条件下所需理论板数最少的进料板位置。在进料组成 x_F 一定时，进料位置应当随进料热状态的不同而改变。适宜的进料位置一般应在塔内液相或气相组成与进料组成相同或相近的塔板上，这样可达到较好的分离效果，或者对一定的分离要求所需的理论塔板数较少。当用图解法求理论塔板数时，进料位置应由精馏段操作线与提馏段操作线的交点确定，即适宜的进料位置应该在跨过两操作线交点的梯级上，这是因为对一定的分离任务而言，如此做图得出所需理论板数最少。

在精馏塔的设计计算中，进料位置确定不当，将使理论塔板数增多；在实际操作中，进料位置不合适，一般将使馏出液和釜残液不能同时达到要求。进料位置过高，使馏出液中难挥发组分含量增高；反之，进料位置过低，使釜残液中易挥发组分含量增高。

【例 8-6】 在常压连续精馏塔中，分离例 8-2 中的苯-甲苯混合液。全塔操作条件下物系

的平均相对挥发度为2.47，塔顶采用全凝器，泡点下回流，回流比为3.5。塔釜采用间接蒸汽加热，试用逐板计算法求理论板数。

解 由例8-5可知

$F=116.6\text{kmol/h}$ $W=65.6\text{kmol/h}$

$x_F=0.44$ $x_D=0.975$ $x_W=0.0235$

$R=3.5$ $q=1.362$

$L'=337.3\text{kmol/h}$ $V'=272.2\text{kmol/h}$

精馏段操作线方程为

$$y=\frac{R}{R+1}x+\frac{1}{R+1}x_D=\frac{3.5}{3.5+1}x+\frac{0.975}{3.5+1}=0.778x+0.217$$

q 线方程为

$$y=\frac{q}{q-1}x-\frac{1}{q-1}x_F=\frac{1.362}{1.362-1}x-\frac{0.44}{1.362-1}=3.76x-1.215$$

提馏段操作线方程为

$$\begin{aligned}y'_{m+1}&=\frac{L'}{L'-W}x'_m-\frac{W}{L'-W}x_W\\&=\frac{L'}{V'}x'_m-\frac{W}{V'}x_W=\frac{337.3}{272.2}x-\frac{65.6}{272.2}\times0.0235\\&=1.24x-0.0057\end{aligned}$$

相平衡方程为

$$x_n=\frac{y_n}{\alpha-(\alpha-1)y_n}=\frac{y_n}{2.47-1.47y_n}$$

因本题为冷液进料，计算中先用平衡方程和精馏段操作线方程进行逐板计算，直至 $x_n\leqslant x_q$（注意此时 x_q 不是 x_F）为止，然后改用提馏段操作线方程和平衡方程继续逐板计算，直至 $x'_m\leqslant x_W$ 为止。

x_q 为 q 线和操作线的交点坐标，可由以上方程式联立求解得。

$$x_q=0.48$$

塔顶采用全凝器，故

$$y_1=x_D=0.975$$

x_1 由平衡方程式求得，即

$$x_1=\frac{0.975}{2.47-1.47\times0.975}=0.9404$$

y_2 由精馏段操作线方程求得，即

$$y_2=0.778\times0.9404+0.217=0.9486$$

依上述方法逐板计算，当求得 $x_n\leqslant0.48$ 时，该板为进料板。然后改用提馏段操作线方程式和平衡方程式进行计算，直至 $x'_m\leqslant0.0235$ 为止。计算结果列于表8-7中。

计算结果表明，该分离过程所需理论板数为11（不包括再沸器），第6层为进料板。

【例8-7】 在常压连续精馏塔中分离例8-5中的苯-甲苯混合液，试用图解法求理论板数。

解 图解法求理论板数的步骤如下。

① 在直角坐标图上利用平衡方程绘平衡曲线，并绘对角线，如图8-21所示。

② 在对角线上定点a（0.975，0.975），在 y 轴上截距为

$$\frac{x_D}{R+1}=\frac{0.975}{3.5+1}=0.216$$

表 8-7 计算附表

序 号	y	x	备 注
1	0.975	0.9404	
2	0.9486	0.882	
3	0.9032	0.7907	
4	0.8322	0.6675	
5	0.7363	0.5306	
6	0.6298	$0.4079<x_q$	（进料板）改用提馏段操作线方程
7	0.5001	0.2883	
8	0.3518	0.1802	
9	0.2178	0.1013	
10	0.1199	0.05227	
11	0.05912	0.02481	
12	0.02506	$0.01030<x_W$	（再沸器）

据此在 y 轴上定出点 b，联结 ab 即为精馏段操作线。

③ 在对角线上定点 e（0.44，0.44），过点 e 做斜率为 3.76 的直线 ef，即为 q 线。q 线与精馏段操作线相交于点 d。

④ 在对角线上定点 c（0.0235，0.0235），连接 cd，该直线即为提馏段操作线。

⑤ 自点 a 开始在平衡线和精馏段操作线间作由水平线和垂直线所构成的梯级，当梯级跨过 d 后更换操作线，即在平衡线和提馏段操作线间绘梯级，直到梯级达到或跨过点 c 为止。

图解结果所需理论板数为 9（不包括再沸器），自塔顶往下的第 5 层为进料板。

图解结果与上例逐板计算结果基本一致。

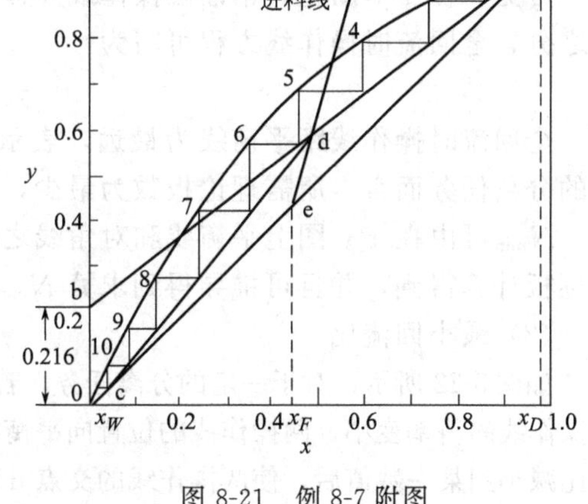

图 8-21 例 8-7 附图

8.7.3 填料精馏塔塔高的计算

精馏塔除了采用分级接触式塔设备外，还可采用连续接触的填料塔。若采用理论级的方法计算填料层高度，就需要借助于填料等板高度（或称量高度）的概念。

所谓等板高度（HETP），是指分离效果相当于一块理论板的填料层高度。显然等板高度数值的大小，标志着填料层分离效率的高低。等板高度数值越小，表明填料的分离效率越高；反之表明其分离效率越差。作为评价填料性能的尺度，有时也采用另一种方式，即 1m 高的填料层相当的理论塔板数，其倒数即为等板高度。

根据计算得到的理论塔板数 N_T，和所选用填料的等板高度（HETP）数据，就可以计算填料层的实际高度 H 为

$$H=N_T(\mathrm{HETP})$$

8.7.4 回流比的影响及其选择

前已指出，回流是保证精馏塔连续定态操作的基本条件，因此回流比是精馏过程的重要参数，它的大小影响精馏的投资费用和操作费用；也影响精馏塔的分离能力。在精馏塔的设

计中，对于一定的分离任务（α，F，x_F，q，x_D 及 x_W 一定），设计者应选定适宜的回流比。

回流比有两个极限值，上限为全回流（即回流比为无穷大），下限为最小回流比，适宜回流比介于两极限值之间的某一值。

（1）全回流和最小理论板数

精馏塔塔顶上升蒸气经冷凝器冷凝后，冷凝液全部回流至塔内，这种回流方式称为全回流。在全回流操作下，塔顶产品流量 D 为零，通常进料量 F 和塔底产品流量 W 均为零，既不向塔内进料，也不从塔内取出产品。此时生产能力为零，因此对正常生产无实际意义。但在精馏操作的开工阶段或在实验研究中，多采用全回流操作，这样便于过程的稳定控制和比较。

全回流时回流比为

$$R=\frac{L}{D}=\frac{L}{0}=\infty$$

因此精馏段操作线的截距为

$$\frac{x_D}{R+1}=0$$

精馏段操作线的斜率为

$$\frac{R}{R+1}=1$$

可见，在 x-y 图上，精馏段操作线及提馏段操作线与对角线重合，全塔无精馏段和提馏段之分，全回流时操作线方程可写为

$$y_{n+1}=x_n$$

全回流时操作线距平衡线为最远，表示塔内气-液两相间传质推动力最大，因此对于一定的分离任务而言，所需理论板数为最少，以 $N_{\min}$ 表示。

$N_{\min}$ 可由在 x-y 图上平衡线和对角线之间绘梯级求得；同样也可用平衡方程和对角线方程逐板计算得到，并且可推导得到求算 $N_{\min}$ 的解析式，称为芬斯克方程，即式(8-26)。

（2）最小回流比

如图 8-22 所示，对于一定的分离任务，若减小回流比，此时所谓的理论板数逐渐增加，精馏段操作线的斜率变小，两操作线的位置向平衡线靠近，表示气-液两相间的传质推动力减小。当回流比减小到某一数值后，使两操作线的交点 d 落在平衡曲线上时，图解时不论绘多少梯级都不能跨过点 d，表示所需的理论板数为无穷多，相应的回流比即为最小回流比，以 $R_{\min}$ 表示。

在最小回流比下，两操作线和平衡线的交点 d 称为夹点，而在点 d 前后各板之间（通常在进料板附近）区域，气、液两相组成基本上没有变化，即无增浓作用，故此区域称恒浓区（又称夹紧区）。

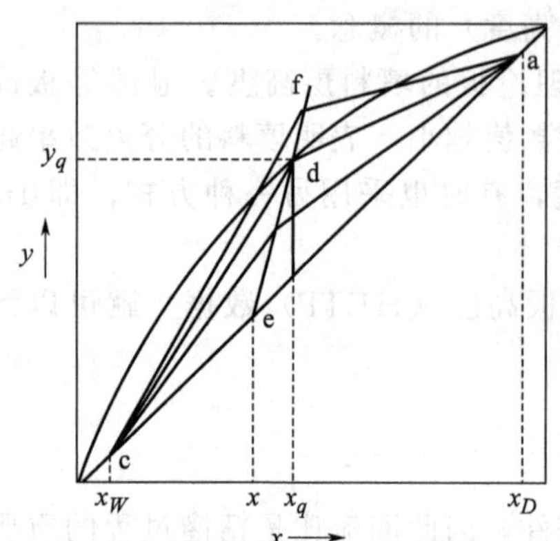

图 8-22 最小回流比的确定

应该注意，最小回流比是对于一定料液、为达到一定分离程度所需回流比的最小值。实际操作回流比应大于最小回流比，否则不论有多少层理论板，都不能达到规定的分离程度。当然在精馏操作中，因塔板数已固定，不同回流比下将达到不同的分离程度，因此 $R_{\min}$ 也就无意义了。最小回流比的求法依据平衡曲线的形状分两种情况。

① 正常平衡曲线（无拐点）如图 8-22 所示，夹点

出现在两操作线与平衡线的交点，此时精馏段操作线的斜率为

$$\frac{R_{\min}}{R_{\min}+1}=\frac{x_D-y_q}{x_D-x_q}$$

整理可得

$$R_{\min}=\frac{x_D-y_q}{y_q-x_q} \tag{8-27}$$

式中　x_q，y_q——q 线与平衡线的交点坐标，可由图中读得。

② 不正常平衡曲线（有拐点，即平衡线有下凹部分）如图 8-23 所示，此种情况下夹点可能在两操作线与平衡线交点前出现，如图 8-23(a) 的夹点 g 先出现在精馏段操作线与平衡线相切的位置，所以应根据此时的精馏段操作线斜率求 $R_{\min}$。图 8-23(b) 先出现在提馏段操作线与平衡线相切的位置，同样，应根据此时的提馏段操作线斜率求得 $R_{\min}$。

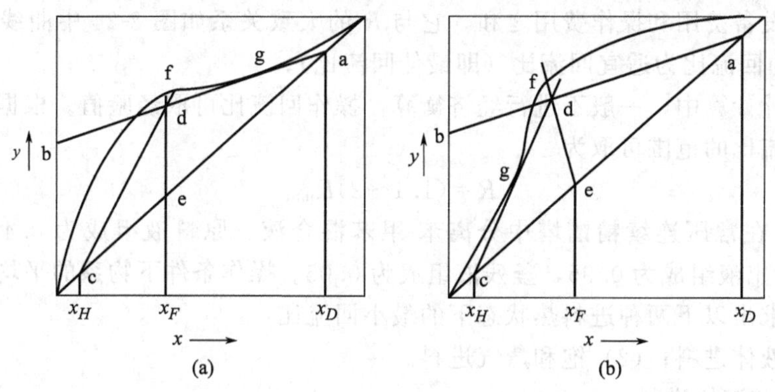

图 8-23　不正常平衡曲线的 $R_{\min}$ 的确定

（3）适宜回流比

对固定分离要求的过程来说，当减少回流比时，运转费用（主要表现在塔釜加热量和塔顶冷量）将减少，所需塔板数将增加，塔的投资费用增大；反之，当增加回流比时，可减少塔板数，却增加了运转费用。因此，在设计时应选择一个最适宜的回流比，以使投资费用和经常运转的操作费用之和在特定的经济条件下最小，此时的回流比称之为最适宜回流比。适宜回流比应通过经济核算确定。

精馏过程的操作费用主要包括再沸器加热介质消耗量、冷凝器冷却介质消耗量及动力消耗等费用，而这些量取决于塔内上升蒸气量，即

$$V=(R+1)D$$

和

$$V'=V+(q-1)F$$

故当 F、q 和 D 一定时，V 和 V' 均随 R 而变。当回流比 R 增加时，加热及冷却介质用量随之增加，精馏操作费用增加。操作费用和回流比的大致关系如图 8-24 中曲线 2 所示。

精馏过程的设备主要包括精馏塔、再沸器和冷凝器，若设备的类型和材料一经选定，则此项费用主要取决于设备的尺寸。当回流比为最小回流比时，需无穷多理论板数，故设备费用为无穷大。当 R 稍大于 $R_{\min}$ 时，所需理论板数即变为有限数，故设备费急剧减小。随着 R 的进一步增加，所需理论板数减小的趋势变缓，塔板数 N 和 R 的关系如图 8-25 所示。但同时因 R 的增大，即 V 和 V' 的增加，需要塔径、塔板尺寸及再沸器和冷凝器的尺寸均相应增大，所以在 R 增大至某值后，设备费用反而增加。设备费用和 R 的大致关系如图 8-24 曲线 1 所示。

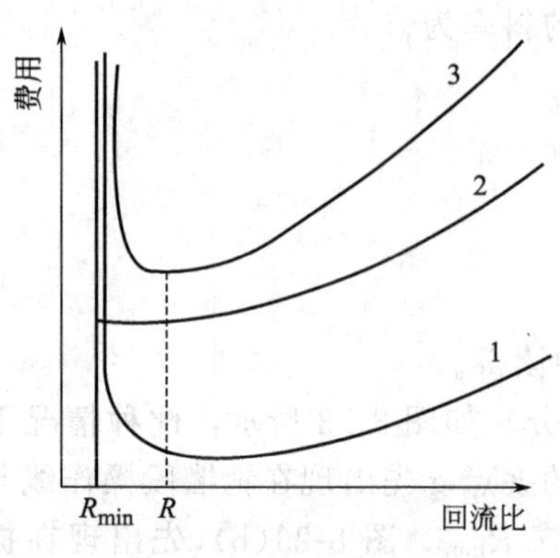

图 8-24 适宜回流比的确定

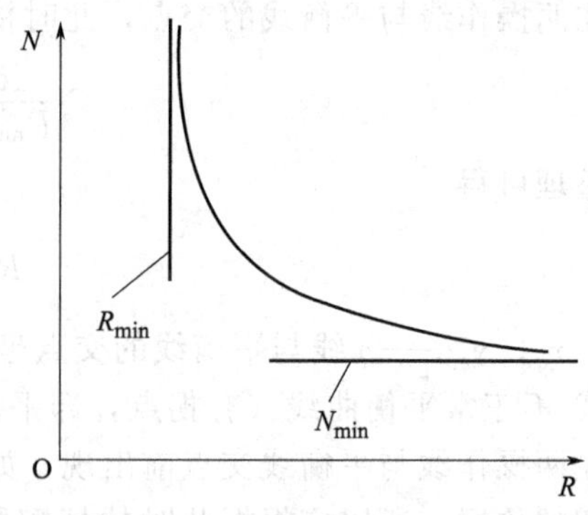

图 8-25 N 和 R 的关系

总费用为设备费用和操作费用之和，它与 R 的大致关系如图 8-24 中曲线 3 所示。曲线 3 最低点对应的回流比为适宜回流比（即最佳回流比）。

在精馏设计计算中，一般不进行经济衡算，操作回流比可取经验值。根据生产经验数据统计，适宜回流比的范围可取为

$$R=(1.1\sim2)R_{min}$$

【例 8-8】 在常压连续精馏塔中分离苯-甲苯混合液。原料液组成为 0.4（苯的摩尔分数，下同），馏出液组成为 0.95，釜残液组成为 0.05。操作条件下物系的平均相对挥发度为 2.47。试分别求出以下两种进料热状态下的最小回流比：

（1）饱和液体进料；（2）饱和蒸气进料。

解 ① 饱和液体进料

最小回流比可由下式计算

$$R_{min}=\frac{x_D-y_q}{y_q-x_q}$$

饱和液体进料，则有

$$x_q=x_F=0.4$$

$$y_q=y_F=\frac{\alpha x_F}{1+(\alpha-1)x_F}=\frac{2.47\times0.4}{1+(2.47-1)\times0.4}=0.622$$

故

$$R_{min}=\frac{0.95-0.622}{0.622-0.4}=1.48$$

② 饱和蒸气进料

$$y_q=x_F=0.4$$

$$x_q=\frac{y_q}{\alpha-(\alpha-1)y_q}=\frac{0.4}{2.47-1.47\times0.4}=0.213$$

故

$$R_{min}=\frac{0.95-0.4}{0.4-0.213}=2.94$$

计算结果表明，不同进料热状态下，R_{min} 值是不同的，一般热进料时的 R_{min} 较冷进料时的 R_{min} 高。

8.7.5 简捷法计算理论塔板数

精馏塔理论板数除了用逐板法和图解法计算外，还可以采用简捷法计算。下面介绍一种

采用经验关联图的捷算法，此方法应用比较广泛，特别适用于初步设计计算。

(1) 吉利兰图

如前所述，精馏塔是在全回流和最小回流比两个极限之间进行操作的。选择最小回流比，则所需的理论板数为无限多；全回流时，所需的理论板数为最少。实际生产中需要达到一定的分离要求，所以需要选择合适的回流比、需要一定的理论板数量。

人们对 $R_{\min}$、R、$N_{\min}$ 及 N 四个变量之间的关系进行了广泛的研究，得到了反映上述四个变量的关联图，该图称为吉利兰图。如图 8-26 所示。

吉利兰图为双对数坐标图，横坐标表示 $(R-R_{\min})/(R+1)$，纵坐标表示 $(N-N_{\min})/(N+2)$。其中 N、$N_{\min}$ 为不包括再沸器的理论板数和最少理论板数。由图 8-26 可见，曲线的两端代表两种极限情况，右端代表全回流的操作情况，即 $R=\infty$，$(R-R_{\min})/(R+1)=1$，故 $(N-N_{\min})/(N+2)=0$ 或 $N=N_{\min}$，说明全回流时理论板数为最少。曲线左端延长后表示最小回流比的操作情况，此时 $(R-R_{\min})/(R+1)=0$，故 $(N-N_{\min})/(N+2)=1$ 或 $N=\infty$，说明最小回流比操作情况下理论板数为无限多。

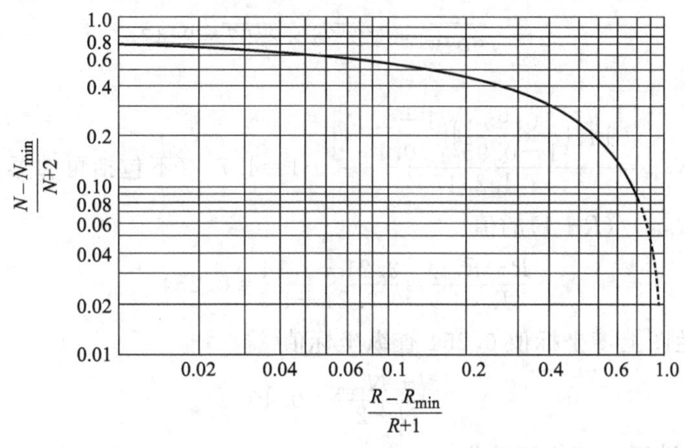

图 8-26 吉利兰图

吉利兰图是用八个物系在下面的精馏条件下，由逐板计算得出的结果绘制而成的。这些条件是：组分数目为 2～11；进料热状况包括冷料至过热蒸气五种情况；$R_{\min}$ 为 0.53～7.0；组分间相对挥发度为 1.26～4.05；理论板数范围为 2.4～43.1。

(2) 用吉利兰图求理论板数的步骤

通常，简捷法求理论板数的步骤如下：

① 应用式(8-27) 计算出 $R_{\min}$，并选择 R；

② 应用式(8-26) 计算出 $N_{\min}$；

③ 计算 $(R-R_{\min})/(R+1)$ 的值，在吉利兰图横坐标上找到相应点，由此点向上做垂线与曲线相交，由交点的纵坐标 $(N-N_{\min})/(N+2)$ 的值，算出理论板数 N（不包括再沸器）；

④ 确定进料板位置。

【例 8-9】 用一连续精馏塔分离苯-甲苯双组分混合液，进料液中含甲苯 0.7（摩尔分数，下同），塔顶产品中含苯 0.95，塔底产品中含苯 0.1，饱和液体进料，实际回流比为最小回流比的 1.5 倍，泡点液体回流，常压操作，试用简捷计算法计算所需理论塔板数。

解 ① 求最小回流比 $R_{\min}$ 和实际回流比 R

采用饱和液体进料，最小回流比为

$$R_{\min}=\frac{x_D-y_q}{y_q-x_q}$$

已知　　　　　　$x_D=0.95$　　$x_q=0.3$

根据气液平衡数据，可以由 x_q 查出 $y_q=0.507$

代入公式计算

$$R_{\min}=\frac{0.95-0.507}{0.507-0.30}=2.14$$

则　　　　　　$R=1.5R_{\min}=3.21$

② 求全回流情况下的最少理论板数 $N_{\min}$

$$N_{\min}=\frac{\ln\left[\left(\frac{x_D}{1-x_D}\right)\left(\frac{1-x_W}{x_W}\right)\right]}{\ln\alpha}-1$$

已知　　　　　　$x_D=0.95$，$x_W=0.1$

查苯和甲苯相对挥发度表得　$\alpha_D=2.38$，$\alpha_W=2.57$

$$\alpha=\sqrt{\alpha_D\alpha_W}=\sqrt{2.38\times2.57}=2.47$$

代入公式计算

$$N_{\min}=\frac{\ln\left[\left(\frac{0.95}{1-0.95}\right)\left(\frac{1-0.1}{0.1}\right)\right]}{\ln2.47}-1=4.7\quad(\text{不包括再沸器})$$

③ 计算$(R-R_{\min})/(R+1)$的值

$$\frac{R-R_{\min}}{R+1}=\frac{3.21-2.14}{3.21+1}=0.254$$

④ 根据吉利兰图上横坐标值 0.254 查纵坐标值

$$\frac{N-N_{\min}}{N+2}=0.40$$

由此可解得全塔所需理论板数为

$$N=\frac{N_{\min}+0.4\times2}{1-0.4}=\frac{4.7+0.4\times2}{1-0.40}=9.17\quad(\text{不包括再沸器})$$

8.7.6 连续精馏的热量衡算

精馏装置主要包括精馏塔、再沸器和冷凝器。根据要求可对精馏装置的不同范围进行热量衡算，以求得再沸器和冷凝器的热负荷，加热及冷却介质的消耗量等。

(1) 再沸器的热量衡算

对前面图 8-13 所示的再沸器做热量衡算，可得

$$Q_B=V'I_{VW}+WI_{LW}-L'I_{Lm}+Q_L$$

式中　Q_B——再沸器的热负荷，kJ/h；

Q_L——再沸器的热损失，kJ/h；

I_{VW}——再沸器中上升蒸气的焓，kJ/kmol；

I_{LW}——釜残液的焓，kJ/kmol；

I_{Lm}——提馏段底部流出液体的焓，kJ/kmol；

V'——从提馏段进入精馏段蒸气物料流量，kmol/s；

L'——从提馏段进入精馏段液体物料流量，kmol/s；

W——塔底产品流量，kmol/s。

若近似认为 $I_{LW}=I_{Lm}$，且 $V'=L'-W$，则

$$Q_B=V'(I_{VW}-I_{LW})+Q_L$$

加热介质消耗量可以用下式计算

$$W_h=\frac{Q_B}{I_{B1}-I_{B2}}$$

式中 W_h——加热介质消耗量，kg/h；

I_{B1}，I_{B2}——进、出再沸器的加热介质的焓，kJ/kg。

若用饱和蒸汽加热，且冷凝液在饱和温度下排出，则加热蒸汽消耗量可按下式计算

$$W_h=\frac{Q_B}{r}$$

式中 r——加热蒸汽的冷凝潜热，kJ/kg。

(2) 冷凝器的热量衡算

对前面图 8-13 所示的冷凝器做热量衡算，若忽略热损失，则可得

$$Q_C=VI_{VD}-(LI_{LD}+DI_{lD})$$

因 $V=L+D=(R+1)D$，代入上式可得

$$Q_C=(R+1)D(I_{VD}-I_{LD})$$

式中 Q_C——冷凝器的热负荷，kg/h；

I_{VD}——塔顶上升蒸气的焓，kJ/kmol；

I_{LD}——馏出液的焓，kJ/kmol；

V——塔顶物料流量，kmol/s；

D——塔顶馏出液流量，kmol/s；

L——塔顶回流液流量，kmol/s。

冷却介质消耗量可按下式计算。

$$W_C=\frac{Q_C}{c_{pC}(t_2-t_1)}$$

式中 W_C——冷却介质消耗量，kg/h；

c_{pC}——冷却介质的平均比热容，kJ/(kg·℃)；

t_1，t_2——冷却介质在冷凝器的进、出口温度，℃。

$SiHCl_3$ 中含有 Fe、Cu、Ni、Cr、Al、As、Sb 等元素的氯化物。这些氯化物的蒸气压比 $SiHCl_3$ 的蒸气压小得多，精馏时较易分离，因而在计算时不可忽略不计。与 $SiHCl_3$ 蒸气压比较接近的是 BCl_3、$SiCl_4$、PCl_3 等化合物。

应该指出，迄今为止，尚未完全查明硼和磷在 $SiHCl_3$ 中的化合物结构形式，一般认为，不外乎是 BCl_3、$BHCl_2$、PCl_5、$POCl_3$ 等化合物，这些化合物的物理性能见表 8-8。

在精馏提纯 $SiHCl_3$ 中，由于 $SiHCl_3$ 与杂质氯化物在相同温度下蒸气压的差异，即相对挥发度的差异而使之分离，从 $SiHCl_3$、BCl_3、PCl_5 等的蒸气压与温度关系图可知，蒸气压大的物质即沸点低的物质，在气相中的组分大于液相组成，精馏法提纯正是利用这个基本原理来实现的。

为了把 $SiHCl_3$ 中的杂质除尽，首先必须了解杂质在 $SiHCl_3$ 中的行为以及在精馏塔中的分布情况。对于重金属元素来讲，这些金属氯化物的蒸气压力都很小即沸点皆很高，相对挥发度 α 理论值都很大，一般来讲，这些金属氯化物应该是属于高沸点组分而留在塔釜中，但是由于气相中少量的盐酸蒸气腐蚀不锈钢材质的缘故，致使塔顶出来的产品蒸气中仍含有

表 8-8 $SiHCl_3$、BCl_3、PCl_3、$SiCl_4$、$POCl_3$ 等的物理性能

化合物	沸点/℃	温度/℃	饱和蒸气压/mmHg
$SiHCl_3$	31.5 (31.8)	0 15.3 20.2	218 412 501
BCl_3	12.1	0 5 10	477 579 695
PCl_3	79.5	2.8 21.0 37.6 56.9	40 100 200 400
$SiCl_4$	57	0 20 30	77 191 287
$POCl_3$	107.2		

微量的重金属。

至于 $SiHCl_3$ 中的主要杂质元素硼和磷，据资料介绍是以 BCl_3、$BHCl_2$、PCl_3、PCl_5、$POCl_3$ 等形式存在于 $SiHCl_3$ 中，PCl_3 在 $SiHCl_3$ 中的相对挥发度 α 为 7.4，PCl_5 在 $SiHCl_3$ 中的相对挥发度 α 为 5，BCl_3 在 $SiHCl_3$ 中的相对挥发度 α 为 1.9。按照芬斯克公式计算或者从电子计算机的逐板结果来看，有十多块理论板已经能够使 $SiHCl_3$ 与 BCl_3、PCl_3 分离到人们所需要的纯度。但实际情况却不是这样，在精馏过程中，发现低沸点成分、中间馏分以及高沸点中部分含有磷，只是高沸点组分中磷的含量略高一些而已（当采用加压精馏后，磷量之差别就明显增大）。另外，发现低沸点组分中硼的含量并不高，而在高沸点组分中却有一定的含量，据初步分析硼和磷的化合物在 $SiHCl_3$ 中的形式不单是一般文献中所介绍的那样是 BCl_3、PCl_3、PCl_5 等化合物，可能还有一些与 $SiHCl_3$ 有关的化合物（表 8-9）。如 CH_3BCl_2、BCl_3、$BHCl_2$ 等化合物的沸点比 $SiHCl_3$ 低，一般在低沸点组分中有这类硼的化合物，而 BCl_3 与金属、金属硼化物以及其他还原剂作用生成 B_2Cl_4（沸点比 $SiHCl_3$ 高）；作为低沸点组分的代表性化合物 BCl_3 又容易和 PCl_3、$AlCl_3$、BCl_3、FH_3、BH_2Cl 等作用生成高沸点络合物，因此除了在低沸点组分中外，还能在高沸点组分中发现硼，同样地从磷的化合物形成又可说明下述问题，即为什么采用多于理论塔板数（10 多块理论板）好多倍的筛板（如采用近 80 块实际塔板），而得到的 $SiHCl_3$ 精料中存在磷的化合物和络合物，它们的相对挥发度将比 PCl_3 大得多，这将显著地增加除磷效果。采用加压精馏后取得了较明显的除磷效果。这一事实就说明上述磷的化合物形式转变的可能性和现实意义。当然采用操作弹性大、效率高的精馏塔来操作也是很重要的条件。

精馏法对提纯 $SiHCl_3$ 和 $SiCl_4$ 具有一定的局限性，它对彻底分离硼、磷、铁、镁、铜等强极性杂质有一定限度。

近年来研究表明：这种局限性产生的根源，可能是受相互作用改变了原来的化学形式，致使相对挥发度接近于 1。如 $SiCl_4$ 中非极性和弱极性杂质（如 PCl_3），强极性杂质（如 $FeCl_3$、$CuCl_2$、$AlCl_3$、$MgCl_2$ 等）当浓度降低时，PCl_3 的相对挥发度几乎不变，而 $FeCl_3$ 的挥发度降低得接近于 1，因此精馏法对除去这些极性杂质氯化物还存在一定的困难。

为了克服精馏法的种种限制，首先对精馏塔和精馏技术进行技术革命和革新，国内已试验了几种高效精馏塔，在下一节介绍。

表 8-9 $SiHCl_3$ 有关的一些杂质卤化物和络合物的性能

化合物	沸点/℃	化合物	沸点/℃	化合物	沸点/℃
SiH_3Cl	−10.0	B_5H_9	48	CrO_2Cl_2	116.3
SiH_2Cl_2	8.2	CHCl═CHCl	48.4	$PSCl_3$	125
CH_3BCl_2	11.2	$C_3H_7PH_2$	50～53	$POCl_3$	105.8
SiH_2Cl_2	12.0	P_2H_4	56	$TiCl_4$	135.8
BCl_3	12.1	$(CH_3)_3SiCl$	57	PCl_5	160(升华)
$PFCl_2$	13.9	$SiCl_4$	57.6	$SbCl_5$	172
B_2H_6	18	$CHCl_3$	61.2	$PH_3 \cdot BCl_3$	180
PO_2F_6Cl	21～23	B_2Cl_4	65.5	$AlCl_3$	180(升华)
$(CH_3)_2PH$	21.5～25	CH_3SiCl_3	66.4	$SbCl_3$	216
$SiHCl_3$	31.5	PCl_3	76	$FeCl_3$	315
$CH_3CCl_2CH_3$	37	CCl_4	76.8	$ZnCl_2$	732.4
$(CH_3)_3P$	37.8	CH_3PCl_3	77～79	$CuCl_2$	1359
CH_3SiHCl_2	41.0				

8.8 精馏提纯设备

精馏塔的设备是实现气相和液相传热、传质的设备，已经被广泛应用，因此对于塔设备的选择或评价，主要考虑以下几个基本性能：

① 生产能力大，即单位时间单位塔截面上的处理量要大；

② 分离效率高，即塔的分离程度大；

③ 操作弹性大，即最大气速负荷与最小气速负荷之比大；

④ 塔压力降小，即气体通过塔的阻力小，易于控制；

⑤ 塔结构简单，易于加工制造，维修方便，材料来源广泛，制造成本低；

⑥ 具有耐腐蚀性的能力，不易堵塞。

8.8.1 塔的分类

在硅材料生产中，常用许多不同结构的精馏塔，根据不同塔型结构的优劣选用自己所需的塔型，塔的设备一般分为两大类。

(1) 板式塔

板式塔是由一个圆筒形壳体及其中按一定间距设置的若干层塔板构成。相邻塔板间有一定距离，称为塔间距。塔内液体依靠重力作用自上而下，流经各层塔板后自塔底排出，并在各层塔板上保持一定高度的流动液层。气相则在压力差的推动下，自塔底穿过各层塔板上的开孔由下而上穿过塔板上的液层最后由塔顶排出。呈错流流动的气相和液相在塔板上进行传质过程。显然，塔板的功能就是使气液两相保持充分的接触，为传质、传热过程提供足够大且不断更新的相际接触面积，减少传质阻力。

根据塔板结构特点，可以分为：泡罩塔、浮阀塔、柱孔塔、筛板塔、穿流多孔筛板塔。目前国内外主要使用的塔型是泡罩塔、浮板塔和筛板塔三种。

根据塔板开孔的类型，可以分为：舌形塔、浮动舌形塔和浮动喷射塔等。

(2) 填料塔

在塔内装一定高度的填料层，液体从塔顶填料表面呈薄膜状向下流动，气体则呈连续由下向上与液膜接触，发生传质过程，气体和液体的组成沿塔高连续变化。

填料塔根据填料的结构，可分为拉西环、鲍尔环、矩鞍形填料、波纹填料等实体填料塔和高效网填料塔。

8.8.2 穿流式筛板塔

筛板塔是最早应用于工业生产的设备之一，由于操作性能差未获得广泛应用，直到20世纪50年代后，通过大量的工业实践，逐步改进了设计方法和结构，近年来得到普遍应用。

穿流式筛板塔没有溢流装置，塔内液体的下降是通过塔板上的筛孔淋降到下面一块板上的，而蒸气也是通过这些筛孔上升上一块塔板的。在低气速下，板上无泡沫液的增量，此时气体可以自由地从部分筛孔中穿过，而液体则经另一些筛孔流下或气液两相同时平行通过同一筛孔，此时气液接触只发生在下流液体膜表面，这种状态称为湿板态。当气速增大到一定值时，液体开始滞留在塔板上，并构成清液层和泡沫层；继续增大气速，塔板上的液体就完全变成高度湍流的泡沫，泡沫的振动形式叫小气泡的涡流气体和液膜，这个状态称为鼓泡态。

气速再少许增大时，液体喷洒剧烈并夹带液滴，与此同时塔板的增液量也有增加，从而引起塔板总压的增加，出现波动态。

在气速增大到一定范围时，液体停止下流而被喷淋到上层塔板使塔板上的对流中止，这种状态称为液泛态。

在精馏操作中，下层塔板上的液体涌至上层塔板，破坏了塔的正常操作，这种现象叫液泛。液泛形成的原因，主要是由于塔内上升蒸气的速度过大，超过了最大允许速度所造成的。另外在精馏操作中，也常常遇到液体负荷太大，使溢流管内液面上升，以致上下塔板的液体连在一起，破坏了塔的正常操作的现象，这也是液泛的一种形式。以上两种现象都属于液泛，但引起的原因是不一样的。

在气速再增大到一定范围时，就会产生雾沫夹带。

雾沫夹带是指气体自下层塔板带至上层塔板的液体雾滴。在传质过程中，大量雾沫夹带会使不应该上到塔顶的重组分带到产品中，从而降低产品的质量，同时会降低传质过程中的浓度差，只是塔板效率下降。对于给定的塔来说，最大允许的雾沫夹带量就限定了气体的上升速度。

影响雾沫夹带量的因素很多，诸如塔板间距、空塔速度、堰高、液流速度及物料的物理化学性质等。同时还必须指出：雾沫夹带量与捕集装置的结构也有很大的关系。虽然影响雾沫夹带量的因素很多，但最主要的影响因素是空塔速度和两块塔板之间的气液分离空间。对于固定的塔来说，雾沫夹带量主要随空塔速度的增大而增大。

但如果气体速度太低，又会产生液体泄漏。塔板上的液体从上升气体通道倒流入下层塔板的现象叫泄漏。在精馏操作中，如上升气体所具有的能量不足以穿过塔板上的液层，甚至低于液层所具有的位能，这时就会托不住液体而产生泄漏。

空塔速度越低，泄漏越严重。其结果是使一部分液体在塔板上没有和上升气体接触就流到下层塔板，不应留在液体中的低沸点组分没有蒸出去，致使塔板效率下降。因此，塔板适宜操作的最低空塔速度是由液体泄漏量所限制的，正常操作中要求塔板的泄漏量不得大于塔板上液体量的10%。泄漏量的大小，亦是评价塔板性能的特性之一。筛板、浮阀塔板和舌形塔板在塔内上升气速度小的情况下比较容易产生泄漏。

图8-27为正常操作时，穿流或筛板塔内的每一块塔板上物料的分布状态。

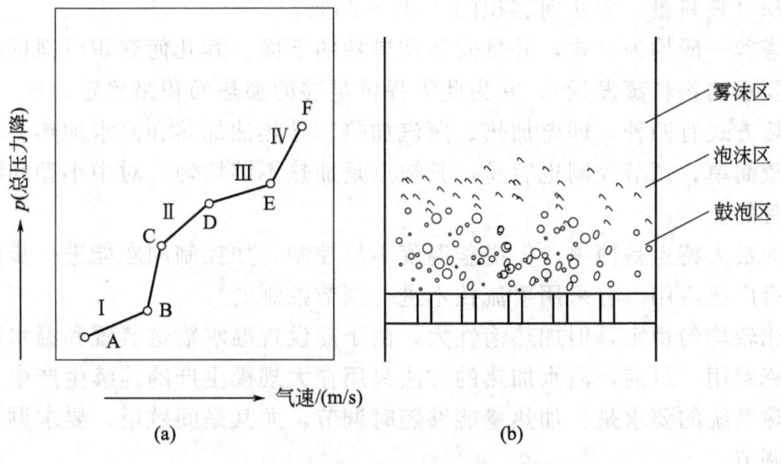

图 8-27 塔板上物料的分布状态

从使两相充分接触这一角度考虑，上述的鼓泡态是筛板塔的基本操作状态，泡沫区和雾沫区是塔板上进行热量和物质交换的主要区域，邻近液泛点的气流速度是最佳操作速度。在未形成稳定泡沫区的低速下操作时气液接触不充分，分离效率不高；而在超过上述气速范围的高气速下操作时，因缩短了气液两相间传质和传热的效果，这是因为：

① 减低了气液两相间特别是气相的传质阻力；

② 气液两相的高度分散，大大增加了两相的接触面；

③ 泡沫频繁生成与破裂，表面更新较快，避免了相接触面的“老化”，保证有较大的传质推动力。

由于上述原因，一般而言，属于滴状传质的板式塔，其传质速率要比填充塔（多层膜状传质）大 10～13 倍。

对于穿流式筛板塔来说，虽然具有制造简单、设备成本低、处理量大的特点，但也存在着操作弹性小等不足之处。所谓操作弹性小，即如果操作条件（主要是气体操作速度）控制在最佳操作范围内，一般为10%左右的操作弹性。又如这种塔在处理料量小时，效率要降低到原来的 70%左右。因此必须加强操作管理，保持筛板上液面稳定，力求在规定的操作范围内以保证取得较好的精馏提纯效果。

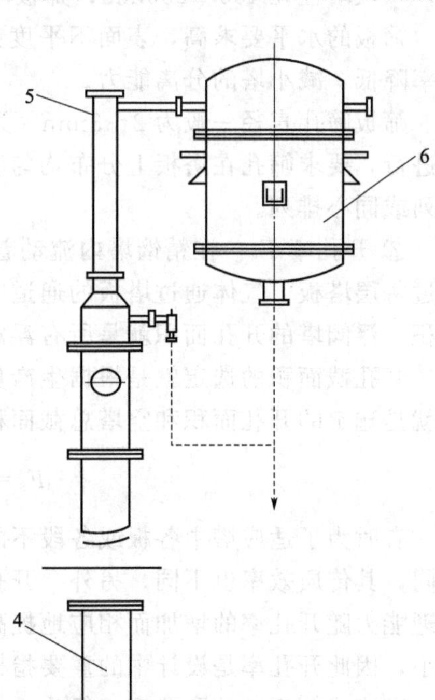

穿流式筛板塔设备要求如下。

(1) 塔釜

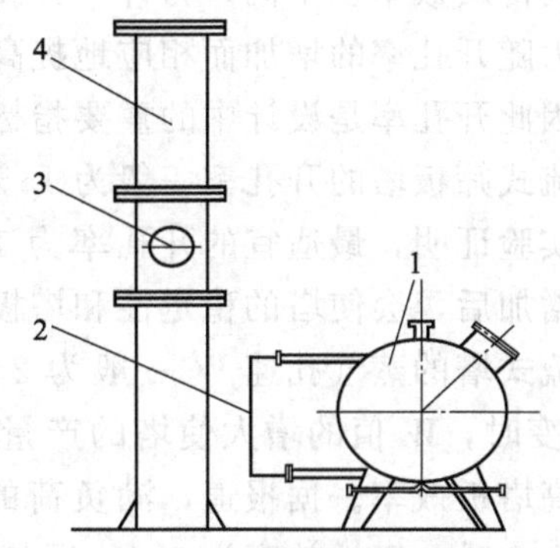

图 8-28 间歇穿流式筛板结构图

1—塔釜；2—液面计；3—窥视孔；4—塔柱；5—测温计；6—冷凝器

间歇操作精馏塔的塔釜结构形式有立式和卧式两种。为了减少空间高度，节省建筑投资，比较大的塔均采用卧式塔釜。图 8-28 所示为间歇穿流式筛板结构示意图。

间歇塔塔釜的几何容积要看实际几何容积，一般塔釜的有效容积（装料量）为几何容积的65%～75%。

连续塔的塔釜一般均为立式，并且安装在塔柱的下面。其几何容积可根据塔的全流量的需要（即满足要求的物料蒸发量），并为此需提供足够的加热面积来确定。

塔釜的加热方式有四种，即电加热、蒸汽加热、导热油加热和温水加热。

电加热比较简单，调节控制也容易，其缺点是加热不够均匀，对中小型间歇塔，采用电加热是比较适宜的。

蒸汽加热的最大特点是简单，但塔釜温度不易控制，如控制问题能进一步解决，此种加热方法将会获得广泛应用（有采用射流技术进行调节控制的）。

温水加热比较均匀稳定，但加热惰性大，由于需设置温水输送装置和温水调节装置，增加了设备和投资费用。目前，温水加热的方法只用在大规模生产的连续生产中。

对塔釜加热系统的要求是：加热量能够随时调节，尤其是间歇塔，要求调节范围大；调节灵敏和连续调节。

（2）塔柱

① 筛板　目前广泛采用不锈钢筛板和氟塑料筛板，其筛板厚度不一，不锈钢塔筛板的厚度为2～3mm，塑料筛板的厚度为6～8mm左右，为了使筛板在工作状况下保持水平不变形，一般塔柱在150～250mm，筛板厚度采用8mm左右。

筛板的水平要求高，表面不平度只允许误差1/1000，因为筛板表面不平，会引起塔板效率降低，减小塔的分离能力。

筛板筛孔直径一般为2～3mm，为了使蒸气鼓泡和气液质量传递在每个塔板面上能均匀地进行，要求筛孔在塔板上分布均匀和筛孔大小均匀。筛孔在筛板的分布一般采用正三角形排列或同心排列。

② 开孔率F_s　在精馏塔内流动着从下往上的蒸气和从上往下的液体，而且它们要同时通过每层塔板。气体通过塔板的通道叫升气孔道，升气孔道的总截面积就是每块塔板的开孔面积。浮阀塔的开孔面积就是所有浮阀孔截面积的总和。

开孔截面积的选定就是根据生产负荷的大小和允许蒸气的速度确定的。通常所说的开孔率就是选定的开孔面积和空塔总截面积的比值，以F_s表示，即：

$$F_s=\frac{\text{筛孔总面积}}{\text{筛板面积}}\times 100\%$$

有时为了适应塔中各板或各段不同的气体负荷，设计时可以选用不同的开孔率。开孔率不同，其传质效率也不同。另外，开孔率对塔的处理能力也有很大的影响。在相同塔径中，处理能力随开孔率的增加而相应地提高；对于同一处理能力而言，开孔率增加，则塔径可以减小，因此开孔率是设计中的重要指标之一。

穿流式筛板塔的开孔率一般为15%～25%。

经实验证明，最适宜的开孔率为18%～20%，开孔率太小，会降低塔的产量；但开孔率过大增加后，会使塔的稳定性和塔板效率降低。

穿流式塔的蒸气孔速W一般为2～3m/s，甚至为5m/s。W值对生产的影响很大，在F_s值不变时，W值的增大使塔的产量成正比地增加，同时W值的增大能强化塔的质量传递，提高塔板效率。据报道，满负荷的W值与操作的W值之比为2时，塔板效率为0.6；比值为3.2时，塔板效率为0.4；但是，W值也不能太大，否则在一定板距离的情况下使雾沫夹带量增加，反而会使塔板效率降低。

③ 板间距H　穿流式筛板塔的鼓泡层较低，故可采用比较小的板间距。板间距与物料

性质和塔径等因素有关，增大板间距，可减小雾沫夹带量，从而提高板效率。但过大增加板间距，则会使塔的高度增加，提高基建投资费用。所以应选取合理的板间距。

板间距可由下式求得。

$$H=h_f+S$$

式中 h_f——泡沫层高度，mm；

S——分离空间，一般取 $S=80\sim100$mm。

在半导体硅生产中，筛板塔的板间距一般为150～220mm。

④ 塔柱结构 穿流式筛板塔的塔柱结构形式有很多种，一般采用三或五块塔板一节的塔柱结构。

采用多块塔板的塔柱，可大大减少法兰数量，即省钢材，同时，也有利于塔的密封和安装。

塔柱之间连接时用的垫圈材料最好采用氟塑料，在塔柱上应设置窥视孔，以便于随时观察塔的操作情况，一般均在塔的上、中、下部各设置一个窥视孔。

⑤ 冷凝器 多晶硅生产中应用的塔顶冷凝器一般为列管式、蛇管式、板式和套管式冷凝器。

应用最广泛的为列管冷凝器，如图8-29所示。此种冷凝器体积传递性能也很好。板式冷凝器（波纹板制造困难，所以在工业生产中应用较少）、套管冷凝器占地面积和空间高度都大，在多晶硅生产中一般不采用。

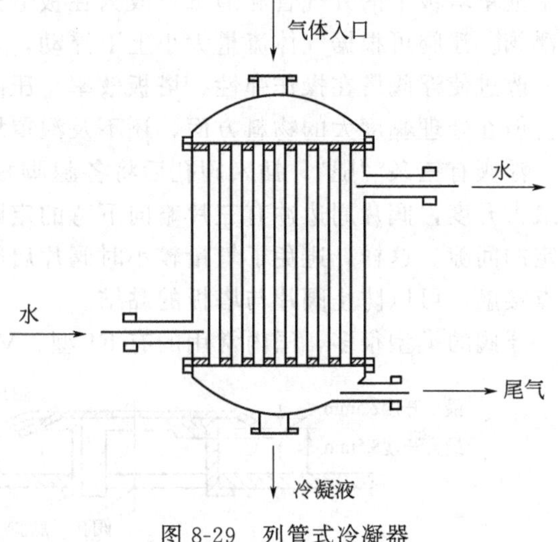

图8-29 列管式冷凝器

蛇管冷凝器多用在石英塔中，因石英制品制作蛇管式比其他形式容易。常用的冷凝器，正确地说应是冷却冷凝器，因为有相当一部分尾气放掉了。关于这方面的理论计算方法尚不成熟，可根据类似的生产情况中选定经验值。

冷凝器的冷却介质在 $SiHCl_3$ 生产中，则采用冷冻盐水（$CaCl_2$ 溶液），但冷冻盐水的温度不宜太低，因为过低的温度会使塔中回流液温度降低，造成塔的效率降低。冷却水温一般为－10～5℃比较适宜。当水温增高后，塔顶尾气必然增多，造成 $SiHCl_3$ 的损失量较大。

8.8.3 泡罩塔

泡罩塔板是最早在工业上广泛应用的塔板，结构如图8-30所示。塔板上开有许多圆孔，每孔焊上一个圆盆管，称为升气管，管上再罩一个“罩”，称为泡罩。升气管顶部高于液面，以防止液体从中漏下，泡罩底缘有很多齿缝浸入在板上液层中。操作时，液体通过降液管下流，并由于溢流堰保持一定的液层，气体则沿升气管上升，折流向下通过升气管与泡罩间的环形通道，最后被齿缝分散成小股气流进入液层中，气体鼓泡通过液层形成激烈的搅拌进行传热、传质。

泡罩塔具有操作稳定可靠、液体不易泄漏、操作弹性大等优点，所以长时间被使用。但随着工业发展需要，对塔板提出了更高的要求。实践证明泡罩塔板有许多缺点，如结构复杂，造价高，气体通道曲折，造成塔板压降大、气体分布不均匀、效率较低等。由于这些缺

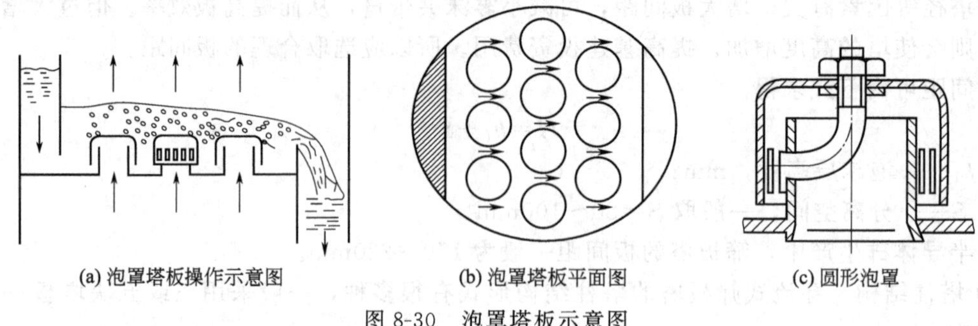

(a) 泡罩塔板操作示意图
(b) 泡罩塔板平面图
(c) 圆形泡罩

图 8-30 泡罩塔板示意图

点，使泡罩塔的应用范围逐渐缩小。

8.8.4 浮阀塔板

浮阀塔板是 20 世纪 50 年代开始使用的一种塔板，它综合了上述两种塔板的优点，即取消了泡罩塔板上的升气管和泡罩，改为在板上开孔，孔的上方安置可以上下浮动的阀片，称为浮阀。浮阀可根据气体流量大小上下浮动，自行调节，使气缝气流速度稳定在某一数值。这一改进使浮阀塔在操作弹性、塔板效率、压降、生产能力以及设备造价等方面比泡罩塔优越。但在处理黏度大的物料方面，还不及泡罩塔可靠。

浮阀有三条"腿"，插入阀孔后将各腿脚板转 90°，用以限制操作时阀片在塔板上张开的最大开度，阀片周边冲有三片略向下弯的定距片，使阀片处于静止位置时仍与塔板间留有一定的间隙。这样，避免了气量较小时阀片启闭不稳的脉动现象，同时由于阀片与塔板板面是点接触，可以防止阀片与塔板的黏结。

浮阀的类型很多，国内常用的有 F1 型、V-4 型及 T 型等，其结构如图 8-31 所示。

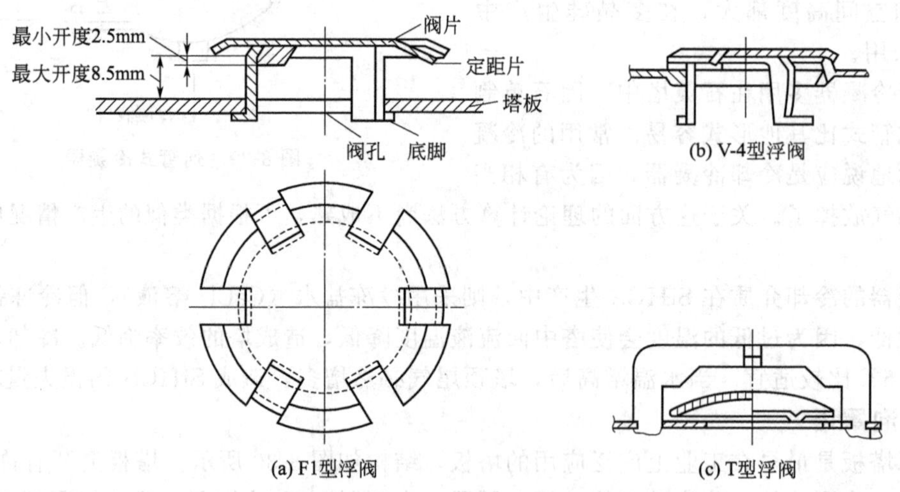

图 8-31 几处浮阀形式

F1 型浮阀见图 8-31(a)，其结构简单，制造方便，节省材料。F1 型浮阀又分轻阀和重阀两种，重阀约 33g，轻阀约 25g。浮阀的质量直接影响塔内气体的压强降，轻阀惯性小，但操作稳定性差。因此，一般场合都采用重阀，只有在处理量大并且要求压强降低的系统(如减压塔)中，才用轻阀。

V-4 型浮阀见图 8-31(b)，其特点是阀孔被冲成向下弯曲的文丘里形，所以减少了气体通过塔板时的压强降，阀片除腿部相应加长外，其余结构尺寸与 F1 型轻阀无异。V-4 型轻阀适用于减压系统。

T 型浮阀的结构比较复杂，见图 8-31(c)，此型浮阀是借助固定于塔板上的支架以限制拱形阀片的运动范围，多用于易腐蚀、含颗粒或易聚合的介质。

填料塔在多晶硅生产中应用较少，由于它的结构简单，在蒸发器和回收 $SiCl_4$ 塔中，是采用填料塔。一般说来该种塔的直径较小，生产较小，由于传质效率较板式塔低很多，故在多晶硅生产中，精馏塔一般采用填料塔。只是在制取其他高纯元素如 As、P 等工艺中采用填料塔。

填料塔的冷凝器和塔釜的结构形式和筛板塔相同，塔柱底部有一个支承花板，在花板上装填料，填料不规则地倒入塔内。

在填料塔内，回流液由上向下流动，蒸气由下向上升，两者之间的接触是在润湿的填料表面上进行的。回流液在塔中填料上流过一段路程之后，就逐渐趋向于沿着塔壁流动，而蒸气必须从塔的中间部分通过，这就是填料塔的塔壁效应，这对填料塔的效率影响很大。为克服这种效应，一般规定填料塔柱的内径 D_0 与填料直径 d 之比为：

$$\frac{D_0}{d}\geqslant 10$$

因为 D_0/d 值愈小，填料在塔内的填充就愈不均匀，回流液向塔壁流动的倾向就愈大，即塔壁效应愈大，这就造成分离效率降低，实验表明，当 $D_0/d\geqslant 10$ 就可基本消除塔壁效应。

填料塔直径的大小对塔的分离效率有很大的影响。因为不规则排列的填料在塔内的分布总是不均匀的，在某些部分形成“通道”。由于“通道”的阻力小，致使蒸气流经“通道”的量较正常情况为多，同样，液体的回流分布不均匀，这就是填料塔的沟流效应。气液分布不均，就造成气液接触情况的恶化，降低塔的分离效率，塔径愈大，塔的沟流效应就愈显著。所以塔径愈大时，分离效率就愈低，因此，填料的直径一般都不大。

填料塔的空塔速度 W_0 一般不超过 0.2m/s，使用大尺寸的填料，W_0 值可稍大一些，但大尺寸填料的分离效率低，故多采用较小尺寸的填料。所以，对空塔速度 W_0 较低的填料，其生产能力比同直径的筛板塔小很多。

8.9 精馏工艺

根据工艺所能够达到的分离程度，可以分为粗馏工艺和精馏工艺。

8.9.1 粗馏工艺

如图 8-32 所示。

8.9.2 连续精馏和间歇精馏

根据精馏提纯时不同的操作状态分为连续精馏和间歇精馏两种。

(1) 连续精馏

图 8-33 所示为 $SiHCl_3$ 连续精馏工艺流程图。其中原料经净化或吸附后不断地经蒸发器加入 1 号塔的中部，产品不断地从上部流入 2 号塔中，可在 2、3 号塔中除去高、低沸物，其提纯效果好，能将 $SiHCl_3$ 中的 B、P 除到一定的数量级。

(2) 间歇精馏

在塔釜中一次加足 $SiHCl_3$ 原料后，要先经过升温、全回流、出低沸物组分、全回流一定时间后出产品、降温后由塔釜中排出高沸物等工序，这样的操作方法有一些缺点。

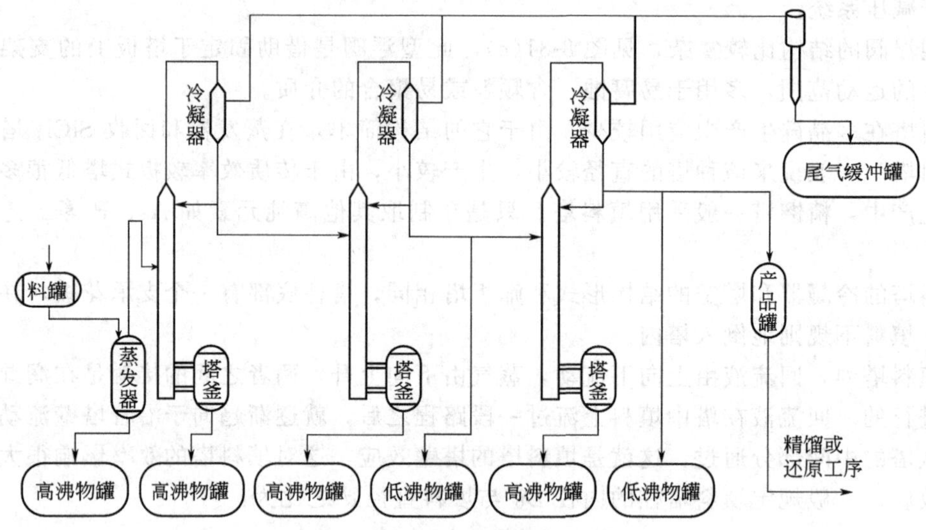

图 8-32 粗馏工艺流程示意图

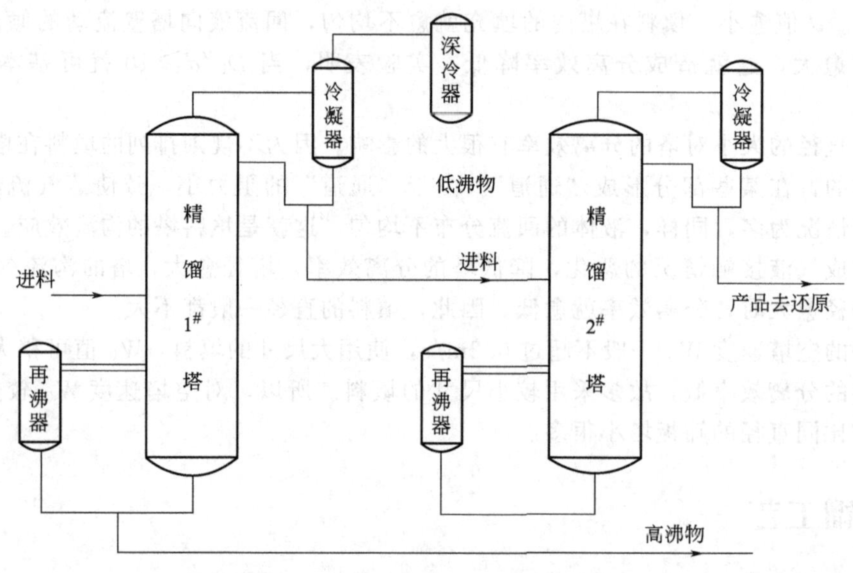

图 8-33 连续精馏工艺流程示意图

① 每一次投料都要经过压料、升温、全回流、降温排掉重组分等过程，操作周期较长。

② 由于塔釜中的组分不断在起变化，越到精馏后期，塔釜中 $SiHCl_3$ 的浓度越低，$SiCl_4$、PCl_3 等其他重金属杂质的浓度越高，每层塔板间的组分也不断地起变化，所以相对板效率不如连续精馏稳定。

③ 为了防止空气倒吸，每次降温对塔中要充以氮气或氩气，这样很可能在塔中引进一些水分，导致 $SiHCl_3$ 的水解，水解后产生的盐酸对不锈钢起腐蚀作用，引进杂质的迁移，影响了 $SiHCl_3$ 的质量。

鉴于上述情况，一般来说对于较大产量的硅材料生产工艺，则采用连续精馏。而对于产品需要较小而生产又为间断性的，则采用石英塔间歇精馏，是完全可满足要求的。

从精馏装置来看，间歇精馏与连续精馏大致相同。作间歇精馏时，料液成批投入精馏釜，逐步加热汽化，待釜液组成降至规定值后将其一次排出。由此不难理解，间歇精馏过程具有如下特点。

① 间歇精馏为非定态过程。在精馏过程中，釜液组成不断降低。若在操作时保持回流比不变，则馏出液组成将随之下降；反之，为使馏出液组成保持不变，则在精馏过程中应不断加大回流比。为达到预定的分离要求，实际操作可以灵活多样。例如，在操作初期可逐步加大回流比以维持馏出液组成大致恒定；但回流比过大，在经济上并不合理。故在操作后期可保持回流比不变，若所得的馏出液不符合要求，可将此部分产物并入下一批原料再次精馏。

② 间歇精馏时全塔均为精馏段，没有提馏段。因此，获得同样的塔顶、塔底组成的产品，间歇精馏的能耗必大于连续精馏。

8.9.3 精馏提纯 $SiHCl_3$ 操作注意事项

① 液泛　在精馏操作中，下层塔板上的液体涌至上层塔板，破坏了塔的正常操作，这种现象叫做液泛。

液泛形成的原因，主要是由于塔内上升蒸气的速度过大，超过了最大允许速度所造成的。另外在精馏操作中，也常常遇到液体负荷太大，使溢流管内液面上升，以致上下塔板的液体连在一起，破坏了塔的正常操作的现象，这也是液泛的一种形式。以上两种现象都属于液泛，但引起的原因是不一样的。

精馏操作中出现液泛现象时，正常的操作要受到破坏，这时要分析产生液泛的原因，做出相应的处理。若是设备问题引起的，应该停车检修；若是操作不当、釜温突然上升引起的，则应停止或减少进料量，稍降釜温，停止塔顶采出，进行全回流操作，使带到塔顶去的难挥发组分慢慢地流到塔釜。当生产不允许停止进料时，可将釜温控制在稍低于正常的操作温度下，加大塔顶的采出量，减小回流比，当塔压降至正常值后，再将操作条件恢复正常。这种操作只能保证产品的数量，而不能保证产品的质量。

② 雾沫夹带　雾沫夹带是指气体自下层塔板带至上层塔板的液体雾滴。在传质过程中，大量雾沫夹带会使不应该上到塔顶的重组分带到产品中，从而降低产品的质量，同时会降低传质过程中的浓度差，只是塔板效率下降。对于给定的塔来说，最大允许的雾沫夹带量限定了气体的上升速度。

影响雾沫夹带量的因素很多，诸如塔板间距、空塔速度、堰高、液流速度及物料的物理化学性质等。同时还必须指出：雾沫夹带量与捕集装置的结构也有很大的关系。虽然影响雾沫夹带量的因素很多，但最主要的影响因素是空塔速度和两块塔板之间的气液分离空间。对于固定的塔来说，雾沫夹带量主要随空塔速度的增大而增大。但是，如果增大塔板间的距离，扩大分离空间，则相应提高空塔速度。

③ 液体泄漏　塔板上的液体从上升气体通道倒流入下层塔板的现象叫泄漏。在精馏操作中，如上升气体所具有的能量不足以穿过塔板上的液层，甚至低于液层所具有的位能，这时就会托不住液体而产生泄漏。

空塔速度越低，泄漏越严重。其结果是使一部分液体在塔板上没有和上升气体接触就流到下层塔板，不应留在液体中的低沸点组分没有蒸出去，致使塔板效率下降。因此，塔板适宜操作的最低空塔速度是由液体泄漏量所限制的，正常操作中要求塔板的泄漏量不得大于塔板上液体量的10%。泄漏量的大小，亦是评价塔板性能的特性之一。筛板、浮阀塔板和舌形塔板在塔内上升气速度小的情况下比较容易产生泄漏。

④ 返混现象　在有降液管的塔板上，液体横过塔板与气体呈错流状态，液体中易挥发组分的浓度降沿着流动的方向逐渐下降。但是当上升气体在塔板上是液体形成涡流时，浓度

高的液体和浓度低的液体就混在一起，破坏了液体沿流动方向的浓度变化，这种现象叫做返混现象。返混现象能导致分离效果的下降。

返混现象的发生，受到很多因素的影响，如停留时间、液体流动情况、流道的长度、塔板的水平度、水力梯度等。

8.9.4 精馏操作控制要点

为保证精馏过程连续平稳进行，需要抑制生产过程中各种不正常现象的发生，要达到生产要求，需要从几个方面来进行控制。

（1）控制系统压力

包括塔顶压力、塔釜压力，另外在加压精馏过程中还包括尾气压力、冷却水或冷媒压力、加热系统压力。

塔的设计和操作都是基于一定的压力下进行的，因此一般的精馏塔总是先要保持压力的恒定。

塔压波动对塔的操作将产生如下的影响。

① 影响产品质量和物料平衡　改变操作压力，将使每块塔板上的气液相平衡的组成发生改变。压力升高，则气相中的重组分减少，相应地提高了气相中地轻组分的浓度；液相中的轻组分含量增加，同时也改变了气液相的重量比，使液相量增加，气相量减少。总的结果是：塔顶馏分中的轻组分浓度增加，但数量却相对减少；釜液中的轻组分浓度增加，釜液量增加。同理，压力降低，塔顶馏分的数量增加，轻组分浓度降低；釜液量减少，轻组分浓度减少。正常操作中应保持恒定的压力，但若操作不正常，引起塔顶产品中重组分浓度增加时，则可采用适当升高操作压力的办法，使产品质量合格，但此时液相中轻组分的损失增加。

② 改变组分间的相对挥发度　压力增加，组分间的相对挥发度降低，分离效率下降，反之亦然。

③ 改变塔的生产能力　压力增加，组分的重度增大，塔的处理能力增大。

④ 塔压的波动　这将引起温度和组成间对应关系的混乱。人们在操作中经常以温度作为衡量产品质量的间接标准，但这只有在塔压恒定的情况下才是正确的。当塔压改变时，混合物的露点、泡点发生改变，引起全塔的温度分布发生改变，温度和产品质量的对应关系也将发生改变。

从以上分析来看，改变操作压力，将改变整个塔的工作状况，因此在正常操作中应维持恒定的压力，只有在塔的正常操作受到破坏时，才可以根据上分析，在工艺指标允许的范围内，对塔的压力进行适当的调整。

影响塔压变化的因素有以下几个方面：塔顶温度；塔釜温度；进料组成；进料流量；回流量；冷剂量；冷剂压力等的变化以及仪表故障、设备和管道的冻堵，都可以引起塔压的变化。

在生产中，当以上因素变化引起塔压变化时，控制塔压的调节机构就会自动动作，使塔压恢复正常。当塔压发生变化时，首先要判断引起变化的原因，而不要简单地只从调节上使塔的压力恢复正常，要从根本上消除变化的原因，才能不破坏塔的正常操作。例如：当冷剂量不足或塔顶冷凝器设备出现故障时引起塔压升高时，若不采取正常的处理方法，而只是加大塔顶采出量来恢复正常的塔压，就有可能使重组分带到精馏段，造成塔顶产品质量不合格。又如，釜温过低引起塔压降低时，若不提釜温，而单靠减少塔顶采出量来恢复正常塔压，将造成釜液中轻组分大量增加。当釜温突然升高，引起塔压上升时，重要的是恢复塔釜正常的温度，而不是单靠增加冷剂量和加大塔顶采出量来降低塔压；否则将容易产生液泛，破坏塔的正常操作。由于设备原因而影响了塔压的正常调节时，应当考虑改变其他操作因素以维持生产，严重时则要停工检修。

（2）控制系统温度

包括进料温度、塔顶温度、塔釜温度、冷却水温度以及冷媒温度、加热系统温度等。

进料温度的变化对精馏操作的影响是很大的。总的来讲，进料温度降低，将增加塔底蒸发釜的热负荷，减少塔顶冷凝器的冷负荷。进料温度升高，则增加塔顶冷凝器的冷负荷，减少塔底蒸发釜的热负荷。当进料温度的变化幅度过大时，通常会影响整个塔身的温度，从而改变气液平衡组成。例如：进料温度过低，塔釜加热蒸汽量没有富余的情况下，将会使塔底馏分中轻组分含量增加。进料温度的改变，意味着进料状态的改变，而后者的改变将影响精馏段、提馏段负荷的改变。因此，进料温度是影响精馏塔操作的重要因素之一。

应该注意，加热量的调节范围过大、过猛，有可能造成液泛或漏液。

（3）控制物料流量

包括进料流量、排低沸物流量、产品流量、排高沸物流量等。

进料量的大小对精馏操作的影响可分为下述两种情况来讨论。

① 进料量变动范围不超过塔顶冷凝器和加热釜的负荷范围时，只要调节及时得当，对顶温和釜温不会有显著的影响，而只影响塔内上升蒸气速度的变化。进料量增加，蒸气上升的速度增加，一般对传质是有利的，在蒸气上升速度接近液泛速度时，传质效果为最好。若进料量再增加，蒸气上升速度超过液泛速度时，则严重的雾沫夹带会破坏塔的正常操作。进料量减少，蒸气上升速度降低，对传质是不利的，蒸气速度降低容易造成漏液，降低精馏效果。因此，低负荷操作时，可适当地增大回流比，提高塔内上升蒸气的速度，以提高传质效果。应该说明，上述结论是以进料量发生变动时，塔顶冷剂量或釜温热剂量均能作相应的调整为前提的。

② 进料的变动范围超出了塔顶冷凝器或加热釜的负荷范围，此时，不仅塔内上升蒸气的速度改变，而且塔顶温度、塔釜温度也会相应地改变，致使塔板上的气液相平衡组成改变，塔顶和塔釜馏分的组成改变。

例如，液相进料时，若进料量过大，则引起提馏段的回流也很快增加，在热剂不够的前提下，将引起提馏段温度降低，釜温中轻组分浓度增大，釜液的流量增大，这同时也会引起上升蒸气中轻组分量增加，致使全塔温度下降，顶部馏出物中的轻组分纯度提高。

当气液两相混合进料时，若进料量突然增加过快，将使精馏段内蒸气量突然增加，同时使提馏段内回流液量也突然增加，在冷剂、热剂不够的前提下，前者是精馏段的温度上升，后者是提馏段的温度下降；前者引起塔顶馏分中重组分浓度增加，使产品质量不合格，后者引起塔釜馏分中轻组分的浓度增加，损失加大。

当全部为气相进料，进料量突然增加过大时，首先应想到是精馏段内上升蒸气的量突然增加，随之而来的是塔顶的气相馏出物量增加，回流比减小，塔顶温度上升，提馏段的温度上升。前者使塔顶产品中重组分含量增加，塔内回流液体中重组分含量也增加；后者使塔底产品中重组分的浓度增加。

综上所述，不管进料状况如何，进料量过大地波动，将会破坏塔内正常的物料平衡和工艺条件，造成塔顶、塔釜产品质量不合格或者物料损失增加。因此，应尽量使进料量保持平衡，即使在需要调节时，也应该缓慢进行。

（4）控制再沸器加热量

塔内上升蒸气速度的大小直接影响着传质效果。板式塔（例如泡罩塔）内上升蒸气是通过泡罩的齿缝以鼓泡的形式与液体进行热量和质量交换的，一般的说，塔内最大的蒸气上升速度应比液泛的速度小一些。工艺上常选择最大允许速度为液泛速度的 80%。速度过低，会使塔板效率显著下降。

影响塔内上升蒸气速度的主要因素是蒸发釜的加热量。在釜温保持不变的情况下，加热量增加，塔内上升蒸气的速度加大；加热量减少，塔内上升蒸气的速度减小。

(5) 控制塔顶冷凝器的冷却量和尾气冷凝器的冷媒量

对采用内回流操作的塔（例如冷凝蒸出塔），其冷剂量的大小，对精馏操作的影响是比较显著的；同时，也是影响回流量波动的主要因素。内回流塔的回流量是靠塔顶冷凝器的负荷来调节的。当冷剂量无相变时，冷凝器的负荷主要由冷剂量进入的多少来调节。如果操作中冷剂量减少，塔顶温度升高，从而流量减少，塔顶温度升高，塔顶产品中重组分的含量增加，纯度下降；如冷剂量增加，情况正相反。当冷剂有相变时，即液体冷剂蒸发吸热，在冷剂量充分的情况下，调节冷剂蒸发压力高低所带来的回流量变化，将更为灵敏。

对于外回流的塔，同样会由于冷剂量的波动，在不同程度上影响精馏塔的操作。例如，冷剂量的减少，将使冷凝器的作用变差、冷凝液量减少，而在塔顶产品的液相采出量作定值调节时，回流量势必减少。假如冷凝器还有过冷作用（即通常所说的冷凝冷却器）时，则冷剂量的减少，还会引起回流液温度的升高。这些都会使精馏塔的顶温升高，塔顶产品中重组分含量增多，质量下降。

(6) 全回流时间和回流比的控制

操作中改变回流比的大小，以满足产品的质量要求是经常遇到的问题。当塔顶馏分重组分含量增加时，常采用加大回流的方法将重组分压下去，以使产品质量合格。当精馏段的轻组分下到提馏段造成塔下部温度降低时，可以用适当减少回流比的方法以使釜温提起来。增加回流比，对从塔顶得到产品的精馏塔来说，可以提高产品质量，但是却要降低塔的生产能力，增加水、电、气的消耗。回流比过大，将会造成塔内物料的循环量过大，甚至能导致液泛，破坏塔的正常操作。

粗、精塔顶温度是操作的关键问题，它是与釜中原料的组成、塔板效率、回流比有密切关系的，在一定程度上代表馏分的纯度，要求塔顶温度的误差小、精确度越高越好。

8.9.5 质量和安全控制

(1) $SiHCl_3$ 精馏提纯的质量控制

精馏 $SiHCl_3$ 是多晶硅生产的主要工序之一，该工序是多晶硅生产的关键工序。它的质量直接关系到多晶硅产品的质量，要求生产设备运转良好，工艺稳定，产品纯度高，才能保证多晶硅产品的高质量，所以需要对精馏工序的全过程实行预防性控制。

(2) 安全要求

$SiHCl_3$ 引火点 28℃，着火点 220℃，易燃，要求避免同火焰、火花及高温物体接近，流经四氟管时还易产生静电，因此必须采取静电引出措施。严禁用铁器捅、敲、锤水分较少的 $SiHCl_3$ 水解物，以防着火，爆炸。杜绝 $SiHCl_3$ 料液的跑料事故发生，防止系统压力过高引起窥视孔爆炸。要随时检查设备运转情况，以便及时发现问题、及时处理。

三氯氢硅、四氯化硅溅到人体皮肤上会引起化学灼伤，因此取样时或手拿盛有三氯氢硅或四氯化硅的容器时，要戴好防护手套、眼镜。经常巡视设备、管路、阀门，确保清洁卫生，无跑、冒、滴、漏现象，若有，及时维修。定期清除淋洗塔的水解物，保持其畅通，无堵塞。设备异常时不能开车，查明原因，排除故障后方可开车。每半年对测温孔加液体石蜡一次，确保测温准确。每半年对冷凝器水通道清洗一次，以排出积垢，保障其畅通。维护好电脑控制系统，保持其通风和环境卫生。电器设备要可靠接地，检修时不可带电作业。

小　结

三氯氢硅的纯度对多晶硅产品的质量至关重要。本章通过对精馏原理、物料衡算和热量衡算的讲述，重点说明精馏的操作要点和安全控制，特别是对液泛、返混、液体泄漏等现象的处理措施。

习　题

8-1 在精馏塔中，精馏塔如何使混合液中的易、难挥发物达到分离的目的？

8-2 试述精馏原理：并用 t-x 图简明部分汽化、冷凝分离混合液体的原因？

8-3 解释名词：液化、汽化、蒸发、挥发度和相对挥发度、全回流、回流比、理论板数和板效率。

8-4 在精馏过程中某塔全回流量 1000mL/h，产品量为 100mL/h，求回流量；而另一塔的回流比为15∶1，产品量 40mL/h，求全流量？

8-5 某一连续精馏塔用以分离苯-氯苯，其中苯含量40%，氯苯60%每小时的处理量为15000kg，要求塔顶产品含苯量98%，塔底产品含苯量1%，回流比1.8∶1，板效率70%，试计算：

① 塔顶和塔底产品量。

② 用图解法求塔板数和加料位置？

③ 求实际塔板数？

④ 精馏过程可能有哪些非正常现象发生？发生原因是什么？怎么控制？

第9章 三氯氢硅氢还原制备高纯硅

学习目标

1. 理解三氯氢硅还原生产多晶硅的原理、基本流程。
2. 掌握三氯氢硅还原生产操作要点。
3. 了解三氯氢硅还原生产多晶硅质量要求。

超纯硅的制备是常用高纯氯硅烷（或氢化物），在密封不易沾污的环境中，以超纯氢进行还原（或直接热分解），将超纯硅沉积于控制在一定温度的载体上。

9.1 三氯氢硅氢还原的原理及影响因素

9.1.1 三氯氢硅氢还原反应原理

经提纯和净化的 $SiHCl_3$ 和 H_2 按一定比例进入还原炉，在 1080～1100℃ 温度下，$SiHCl_3$ 被 H_2 还原，生成的硅沉积在发热体硅芯上。

化学方程式：

$$SiHCl_3 + H_2 \xrightarrow{1080\sim1100℃} Si + 3HCl\text{（主）}$$

同时还会发生 $SiHCl_3$ 热分解和 $SiCl_4$ 的还原反应：

$$4SiHCl_3 \xrightarrow{1080\sim1100℃} Si + 3SiCl_4 + 2H_2$$

$$SiCl_4 + 2H_2 \xrightarrow{1080\sim1100℃} Si + 4HCl$$

以及杂质的还原反应：

$$2BCl_3 + 3H_2 \longrightarrow 2B + 6HCl$$

$$2PCl_3 + 3H_2 \longrightarrow 2P + 6HCl$$

9.1.2 三氯氢硅氢还原的影响因素

（1）氢还原反应及沉积温度

三氯氢硅和四氯化硅氢还原反应都是吸热反应，因此升高温度使平衡向吸热一方移动，有利于硅的沉积，也会使硅的结晶性能好，而且表面具有光亮的灰色金属光泽。但实际上反应温度不能太高，原因如下。

① 硅和其他半导体材料一样，自气相往固态载体上沉积时，都有一个最高温度，当反应超过这个温度，随着温度的升高，沉积速度反而下降。

② 温度太高，沉积的硅化学活性增强，受到设备材质沾污的可能性增强。

③ 对硅极为有害的杂质如B、P化合物，随着温度增高，其还原量也加大，这将增加对硅的沾污。

④ 过高的温度，会发生硅的逆腐蚀反应。

因此，在生产中采用1080～1100℃左右进行三氯氢硅氢还原反应。

(2) 反应混合气配比

反应混合气配比是指还原剂氢气和原料三氯氢硅的摩尔比。

在三氯氢硅氢还原过程中，用化学当量计算配比的氢气进行还原时，产品呈非晶体型褐色粉末状析出，而且实收率很低。这是由于氢气不足，发生其他副反应的结果。因此，氢气必须比化学当量值过量，有利于提高实收率，而且产品结晶质量也较好。

H_2 和 $SiHCl_3$ 的摩尔配比也不能太大，原因如下。

① 配比太大，H_2 得不到充分利用，造成浪费。同时，氢气量太大，会稀释 $SiHCl_3$ 的浓度，减少 $SiHCl_3$ 与硅棒表面碰撞的概率，降低硅的沉积速度，降低硅的产量。

② 从 BCl_3、PCl_3 氢还原反应可以看出，过高的 H_2 浓度不利于抑制 B、P 的析出，影响产品质量。

因此，选择合适的配比，使之既有利于提高硅的转化率，又有利于抑制 B、P 的析出。

(3) 反应气体流量

在保证达到一定沉积速率的条件下，流量越大，还原炉产量越高。流量大小与还原炉结构和大小，特别是与载体表面积大小有关。

增大气体流量后，使炉内气体湍动程度随之增加，这将有效地消除灼热载体表面的气体边界层，其结果将增加还原反应速度，使硅的实收率得到提高，但反应气体流量不能增得太大，否则会造成反应气体在炉内停留时间太短，转化率相对降低，同时加大了干法回收岗位的工作量。

(4) 沉积表面积与沉积速度、实收率关系

硅棒的沉积表面积由硅棒的长度和直径决定。在一定长度下，硅棒的表面积随硅的沉积量增大而增大，沉积表面积越大，则沉积速度与实收率也越高。所以，采用多对棒，开大直径硅棒，有利于提高生产效率。

(5) 还原反应时间

尽可能延长反应时间，也就是尽可能使硅棒长粗，对提高产品质量与产量都是有益的。随着反应的进行，沉积硅棒越来越粗，载体表面越来越大，则沉积速率不断增大，反应气体对沉积面碰撞机会也越多，因而产量就越高。而单位体积内载体扩散入硅中的杂质量相对减少，这对提高硅的质量有益。

延长开炉周期，相对应地减少了载体的单位消耗量，并缩短停炉、装炉的非生产时间，有利于提高多晶硅的生产效率。

(6) 沉积硅的载体

作为沉积硅的载体材料，要求材料的熔点高、纯度高、在硅中扩散系数小，要避免在高温时对多晶硅产生沾污，又应有利于沉积硅与载体的分离，因此，采用硅芯作为载体。

9.1.3 影响多晶硅沉积速度的实验和新的理论依据

多晶硅制取是建立在以 H_2 还原 $SiHCl_3$ 的可逆反应的理论基础上、反应条件为高温(1100℃左右)、气体流动下的气固相表面反应，其反应不是单一的 $SiHCl_3$ 还原沉积 Si 的反应，而是伴有热分解和副产物产生的综合反应。在这一流程系统中，气相 $SiHCl_3$ 中 Si 的还原量（多晶硅沉积速度）必然受到热力和动力的制约。表现在热平衡时 $SiHCl_3$ 转化率不高，在一定阶段时 $SiHCl_3$ 达到饱和状态，处于平衡，沉积量不再增加。

① 为了克服这种缺陷，生产中采取以下有效措施。

• 提高 $SiHCl_3$ 和 H_2 的摩尔比（提高 $SiHCl_3$ 配比浓度，即 $SiHCl_3$ 分压）。

H_2 ：$SiHCl_3$ ＝10：1 ⟶ H_2 ：$SiHCl_3$ ＝3.5：1

• 加大 $SiHCl_3+H_2$ 混合气的输入量（循环量）　根据理论计算，多晶硅产能4.7kg/h，只需 $SiHCl_3$ 22.4kg/h，而实际生产供给量为 36.2kg/h；混合气量（标准状况）16.7m^3/h，而实际生产供给量（标准状况）为 126.5m^3/h（全过程的平均数）。

② 通过实验可得出以下结论。

• 提高 $SiHCl_3$ 的摩尔配比，增大 $SiHCl_3$ 浓度，可提高沉积速度，缩短开炉周期，有益于提高产量。

• 有理论认为：在 $SiHCl_3$ 向硅棒表面的沉积过程中，硅棒表面存在着一活性沉积中心，它的数量决定整个沉积反应速率。增大 $SiHCl_3$ 的配比浓度（提高 $SiHCl_3$ 分压），且加大混合气（$SiHCl_3+H_2$）的循环量，使其明显超过硅棒表面所形成的活性中心沉积的需要量，使反应过程在达到热平衡时，在物料饱和状态下，促成硅棒活性中心的充分利用，实现沉积速度的提高。这是在国外通过理论研究（热力学和动力学）及工业实验，然后应用于多晶硅生产的化学气相沉积技术（这种工艺只适宜于 CZ 用多晶硅的生产）得出的结论。

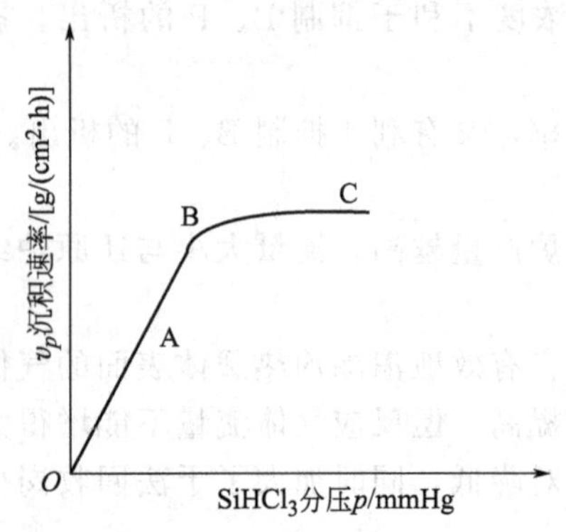

图 9-1　多晶硅沉积速率与 $SiHCl_3$ 分压的关系

经实践证明，单位时间内通入还原炉的 $SiHCl_3$（$SiHCl_3$ 分压）达到饱和态时（曲线拐点），再增多 $SiHCl_3$ 量，沉积速度将不再提高。如图 9-1 所示。

根据实验数据证明：$SiHCl_3$ 还原的宏观原理可写成以下依次进行或并列进行的基本反应步骤。

$$SiHCl_3 \longrightarrow SiCl_2 + HCl$$

$$SiCl_2 \longrightarrow 1/2Si + 1/2SiCl_4$$

$$SiCl_2 + H_2 \longrightarrow SiH_2Cl_2$$

$$SiH_2Cl_2 \longrightarrow Si + 2HCl$$

$$SiCl_4 + H_2 \longrightarrow SiHCl_3 + HCl$$

从反应式可看出，形成硅沉积的有效反应是；

$$SiCl_2 \longrightarrow 1/2Si + 1/2SiCl_4 \tag{9-1}$$

$$SiCl_2 + H_2 \longrightarrow SiH_2Cl_2 \longrightarrow Si + 2HCl \tag{9-2}$$

在 1100℃时，式(9-1) 的平衡常数为 11.103，式(9-2) 的平衡常数为 0.123。很显然式(9-1) 的反应速度，远高于式(9-2) 的反应速度，式(9-1) 反应成为 Si 沉积的关键，但从式(9-1) 反应也可看出，1mol 的 $SiCl_2$，只能产生 1/2mol 的 Si，所以当 H_2 ：$SiHCl_3$ 配比达到饱和状态时，再增大 $SiHCl_3$ 量，沉积速度也得不到提高。若 H_2 ：$SiHCl_3$ ＜2.5 时，会产生非晶态硅。

根据沉积速率 v_p 和 $SiHCl_3$ 分压 p_{SiHCl_3} 的动力学方程式：$v_p = kp_{SiHCl_3}$，它能清楚表述多晶硅沉积速率与 $SiHCl_3$ 分压曲线图 9-1 中的 OA 段。从图 9-1 中可以看出：随着 p_{SiHCl_3} 的增大，沉积速率呈线性关系的提高。

在再循环制取多晶硅的闭路循环系统中，为了达到最大的沉积速度，反应炉入口处的 $SiHCl_3$ 分压应尽可能地接近 B 点，针对这一条件，通过实验，得出了距平衡状态极近的动力方程式：$v_p = kp_{SiHCl_3}^{0.42}$，它表述了 p_{SiHCl_3} 超过平衡达到饱和后，沉积速度将不再提高。

为了克服反应过程中热力、动力的制约，达到尽可能高的沉积速度，必须增大 $SiHCl_3$ 的供给密度（也就是单位时间内，供给硅棒单位面积的 $SiHCl_3$ 量要尽可能多），加大混合气体循环量，实现程序所需的供给量，以此来弥补一次收率的不足，所以闭路循环系统应保持一定的压力范围，以确保物料循环推动力。

随着硅棒直径的增大，供料量就需不断地增加，以满足不断增长的硅棒表面积沉积的需求，沉积速度也相应提高。

这是因为：

① 硅棒直径的增大，硅棒表面积增加，为 $SiHCl_3$ 反应沉积硅提供了更多的活性中心；

② 多晶硅沉积的机理是建立在气固相表面的化学气相沉积上的，硅棒表面积的增大，提高了气固相接触概率，促进了反应进行；

③ 硅棒直径增大，硅棒之间的热辐射，为化学气相沉积提供了稳定的温度条件，不但提高反应速度，且节省电耗。

从生产实践也证实了这一理论依据的正确性，所以硅棒在后期（直径增大时期）有益于沉积速度的提高，实际生产中以开大直径硅棒（>100mm）最为有利。

从目前提供的数据中可以看出似乎沉积速度更快。这除了增加硅棒长度、扩大硅棒直径带来的效果外，增加炉体的高度，增加混合气在炉内的路程和停留时间，为反应过程的进行赢得时间，有益于气固相表面活性中心的充分利用，有利于沉积速度的提高。

对其物料配比和气相供料量，只能模拟猜想配比不会大于 3.5，汽气混合物的供给量（循环量）将会更大。

通过实验和资料分析，提高 $SiHCl_3$ 的配比浓度、加大混合气的循环量、增大硅棒直径都有益于沉积速度的提高，但 $H_2:SiHCl_3=3.5:1$ 是否就是沉积速度最快的最佳配比，多晶硅沉积速度和 $SiHCl_3$ 的分压曲线在 B 点，曲线不再是线性关系，而是 $v_p=kp^{0.42}$ 的关系，在预定的还原系统中，混合气平均通入的最佳量是多少等问题，必须在理论指导下，通过实验和生产实践的数据来寻求验证。

以上的实验和分析可指导多晶硅工艺设计，但对还原工序中的还原炉、变压器容量、管路通径、混合气循环推动力等，要留有充分余地，以满足大直径硅棒的正常运行。

9.2　三氯氢硅氢还原的工艺

9.2.1　三氯氢硅氢还原的工艺流程

如图 9-2 所示。经过提纯的三氯氢硅原料，按还原工段工艺条件的要求，由管道加入还原岗位的供料罐，再经管道连续加入挥发器中。经过净化的氢气分两路：一路通过挥发器中的三氯氢硅液层（主路氢），使三氯氢硅鼓泡挥发，并携带三氯氢硅的蒸气经进气管喷头喷入还原炉内，在 1080～1100℃的反应温度下，三氯氢硅中的硅被还原出来，沉积在硅载体上。炉内反应生成的氯化氢气体、四氯化硅以及未反应完的氢气和三氯氢硅经尾气管道进入干法回收系统（或者经过淋洗塔吸收后放空）；另一路

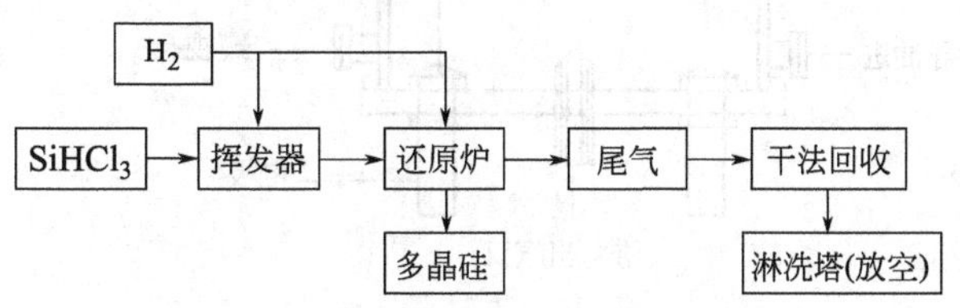

图 9-2　三氯氢硅氢还原工艺流程简图

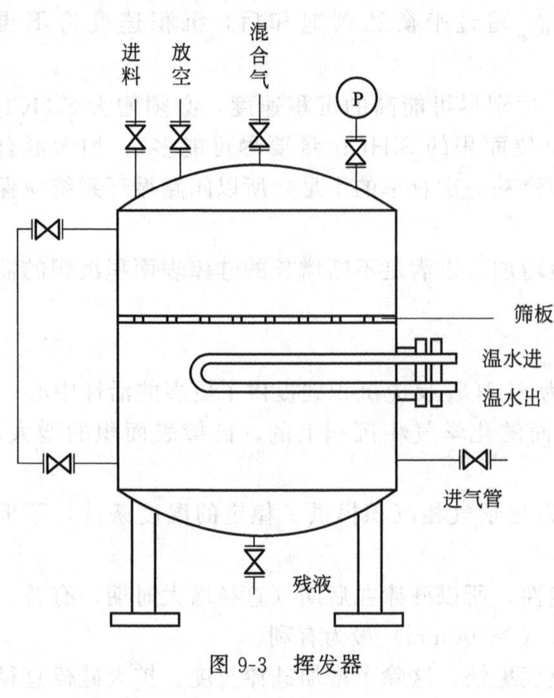

图 9-3 挥发器

（侧路氢）在还原炉赶气时使用。

9.2.2 三氯氢硅氢还原的主要设备

(1) 挥发器

如图 9-3 所示。挥发器由液面计、氢气进气管、三氯氢硅进料管、混合气出气管、放空管、残液管及温水加热系统组成。挥发器是由不锈钢材质制作的。

挥发器是使三氯氢硅液体按一定配比汽化成气体的容器。当主氢流量保持不变时，可在温水加热系统中加入温水，确保三氯氢硅的挥发速度。同时改变挥发器氢气流量时，则三氯氢硅的挥发量也随之变化。

为了提高多晶硅质量，将氢气全部通入挥发器中三氯氢硅料层（即全氢鼓泡），可以达到除去三氯氢硅料中硼、铁杂质的作用。

(2) 还原炉

还原炉示意图如图 9-4 所示。还原炉分为钟罩式和开门式（已不使用）两种。还原炉由电极、底盘、进出气管、进出导热油孔、窥视孔、防爆孔等部分组成。一般采用不锈钢材质制成。还原炉内壁光亮，炉体有夹层用以通导热油，以带走反应产生的辐射热量。底盘有夹层用以通冷却水，以保护密封垫圈。炉顶设有防爆孔，用以防止因炉内压力过大而爆炸。炉体均设有窥视孔，用以观察炉内硅棒温度及生长情况。底盘上安装了进出气管和均布了一定数量的电极。

电极由导电性较好的铜材料制成，中间为空心，可以通冷却水进行冷却，以防电极密封垫圈烤焦，电极与载体用石墨夹头进行连接。

进、出气管如图 9-5 所示。采用三层套管结构，有利于还原混合气体初步预热进入还原

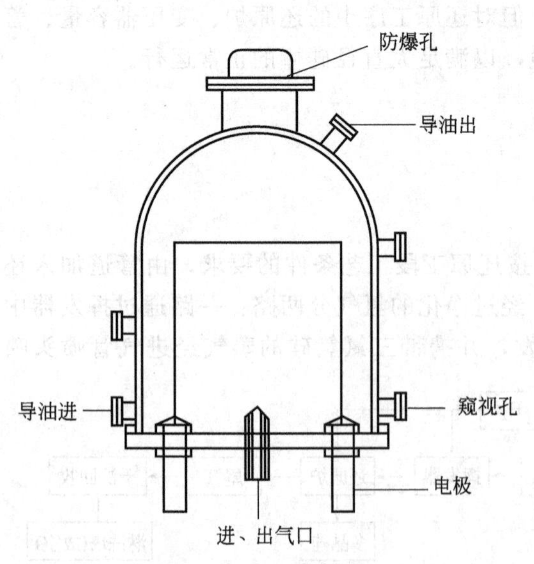

图 9-4 还原炉示意图

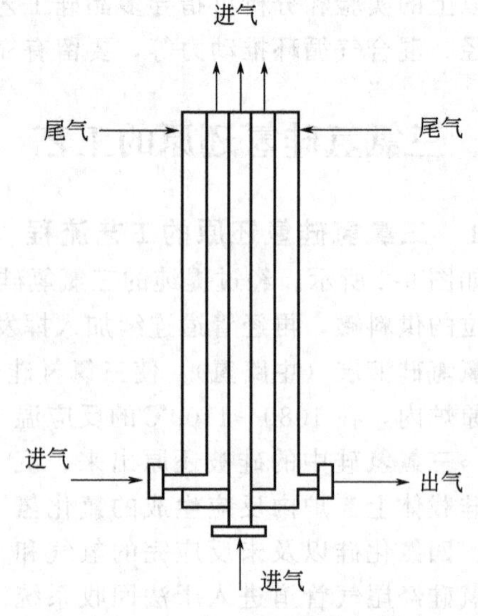

图 9-5 进、出气管示意图

炉内，并使尾气得到初步冷却，进、出气管喷口的高度一般与电极高度差不多，但低于电极与载体连接处的高度，这样可以保证混合气体能高速喷入还原炉内，同时喷口直径不宜过大或过小。选择合适的喷口直径可使气体在炉内呈湍动状态，以利于破坏硅棒表面的气体界层，有利于还原反应过程的进行。

(3) 淋洗塔

淋洗塔由玻璃钢制作。每个塔柱内装有带一定数量喷嘴的水管一根，使水呈喷雾状喷入。使尾气中的 HCl、$SiCl_4$、$SiHCl_3$ 被淋洗生成盐酸和 SiO_2，再通过专用的管道送至污水站处理，H_2 回收利用或直接放空。

(4) 电器设备（高压电器和中压电器）

根据高纯硅的“热敏性”（纯硅棒的电阻是随温度的升高而迅速减小），可先用高压启动设备得到大的电流，使硅棒载体温度升高；硅棒电阻将随着温度升高而下降，直到用普通电压也能得到足够大的电流，使硅棒能够保持还原反应所需的温度。因此还原炉需要配备一台高压启动设备和一台维持硅棒正常生长的低压电器设备。

9.3 三氯氢硅氢还原操作要点及事故处理

9.3.1 正常的开、停炉

(1) 开炉前的准备工作

通知电工检查并调试还原电器设备，通知氢气净化站送纯氢，从三氯氢硅提纯岗位将三氯氢硅压至还原料罐中；循环水岗位、导热油岗位送水、送油到还原岗位；干法回收岗位准备回收还原尾气；腐蚀组装炉。注意：对第一次使用的设备需要进行清洗。

(2) 高压启动

检查楼下变压器、可控硅及还原炉电极、底盘的冷却水是否通好；将还原炉前氢气赶气量降至最低；检查炉前导油供油压力是否在规定范围内；变压器的油开关是否合上。

变压器房间合上“操作电源”、“高压控制”、“高压主回路”三个开关；将还原房间的门关上，挂上高压警示牌，合上中压控制箱的“同步电源”、“给定电源”开关，将“给定粗(细)调”电位器退至初始位置。观察“移项电压”表指示是否在规定范围内，给中压“操作电”按钮，根据炉内硅芯长短，准备好倒级级数；给高压“操作电”按钮，对好“相”好，打报警铃，再给上高压“主回路”电源，升励磁至规定位置，同时注意观察“击穿电压”、“击穿电流”表指针变化情况，等待击穿；待“击穿电压”指针下降、“击穿电流”指针升至规定位置，倒入高压控制按钮，再待“击穿电压”指针下降、“击穿电流”指针升至规定位置，通知中压人员，作好准备，断掉高压“操作电源”。中压操作人员听到“响声”后，看到中压控制柜上高压指示灯熄灭后，立即给上中压“主回路”，此时“硅棒电流”应有一定的电流指示。接着启动另外两相，待第三相都启动完毕后，检查硅芯有无偏、倒、靠情况，炉内有无异常现象，确认无误后，空烧半小时进料。

(3) 进料

① 挥发器单独供料的操作　设定好挥发器自动控制的各项参数，将各项控制仪表调为自动状态，将挥发器上的自动下料阀、进氢阀、混合气进出气阀、温水阀的气源打开，将挥发器加料至规定值，并加压待用。关闭还原炉前尾气放空阀，当炉内压力大于尾气干法回收压力时，打开尾气干法回收阀门，使尾气走干法回收系统，打开挥发器上进氢球阀、下料球阀、混合气出气针形阀，打开还原炉前混合气流流量计上下调节阀、加热温水阀，手动调节

混合气自动仪表上的气动阀开启度，关闭炉前赶氢阀门。最后，观察挥发器的各项参数是否处于受控状态。

② 挥发器正在供料时新开炉的进料操作　关闭该还原炉尾气的放空阀，当炉内压力大于尾气干法回收压力时，打开尾气干法回收阀门，使尾气走干法回收系统；打开还原炉前混合气进气阀、混合气流量计下控阀，用流量计上控阀控制混合气的量，关闭还原炉前赶氢的阀门。

(4) 停炉

根据生产计划要求，硅棒长到目标直径后应及时停炉。开启还原炉前侧路氢阀门，关闭混合气进气球阀，混合气流量计上、下阀门；赶气空烧一定时间后逐渐降低硅棒电流，直至断电。关闭中压控制柜上移项同步电流给定开关，将粗细调旋钮调至初始位置，倒级开关退至零级，通知腐蚀组准备取棒（对单独供料的挥发器要先停挥发器）。

(5) 全线停炉

赶气工作完成后，炉内封一定的氢气压力，通知净化站停送气，干法回收岗位自循环，待导热油温降至规定值后，关闭导热油进出油阀（导热油岗位停油泵）。关闭各冷却水进出阀门（循环水岗位停水泵）。

9.3.2 三氯氢硅氢还原可能发生的事故及处理要点

(1) 突然停电

如果在生产运行中突然停电，就意味着停氢气、导热油、循环水。

如果瞬间断电（跳闸），将跳闸的各运行电路开关合上（导热油、循环水岗位）。还原炉进行复位操作，合上中压控制回路、主回路开关，必要时可适当降电流退级复位，对复位不成功的炉子，应立即按停炉处理。如果一定时间不能来电，则立即停料，关闭挥发器进氢阀、下料阀，关闭各还原炉混合气进气阀、尾气回收阀，打开尾气放空阀，用少许侧路氢赶气，并适当开启导热油高位冷油槽下油阀，以降低还原炉壁温度。循环水岗位应将循环水改为自来水冷却，防止垫圈、密封垫圈被烧坏。来电时，按开炉处理。

(2) 干法氢压机因故障停机

当还原炉操作压力超过规定范围并还在持续走高时，可断定干法氢压机故障。此时应关闭各还原炉尾气回收阀门，打开放空阀，赶少许侧路氢，关闭挥发器的下料阀、进氢阀。

(3) 还原炉炉壁穿孔漏油

此时应立即停该炉的电，停止进料，关闭还原尾气回收阀，打开放空阀，关闭进出油阀，并降低所有开着的还原炉条件至最低。

(4) 窥视孔爆炸或喷火

此时应立即将该炉断电，停止进料，关闭还原尾气回收阀，打开放空阀，用少许侧路氢赶气，接通 N_2 后缓慢关闭侧路氢，直至火熄灭。

9.3.3 三氯氢硅氢还原开炉过程中应注意的事项

在开炉过程中，应按供料表的要求改条件，并缓慢均匀提升硅棒电流，保持硅棒的温度在 1080～1100℃。经常检查控制条件是否稳定，并适时调节，经常观察炉内硅棒生长有无异常，以便及时处理。经常检查还原底盘、电极、冷却器、变压器，检查冷却水是否畅通，水温、油温、水压、油压及操作系统压力是否正常。检查各炉电气控制系统接触器触头及元件是否发热、发烫情况，每小时记录一次，记录要真实可靠。

9.4 三氯氢硅氢还原工艺质量要求

9.4.1 原料的质量要求

三氯氢硅氢还原岗位所需的原料有：氢气、三氯氢硅、硅芯、石墨等。

氢气：需要控制露点、氧含量、碳含量等；

三氯氢硅：标准杂质含量；

硅芯：需要控制直径、有效长度、弯曲度、型号（N 型）、电阻率等；

石墨：光谱纯、稠密质、内部结构均匀、无孔洞。加工件经纯水煮洗烘干，真空高温煅烧后备用。

9.4.2 多晶硅产品质量的要求

多晶产品质量要求如表 9-1 所示。

表 9-1 多晶产品质量要求

项 目	多晶硅等级		
	一级品	二级品	三级品
N 型电阻率/Ω·cm	≥300	≥200	≥100
P 型电阻率/Ω·cm	≥3000	≥2000	≥1000
碳浓度/(at/cm^3)	≤1.5×10^{16}	≤2×10^{16}	≤2×10^{16}
N 型少数载流子寿命/μs	≥500	≥300	≥100

注：硅多晶表面有银灰色光泽、断面无氧化夹层。

9.4.3 夹层对多晶硅质量的影响

硅棒从还原炉取出后，从硅棒的横断面上可以看到一圈圈的层状结构，是一个同心圆。多晶硅夹层一般分为氧化夹层和温度夹层（也叫无定形硅夹层）两种。

（1）氧化夹层

在还原过程中，当原料混合气中混有水汽或氧时，则会发生水解及氧化，生成一层 SiO_2 氧化层附在硅棒上；当被氧化的硅棒上又继续沉积硅时，就形成“氧化夹层”。在光线下能看到五颜六色的光泽。酸洗也不能除去这种氧化夹层，拉晶时还会产生“硅跳”现象。

应注意保证进入还原炉内氢气的纯度，使氧含量和水分降至规定值以下，开炉前一定要对设备进行认真的检查，防止有漏气、漏水、漏油现象。

（2）温度夹层

在还原过程中，在比较低的温度下进行时，沉积的硅为无定形硅，此时提高反应温度继续沉积时，就形成了暗褐色的温度夹层（因为这种夹层很大程度受温度的影响，因此称为“温度夹层”）。它是一种疏松、粗糙的夹层，中间常常有许多气泡和杂质。用酸腐蚀都无法处理掉，拉晶熔料时重则也会发生“硅跳”。

避免方法：启动完成进料时，要保持反应温度，缓慢通入混合气，挥发器的挥发量要均匀，在正常反应过程中缓慢升电流，使反应速度稳定，不能忽高忽低。突然停电或停炉时，要先停混合气。

9.5 三氯氢硅氢还原工艺中的计算

9.5.1 沉积速度

指在还原反应中，单位时间内沉积硅的重量。

$$沉积速度=\frac{沉积硅的重量}{反应时间}$$

9.5.2 沉积速率

指还原反应中，单位时间、单位载体长度上沉积硅的重量。

$$沉积速率=\frac{沉积硅的重量}{反应时间\times硅芯总长度}$$

9.5.3 实收率

实际炉产量与所用三氯氢硅料中含硅量之比。

$$实收率=\frac{沉积硅的重量}{所耗三氯氢硅体积\times三氯氢硅密度\times(28/135.5)}\times100\%$$

【例 9-1】 某还原炉的产量为 270kg，硅芯总重 3.4kg，反应时间 176h，消耗$SiHCl_3$ 5000L，求沉积速度？沉积速率？实收率？

解

$$沉积速度=\frac{沉积硅的重量}{反应时间}=\frac{270-3.4}{176}=1.515\ (kg/h)$$

$$沉积速率=\frac{沉积硅的重量}{反应时间\times硅芯总长度}=\frac{270-3.4}{176\times30}=0.05\ [kg/(h\cdot m)]$$

$$实收率=\frac{沉积硅的重量}{所耗三氯氢硅体积\times三氯氢硅密度\times(28/135.5)}\times100\%$$

$$=\frac{270-3.4}{5000\times1.32\times(28/135.5)}\times100\%$$

$$=19.5\%$$

9.6 还原生产中的热能综合利用

9.6.1 原理

对还原炉进行冷却的过程中，温度升高的导热介质（如导热油、高压水及软水）通过汽化器降温，从而得到大量的蒸汽，进而对得到的蒸汽进行合理的综合利用。

9.6.2 工艺流程示意图

还原生产中的热能综合利用流程示意图如图 9-6 所示。

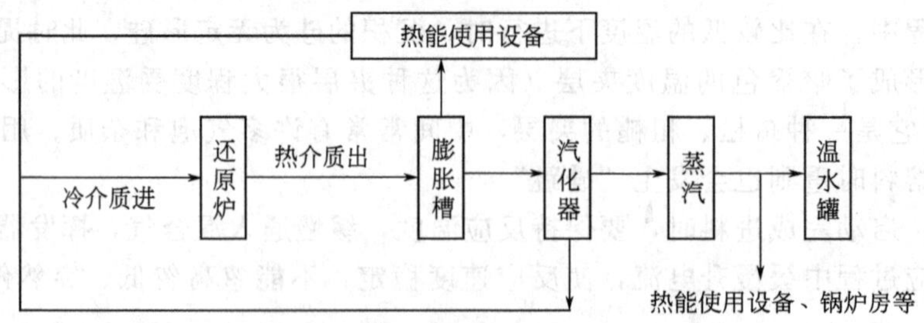

图 9-6 还原生产中的热能综合利用流程示意图

9.6.3 过程控制

还原生产中，会产生大量热能，如直接弃置于环境，自然造成能源的巨大浪费和明显的环境热影响。将这些大量的热能利用起来，既不造成能源浪费也不影响环境，同时也降低了多晶硅的生产成本。可以对其做如下热能综合利用：

① 还原炉冷却后的导热介质出口温度很高，回收产生蒸汽对 $SiHCl_3$ 精馏提纯塔提供热能，可省去电耗；

② 可用于对干法回收吸附柱的活性炭进行再生处理；

③ 导热介质降温过程中，汽化器产生出的大量蒸汽用途更加广泛，可直接用它对精馏中的再沸器提供热能；

④ 可用于对软水加热后，送至精馏岗位，对精馏塔提供热能；

⑤ 可以用来制成蒸馏水，供氢气电解槽和其他岗位制备纯水使用；

⑥ 可以用于对氢气净化柱进行再生处理；

⑦ 可以用蒸汽取代生产、生活锅炉，节省燃煤，同时也降低了环境污染。

9.6.4 安全控制

生产、运行中，导热介质使用温度及蒸汽温度均较高，运行、维修中一定要注意操作，以防人员烫伤。

小　　结

三氯氢硅还原生产多晶硅是多晶硅生产过程中最关键的一环，任何环节出了问题，对得到的多晶硅的质量都有非常大的影响。

现在的生产企业纷纷在进行技术改造，希望提高三氯氢硅的转换率。同时，需要对工艺条件进行优化，对生产设备进行改进，以保证安全和质量、降低能耗。

习　　题

9-1　影响多晶硅产品质量、产量的因素有哪些？

9-2　H_2、$SiHCl_3$ 的物理、化学性质有哪些？

9-3　还原炉由哪几个重要部件构成？

9-4　在还原生产中，突然停水、停电、停气该如何处理？

9-5、热能综合利用中要注意哪些安全问题？

第10章　还原尾气干法回收工艺

学习目标

1. 掌握干法回收原理和基本流程；四氯化硅的氢化。
2. 了解四氯化硅的回收利用方法。

10.1　重要作用和意义

10.1.1　还原尾气干法回收系统的作用

还原尾气干法回收系统承担着多晶硅生产全过程的物料回收循环，它不是单一的设备组合，而是依据生产物料的理化特性，在设定的控制参数下，完成物料再循环、回收利用的完整体系，是多晶硅产品质量、生产成本、生产规模的保障，是多晶硅生产经济效益和社会效益双盈的重要技术措施，是多晶硅生产技术先进性、和国际水平接轨的重要标志，是多晶硅生产不可缺少的重要环节，由于它成功的技术，已被国际著名多晶硅厂家采用，并已得到证实。

进入还原炉的 $SiHCl_3$ 最多只有15%左右转化成多晶硅，剩下85%的 $SiHCl_3$（部分反应生成副产物）都需回收，循环再利用，CDI回收系统根据各物料的不同物化特性，在特定的设备内，控制一定的温度、压力，实现各种物料的回收、分离、循环利用。这套系统具有以下特点。

① 尾气组分回收率高，对主要组分收率可达98%以上。

② 尾气处理量从0～100%可调。

③ 系统自动化程度高。

④ 整个系统设备均为常规设备（压缩机、换热器、填料塔、输送泵等），可靠性高，便于维护。

⑤ 系统温度最低只有－40℃，对设备材质要求不苛刻。

⑥ 无有毒害废弃物排放。

⑦ 回收物料的品质高，有益于物料再循环利用和多晶硅质量。

10.1.2　还原尾气干法回收系统的意义

还原尾气干法回收系统可把80%反应物料回收再循环，有利于多晶硅产能规模化；国际上千吨级以上的多晶硅产家，均采用还原尾气干法尾气回收系统，确保产能达几千吨。

还原尾气干法回收系统将排放的尾气实现再回收利用，减少了原料投入，降低了产品成本，使多晶硅更具市场竞争力。

还原尾气干法回收系统回收下的物料纯净度高，返回系统再循环利用，有益于产品质量的稳定，对产品质量就是多晶硅的生命尤为重要。

多晶硅生产使用还原尾气干法回收系统是国际生产技术先进性的象征，也是和国际水平接轨的重要标志。

还原尾气干法回收系统将多晶硅生产中排放的尾气进行回收，杜绝有毒害气体对环境的污染，对保护环境有重大的社会效益。

10.2 干法回收的工艺过程

10.2.1 基本原理

还原尾气中的 H_2、HCl、$SiHCl_3$、$SiCl_4$ 等成分经鼓泡、氯硅烷喷淋洗涤、加压并冷却到一定的温度，其中 $SiHCl_3$ 和 $SiCl_4$ 几乎可以被全部冷凝下来。冷凝后的氯硅烷混合物，经分离塔分离后，分别得到 $SiHCl_3$ 和 $SiCl_4$，$SiHCl_3$ 直接返回还原工序生产多晶硅，$SiCl_4$ 经氢化部分转化为 $SiHCl_3$，再经分离提纯后返回还原工序生产多晶硅。

压缩、冷凝后的不凝气体是 H_2、HCl，其中的 HCl 在加压或低温条件下，用 $SiCl_4$ 作为吸收剂使其溶解在 $SiCl_4$ 中，即 HCl 被 $SiCl_4$ 所吸收，从而 H_2 被分离出来，被分离出来的 H_2 仍含有微量的 HCl，为了避免 HCl 影响多晶硅的沉积速度，将 H_2 再通过吸附塔，除去微量的 HCl，即获得无水分、无其他杂质的纯 H_2，返回还原工序重复使用。

被 $SiCl_4$ 所吸收的 HCl，在升温或减压条件下，可以从 $SiCl_4$ 中脱吸出来。被脱吸出来的 HCl 在一定压力下冷却至一定温度，可使其中的 $SiCl_4$ 残余组分达到允许程度后，送往氯化合成工序合成 $SiHCl_3$。脱吸后的 $SiCl_4$ 用于吸收塔再循环。

10.2.2 干法回收流程图

干法回收流程图如图 10-1 所示。

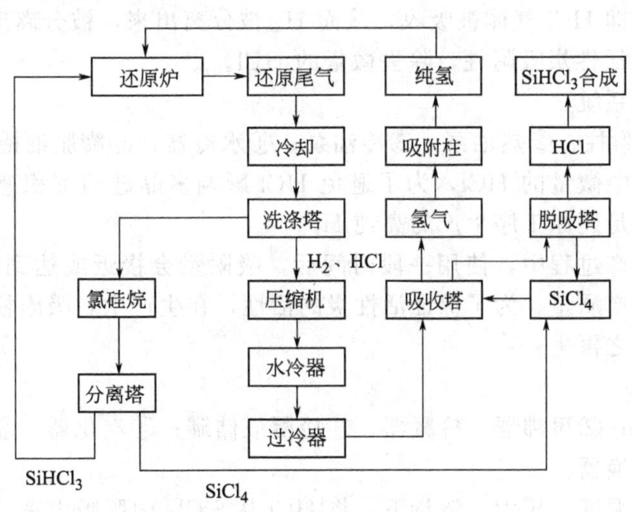

图 10-1 干法回收流程示意图

10.2.3 基本概念

① 吸收 是指利用气体混合物在液体中溶解度的差异而使气体中不同组分分离的操作。

② 再生 净化剂使用一段时间后，吸附量达到饱和，将吸附剂中的杂质和水分除去使之复活，再次连续使用的过程称之为再生。

③ 吸附 在某些物质的界面上从周围介质中把能够降低界面张力的物质自动地聚集到自己的表面上来，使得这种物质在相表面上的浓度大于相内部的浓度，叫吸附。

④ 脱吸（解吸） 吸收得到的溶质气体从液体中取出来，这种溶质从溶液里脱离过程称为脱吸（或解吸）。

10.2.4 主要设备

（1）鼓泡系统

包括：①鼓泡气-气换热器；②鼓泡塔；③氯硅烷储罐；④氯硅烷泵；⑤氯硅烷换热器；⑥氯硅烷计量泵。

作用：还原尾气中的 H_2、HCl、$SiHCl_3$、$SiCl_4$ 等通过以上设备，在一定的压力、温度、流量、液位下，得到充分的鼓泡、洗涤后，将大部分氯硅烷冷却至氯硅烷储罐，当储罐达到一定液位时，将氯硅烷输送到分离塔。根据 $SiHCl_3$ 和 $SiCl_4$ 的沸点不同（31.5℃、57℃）在分离塔中把 $SiHCl_3$ 分离出来，返回还原工序生产多晶硅，$SiCl_4$ 送氢化工序转化为 $SiHCl_3$，提纯后返回还原工序生产多晶硅。还原尾气中的 H_2、HCl 沸点低，鼓泡系统的压力、温度不能将其冷凝，从而达到气、液分离。经过鼓泡、洗涤后的 H_2、HCl 和少量的氯硅烷进入干法回收工艺的压缩部分。

（2）压缩、过冷系统

包括：①氢压机；②水冷器；③压缩气吸收气换热器；④压缩过冷器。

作用：把不凝气体 H_2、HCl 和少量的氯硅烷升压以满足吸收塔的工艺要求，同时将少量的氯硅烷冷凝下来。余下 H_2、HCl 气体进入吸收塔。

（3）吸收塔系统

包括：①吸收塔；②富液储罐；③富液泵；④一级富液、贫液交换器；⑤二级富液、贫液热交换器。

作用：H_2、HCl 气体进入吸收塔内，在一定温度、压力、流量下，用 $SiCl_4$ 作为吸收剂使其溶解在其中，即 HCl 气体被吸收，从而 H_2 被分离出来，被分离出来的 H_2 中仍含有微量的 HCl，需进入活性炭吸附柱，除去微量的 HCl。

（4）活性炭吸附系统

包括：①3 套吸附柱；②热油泵；③冷油泵；④水冷器；⑤膨胀油槽。

作用：除去 H_2 中微量的 HCl，为了避免 HCl 影响多晶硅的沉积速度，从而得到无水分、无其他杂质、满足还原工序生产的高纯 H_2。

活性炭在正常生产过程中，使用一段时间后，吸附量会接近或达到饱和，吸附 HCl 的能力会降低，影响生产质量。为了保证活性炭的活性，在生产中，吸附柱轮流使用，吸附能力下降的吸附柱即使之再生。

（5）脱吸塔系统

包括：①脱吸塔；②再沸器、冷凝器；③冷凝液储罐；④汽化器；⑤水冷却器；⑥贫液过冷器；⑦贫富液交换器。

作用：在一定的温度、压力、流量下，将 HCl 从 $SiCl_4$ 中脱吸出来。被脱吸出来的 HCl 又在一定压力下冷凝至一定温度，可使其中的氯硅烷残余组分达到允许程度后，HCl 送氯化氢合成工序合成 $SiHCl_3$。脱吸后的 $SiCl_4$（贫液）用于吸收塔再循环，作为吸收剂溶解 HCl。

10.2.5 质量要求

氢气要控制露点 $\leqslant -55$℃；$N_2 \leqslant 100\times10^{-6}$（含量）。

10.2.6 安全与环境控制

（1）安全控制

① 工作现场不许有明火，不许在室内锤打金属物，不得穿带钉子的鞋；

② 工作现场不许有跑、冒、滴、漏现象；

③ 保持工作现场整洁卫生；

④ 照明设备符合防爆要求；

⑤ 氢气设备、管路检修时，应用 N_2 充分置换，避免爆炸伤人；

⑥ 氯硅烷易燃、易爆，在检修时，应用 N_2 充分赶净，避免伤人，同时，避免环境污染。

(2) 环境控制

① 加强设备维护和保养，当班人员巡视相关设备，及时发现氯硅烷泄漏、导热油泄漏等问题，及时处理；

② 尾气淋洗产生的废酸要进入酸水管道，进入污水站进行处理；

③ 检修拆卸的固体废物、含油固体废物集中处理；

④ 检修时产生的废油需要回收。

10.3 四氯化硅的氢化

10.3.1 四氯化硅的性质

(1) 物质的理化常数

国标编号	81043
CAS 号	10026-04-7
中文名称	四氯化硅
英文名称	Silicon Tetrachloride
别名	氯化硅；四氯化矽
分子式	$SiCl_4$
外观与性状	无色或淡黄色发烟液体，有刺激性气味，易潮解
相对分子质量	169.90
蒸气压	55.99kPa (37.8℃)
熔点	−70℃
沸点	57.6℃
溶解性	可混溶于苯、氯仿、石油醚等多数有机溶剂
密度	相对密度(水＝1) 1.48；相对密度(空气＝1) 5.86
稳定性	稳定
危险标记	20 (酸性腐蚀品)
主要用途	用于制取纯硅、硅酸乙酯等，也用于制取烟幕剂

(2) 对环境的影响

① 健康危害

• 侵入途径 吸入、食入、经皮吸收。

• 健康危害 对眼睛及上呼吸道有强烈刺激作用。高浓度可引起角膜浑浊、呼吸道炎症，甚至肺水肿。皮肤接触后可引起组织坏死。

② 毒理学资料及环境行为

• 急性毒性 LC508000×10^{-6}，4h (大鼠吸入)。

• 危险特性　受热或遇水分解放热，放出有毒的腐蚀性烟气。

• 燃烧（分解）产物　氯化氢、氧化硅。

（3）实验室监测方法

气相色谱法，参照《分析化学手册》（第四分册，色谱分析），化学工业出版社。

（4）环境标准

前苏联（1975）车间卫生标准 $5mg/m^3$。

（5）应急处理处置方法

① 泄漏应急处理　疏散泄漏污染区人员至安全区，禁止无关人员进入污染区，建议应急处理人员戴自给式呼吸器，穿化学防护服。不要直接接触泄漏物，勿使泄漏物与可燃物质（木材、纸、油等）接触，在确保安全情况下堵漏。喷水雾减慢挥发（或扩散），但不要对泄漏物或泄漏点直接喷水。将地面撒上苏打灰，然后用大量水冲洗，经稀释的洗水放入废水系统。如果大量泄漏，最好不用水处理，在技术人员指导下清除。

② 防护措施

• 呼吸系统防护　可能接触其蒸气时，必须佩戴防毒面具或供气式头盔。紧急事态抢救或逃生时，建议佩戴自给式呼吸器。

• 眼睛防护　戴化学安全防护眼镜。

• 防护服　穿工作服（防腐材料制作）。

• 手防护　戴橡皮手套。

• 其他　工作后，淋浴更衣。单独存放被毒物污染的衣服，洗后再用。保持良好的卫生习惯。

③ 急救措施

• 皮肤接触　立即脱去污染的衣着，用流动清水冲洗 15min。若有灼伤，就医治疗。

• 眼睛接触　立即提起眼睑，用流动清水冲洗 10min 或用 2%碳酸氢钠溶液冲洗。

• 吸入　迅速脱离现场至空气新鲜处。注意保暖，保持呼吸道通畅。必要时进行人工呼吸、就医。

• 食入　患者清醒时立即漱口，给饮牛奶或蛋清。立即就医。

④ 灭火方法　干粉、砂土。禁止用水。

10.3.2 四氯化硅的氢化

氢化即是用氢气在特定的条件下将四氯化硅（STC）转化为三氯氢硅（TCS）。四氯化硅（$SiCl_4$）是西门子法生产多晶硅的副产物。用西门子法生产工艺制备多晶硅，每生产 1kg 产品，要产生 10kg 左右的四氯化硅（$SiCl_4$）。目前，在改良西门子法生产太阳能级多晶硅的工艺中，采用小配比大循环的方式，若每年生产 1000t 多晶硅，每年产生的副产物四氯化硅（$SiCl_4$）将多达 10000 余吨。为了减少原料消耗，降低生产成本，搞好环境保护，人们想出了不少办法来消耗副产物四氯化硅（$SiCl_4$）。如将四氯化硅提纯后供光纤通信行业制作光纤，或者将四氯化硅用于生产各种硅酸盐产品。

目前多晶硅生产企业都倾向于将四氯化硅（$SiCl_4$）转化为三氯氢硅（$SiHCl_3$），再用于多晶硅生产，这是合理利用四氯化硅（$SiCl_4$）的比较行之有效的途径。四氯化硅（$SiCl_4$）氢化就是将四氯化硅（$SiCl_4$）在特定条件下加氢使之转化为三氯氢硅（$SiHCl_3$）。四氯化硅（$SiCl_4$）的氢化目前主要有冷氢化和热氢化两种方法，其中冷氢化得到较为广泛的使用，下面重点讲述冷氢化。

（1）冷氢化的原理

冷氢化就是将四氯化硅（$SiCl_4$）、硅粉（Si）和氢气（H_2）在一定温度、压力及摩尔配比下，使四氯化硅（$SiCl_4$）部分转化为三氯氢硅（$SiHCl_3$）的方法。这种方法实际上就是三氯氢硅热分解的逆过程。

20 世纪 80 年代末期，北京××设计院与××材料厂合作，在国内首先进行了研究，并取得了成功，四氯化硅转化率高达 20%以上。

主要反应如下：

$$3SiCl_4 + Si + 2H_2 \xlongequal{\quad} 4SiHCl_3$$

$$\text{平衡常数}\ K_p = \frac{p_{TCS}^4}{p_{STC}^3 p_{H_2}^2}$$

式中 p_{TCS}——三氯氢硅的分压；

p_{STC}——四氯化硅的分压；

p_{H_2}——氢气的分压。

（2）工艺条件

① 反应温度　温度太高，则三氯氢硅容易分解，对催化剂的损害较大；温度太低，则反应速率过低，催化剂的催化作用不明显。所以需要选择适当的温度以提高四氯化硅的转化率。一般温度范围控制在 500℃左右。

② 压力　对于有气体参加的反应，根据化学反应平衡原理，生成三氯氢硅反应是气体分子数减少的反应，也就是体积减小的反应，因此加压有利于三氯氢硅的生成。一般压力为 1.3～1.5MPa。

③ 物料配比

H_2：$SiCl_4$＝2：1（摩尔比）

$SiCl_4$：Si（粉）＝3：1（摩尔比）

催化剂：硅粉＝2%（质量比）

④ 接触时间　接触时间太短，则不能充分反应，太长，则影响效率。一般接触时间≥20s。

（3）工艺流程

四氯化硅氢化工艺流程示意图如图 10-2 所示。H_2 和 $SiCl_4$ 按规定配比和压力进入混合器，在混合器内加热到 120℃左右，然后在预热器内加热 H_2 和 $SiCl_4$ 混合气体到 400℃左右，气体进入氢化反应炉（流化床），在适当的温度和压力下与干燥硅粉（含催化剂）进行反应，从氢化反应炉出来的气体（粉尘、$SiHCl_3$、$SiCl_4$、H_2）经除尘过滤，然后依次进入水冷器、一级深冷（－30℃）、二级深冷（－45℃）。得到的液态硅氢化物进入分离塔，未反应的 $SiCl_4$ 循环使用，未反应的氢气经活性炭吸附后循环使用。

（4）主要设备

有氢气压缩机、冷冻机、（H_2 和 $SiCl_4$）气体混合器、氢化反应炉（流化床）、除尘过滤器（袋式过滤器）、列管式冷凝器（双管板）、分离塔（湍流式筛板塔）。

（5）主要原辅材料技术要求

四氯化硅　$SiCl_4$ 含量≥98%

硅粉　粒度约 80 目（约 190μm），含硅量＞99%

氢气　露点≤－40℃，氧含量≤5×10^{-6}，压力 1.5MPa

氮气　含 N_2≥99.95%，露点－40℃

活性炭　粒度 8～24 目＞95%，充填密度＞0.3kg/cm³，干燥减量≤10%，苯吸附量≥450mg/g，强度（球磨法）≥90%，pH＝7

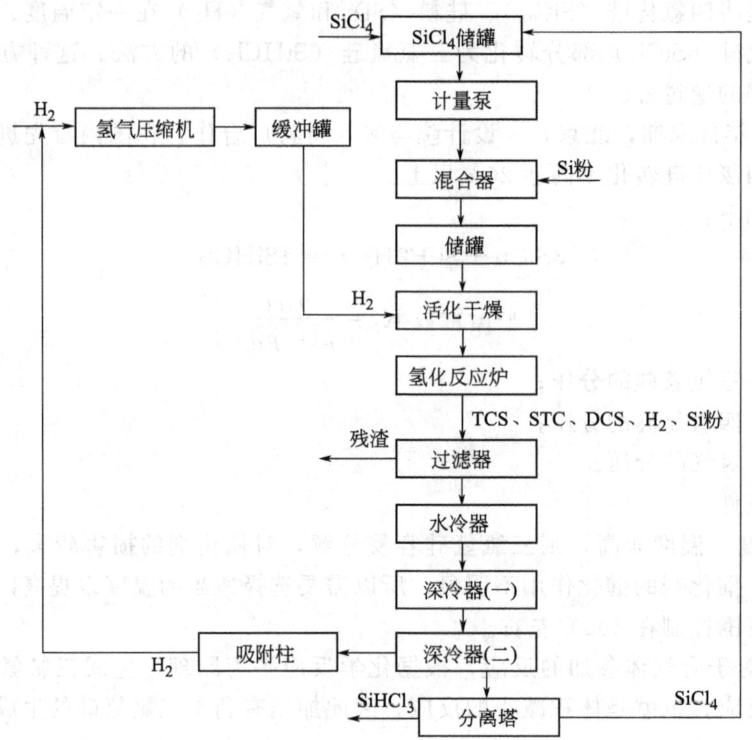

图 10-2　四氯化硅氢化工艺流程示意图

催化剂　　平均粒度比硅粉大 20 目（Ne-9-2 有机加氢催化剂）

蒸汽　　0.3～0.5MPa（表压），温度 140℃

（6）在目前的工艺条件下，每转化生产 1kg $SiHCl_3$ 的原料消耗量

硅粉　　0.08～0.15kg/kg $SiHCl_3$

氢气（标准状况）0.4～0.8m^3/kg $SiHCl_3$

氮气（标准状况）0.08～0.15m^3/kg $SiHCl_3$

蒸汽　　8～10kg/kg $SiHCl_3$

催化剂　　0.003～0.005kg/kg $SiHCl_3$

电　　4.5～5kW·h/kg $SiHCl_3$

（7）操作要求

① 开车前必须严格按规定进行试压检漏；

② 开车前必须用氮气赶气；

③ 首次开车必须向流化床（氢化反应炉）内加入适量的硅粉；

④ 定期检验消防器材和安全排放阀，如果不合格，必须马上更换；

⑤ H_2、$SiCl_4$、SiH_2Cl_2 易燃易爆，一旦着火，必须用干粉或氮气灭火，严禁用水灭火；

⑥ 粉尘和废气必须淋洗后放空，排放废水标准：pH＝6.5～7.5，悬浮物≤70mg/L。

10.3.3　热氢化

热氢化又名直接氢化。即将四氯化硅（$SiCl_4$）和氢气（H_2）按一定配比，在一定压力、温度条件下，使 $SiCl_4$ 部分转化为 $SiHCl_3$。目前国外已经有比较成熟的工艺和设备，在国内还处于试验阶段，也许就是今后的发展方向。其主要化学反应式如下：

$$SiCl_4(气)+H_2(气)══SiHCl_3(气)+HCl(气)$$

(1) 工艺流程

热氢化工艺流程如图 10-3 所示，氢气（H_2）和四氯化硅（$SiCl_4$）经缓冲罐进入四氯化硅（$SiCl_4$）汽化器使 $SiCl_4$ 汽化。$SiCl_4$ 与 H_2 的混合气进入氢化反应炉，反应尾气（$SiCl_4$、H_2、$SiHCl_3$、HCl）经冷凝器冷却之后进入干法回收系统（CDI）。该系统对 $SiCl_4$、H_2、$SiHCl_3$、HCl 进行分离，H_2 和 $SiCl_4$ 循环使用，$SiHCl_3$ 送多晶硅制备工艺，HCl 进入三氯氢硅合成工艺，废气进淋洗塔处理后放空。

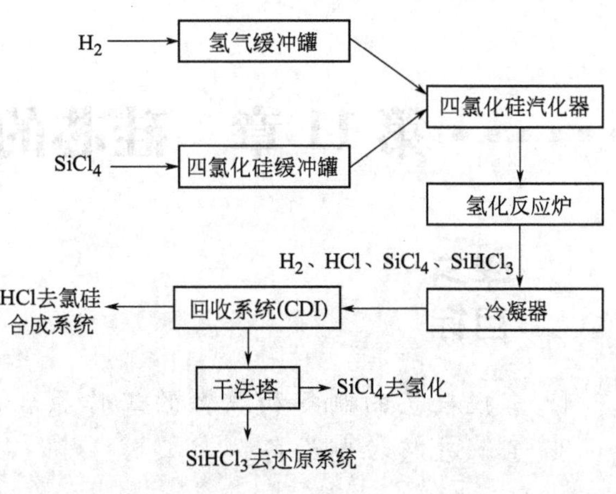

图 10-3 热氢化工艺流程示意图

(2) 主要设备

主要设备有氢气（H_2）压缩机、$SiCl_4$ 输送泵、$SiCl_4$ 汽化器、氢化反应炉、冷凝器和一个很大的干法回收系统。

氢化反应炉为钟罩式，内有保温套和加热器（一般为石墨加热器）。

干法回收系统（CDI）包括氢气（H_2）压缩机、冷冻机（一般为螺杆冷冻机）、吸收塔、解吸塔、吸附柱、过滤器和干法塔等设备。

(3) 主要原辅材料技术要求

四氯化硅　$SiCl_4$ 含量＞96％

氢气　露点≤－60℃，氧含量 $O_2 \leqslant 5\times10^{-6}$，压力 0.6MPa

(4) 每千克 $SiHCl_3$ 单耗

按 $SiCl_4$ 转化率 14％计算（转化率一般在 12％～18％之间），每千克 $SiHCl_3$ 耗电约为 10kW·h。

(5) 操作要求

由于反应物和生成物都是涉及 $SiCl_4$、H_2、$SiHCl_3$、HCl 等危险气体，要注意防燃防爆的问题，其操作要求与冷氢化基本相同。

小　结

三氯氢硅还原的转化率由于化学平衡等问题受到一定限制，为了降低成本、环保等要求，必须对还原尾气进行回收利用。除了本书所讲的四氯化硅氢化方法外，还有其他的如气相白炭黑等四氯化硅回收利用技术在进行试验和研究推广。四氯化硅的回收利用是多晶硅产业急需解决的难题。

习　题

10-1　还原尾气干法回收的意义是什么？

10-2　简述干法回收的基本原理及工艺流程。

10-3　干法回收由几大部分组成，每部分有什么作用？

10-4　基本术语吸收、吸附、脱吸的定义。

10-5　简述四氯化硅冷氢化的原理。

第 11 章　硅芯的制备与腐蚀

学习目标

1. 掌握硅芯的制备和腐蚀的工作原理、操作技术。
2. 了解硅芯拉制设备。

11.1　硅芯的制备

在三氯氢硅的氢还原过程中，是让还原出来的纯硅沉积到一发热载体上结晶成多晶硅，该发热载体可以是高纯度、高熔点而且在高温下扩散系数很低的金属，如钼丝、钽管、钨丝等，也可以是用纯硅材料控制出的硅芯。这两类发热载体在多晶硅制备工艺中都有应用，其优缺点如表 11-1 所示。

表 11-1　硅芯及金属芯发热的比较

项　目	硅　芯	金 属 芯
优　点	① 对还原生长的多晶硅不沾污，易获得高纯度多晶硅 ② 不存在剥离发热体芯，多晶硅的损耗小、实收率高	① 还原电气控制相对简便 ② 低压启动易操作
缺　点	① 还原电气设备较复杂 ② 高压启动控制难度大	① 在高温下对多晶硅有沾污，影响质量 ② 去除金属芯时硅耗损量达 15%～25% ③ 消耗大量贵金属材料

目前中国制备多晶硅最常用的发热载体是硅芯。

① 吸管法　最早制硅芯是用薄壁且直径均匀的细长石英管，利用对管控制真空的办法，将熔硅吸入管内，冷却后除去石英管，便获得硅芯，此法存在石英对硅芯有污染。

② 切割法　将高纯多晶硅粗棒用切割机切成方形如 5mm×5mm 的细条，将其腐蚀清洗干净后，根据需要在区熔炉中熔接成所需长度的硅芯，这种方法有切割效率低、多晶硅耗损量大、熔接复杂等缺点。

③ 基座法　此法是在炉内也可以是外热式，用高频感应熔化多晶硅棒结晶种，边熔化边拉晶，自下而上拉控制出直径约 5～6mm 和所需长度的细硅芯，用这种方法控制硅芯，以多晶硅棒为熔体的基座托住熔体，不与任何物质接触，无污染，可制备出高质量的硅芯。

11.1.1　工艺原理

采用基座法将一定直径、一定长度的多晶棒表面腐蚀清洗好后，装入硅芯炉内作基座，对硅芯炉抽空到一定真空度，充 H_2 或 Ar 到一定压力，重复一次抽空和充气，在氢气或氩气氛围下，通过高频感应加热使硅棒局部熔化，然后与上轴的“籽晶”充分熔接，并以一定的速度向上提，拉成所需直径、长度的细硅棒，且外表均匀的、直径为 5～6mm 的硅棒即硅芯。

11.1.2 工艺流程

如图 11-1 所示，拉制好的硅芯经检测质量合格后，根据检测数据对硅芯进行选配，再进行腐蚀清洗烘干就可作为沉积硅的载体了。

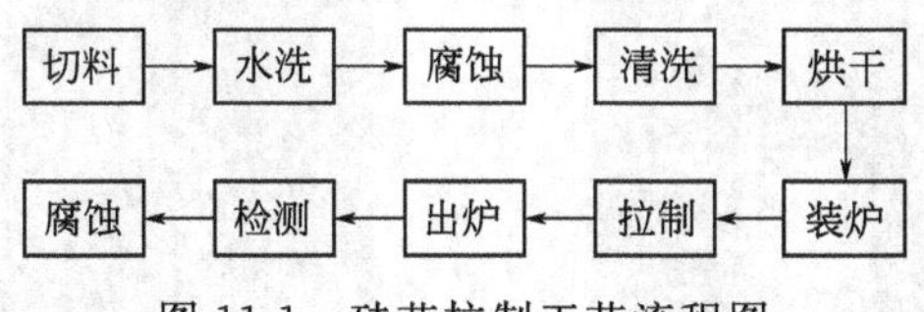

图 11-1 硅芯拉制工艺流程图

11.1.3 对硅芯的质量要求

① 型号 要求每根硅芯属同一导电类型。

② 电阻率 硅芯的电阻率要求均匀，纵向电阻率不均匀度不大于 10%。N 型电阻率范围大体分三挡。

低阻：电阻率为 10^{-2}～10^{-1}Ω·cm、3～6Ω·cm、10～30Ω·cm。

中阻：电阻率为 40～60Ω·cm、100～300Ω·cm。

高阻：电阻率为 500～1000Ω·cm、1000～3000Ω·cm。

③ 直径 硅芯的直径要求 5～6mm，直径不均匀度应小于 10%。

④ 长度 根据多晶硅生产的需要而定。

11.1.4 制备硅芯的设备

制备硅芯的设备分外热式和内热式两类，但加热方式都是用高频感应加热，其加热线圈结构如图 11-2 所示。

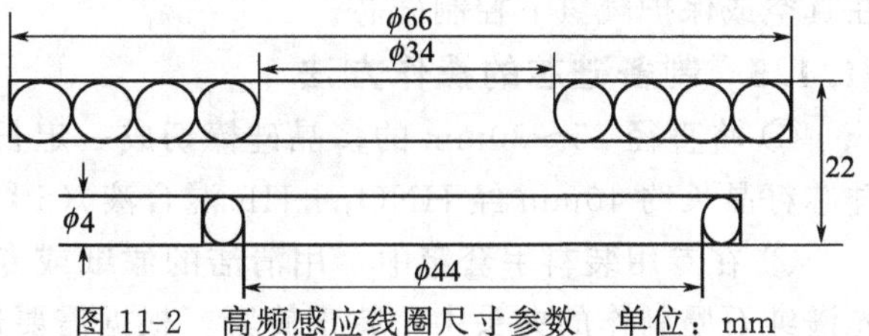

图 11-2 高频感应线圈尺寸参数 单位：mm

以下介绍两种内热式硅芯炉。

(1) LG-1300 型基座硅芯炉

如图 11-3 所示，该设备特点如下。

① 上轴是由提拉钢丝连接拉制机构（如籽晶夹等）沿着固定在不锈钢筒里面的四根导向柱进行升降，拉晶相对平稳。

② 下轴不升降，可转动，其转动速度为 2～35r/min。

③ 电极筒升降（即加热用高频感应线圈可升降）上升只有快挡，下降则分快速、慢速两挡，正常拉晶用慢挡。

④ 真空度可达 0.0134～0.0067Pa。

⑤ 高频炉：功率为 10kW、频率为 2.3MHz 该硅芯炉为小真空室、内热式、真空、保护气氛两用设备，结构简单，造价成本低。

(2) GX-1100 型硅芯炉

如图 11-4 所示。

① 上轴采用柔性不锈钢丝，有传动卷筒带动，沿着两根不锈钢丝导向柱升降，轴端附加更换上夹头机构，可连续拉制 5 根硅芯。上轴不转动，可升降，其升降速度为 2～30mm/min。

② 下轴行程约 400mm，可转动，其转动速度为 2～33r/min，下轴可升降，其升降速度为 0.2～3mm/min。

③ 加热用高频感应线圈的电极由炉体左后侧引入，距离炉底约 350mm 左右，固定不

图 11-3 LG-1300 型基座硅芯炉

图 11-4 GX-1100 型硅芯炉

移动。

④ 高频炉功率为 20kW，频率为 3.6MHz。

⑤ 该设备为大真空室，马蹄形，炉体沉浸式水冷，内热式硅芯炉真空达 0.0067Pa，可在真空或保护气氢下控制硅芯。

11.1.5 制备硅芯的操作方法

① 将直径 25～30mm 的多晶硅棒切成一定长度的基座硅棒（一般为 350mm 左右），取硅芯籽晶长约 40mm 经 HNO_3＋HF 混合液（5∶1）腐蚀、清洗、烘干待用。

② 在专用装料手套箱中，用清洁的滤纸或专用镊子取籽晶和基座硅棒分别装入各自用光谱纯石墨制作的夹头中，装正旋紧，根据需要还可对基座硅棒实施掺杂，掺杂方法一般采用掺杂剂涂抹法。

③ 打开炉门，用脱脂纱布沾分析纯的苯或乙醇擦净膛内壁窥视孔和加热线圈。

④ 将装有籽晶和硅棒的上下夹头分别装在上轴端及转盘夹头孔中和下轴基座上。操作传动机构使上轴与转盘上轴与感应线圈，基座硅棒与感应线圈对中，即让它们在同一轴线上。然后降上轴让夹头置于接近线圈的预热位置。

⑤ 关闭炉门和放气阀，打开低真空阀由机械泵对炉体抽真空，同时开启水冷系统，并预热高频炉振荡管灯丝和油扩散泵，当低真空达到 22.66Pa 以上时，关闭低真空阀，打开高真空阀门。让油扩散泵继续抽真空达 0.0134Pa 以上。若选择用保护气氢（如 Ar、H_2）拉晶，则不必抽高真空，可在抽低真空达到 22.66Pa 后，关闭低真空阀，打开通气管道阀门和炉体进气阀门，对炉内充保护气体，当达到正压时再放气，反复两次赶走炉内空气后再充保护气体达到 2660Pa 左右，则关进气阀。

⑥ 对高频炉送高压，并调节输出功率预热上夹头，待籽晶被加热到红热状态时，升起上轴让籽晶末端熔成一小熔球。

⑦ 升下轴置基座硅棒的顶端与线圈下 2～3mm 处。降上轴使小熔球与硅棒顶端接触，利用籽晶端的小熔球预热基座硅棒，直至硅棒达到红热状态，缓慢增加高频炉输出功率，使

硅棒顶端熔透，把籽晶和基座硅熔接在一起，待熔区平稳后，进行拉制硅芯。

⑧ 调节高频炉输出功率，使基座硅顶端的熔区保持在拉硅芯温度（即晶体正常生长温度），如果温度过低，会使熔区出现新的结晶中心而很快凝固；温度过高，熔区会出现流垮现象。

⑨ 开动传动机构，调节上轴提升速度，使籽晶从熔区中向上引出的硅芯按要求的直径（5～6mm）拉出，拉速由慢逐渐增快，达到预定拉速（15～20mm/min）。同时按预定比例的速度让下轴同步上升，不断供给硅料以保持熔区体积不变。上下轴的速度比例计算公式如下。

$$\frac{v_1}{v_2}=\frac{\alpha_2^2}{\alpha_1^2}$$

式中 v_1——上轴拉速，mm/min；

v_2——下轴升速，mm/min；

α_1——硅芯直径，mm；

α_2——硅基座直径，mm。

认真仔细地调节高频炉输出功率和拉硅芯及供料（下轴升）速度是控制直而均匀的细硅芯的关键。

⑩ 拉“大头”，当控制硅芯达到预定长度时，需留一个大头，以便切凹槽，方便还原工艺中搭“Ⅱ”字形状发热体结构。拉大头的方法是当拉硅芯到末端时，迅速将拉速由20mm/min降至4～5mm/min，并适当降低加热功率，使硅芯逐渐胀粗成所谓“大头”，大头直径约10mm左右，然后把硅芯与基座硅料分离即可。若可连续拉多根硅芯，需操作上、下轴手轮使硅芯与熔区分离，此时基座硅仍保持一定熔区域呈暗红状态。

⑪ 操作更换夹头机构，将已拉出的硅芯折放在转盘的挂槽内，又通过更换机构夹住转盘上第一个夹头孔中的上夹头，使转盘与上轴对中后，下降上轴夹头，重复预热籽晶，开始第二根硅芯的拉制操作，依次到拉完预计拉制的所有硅芯后，停炉，停水。

⑫ 停高频炉电源5min后，关闭真空阀门，放气入炉（若用保护气氢拉晶，则需开机械泵抽空5min后关真空阀再放气入炉），拆炉取出硅芯。

11.1.6 制备硅芯中的几个技术问题

（1）避免“糖葫芦”，提高硅芯直径的均匀性

分析“糖葫芦”的产生原因，主要是由于拉硅芯过程中，熔体温度和拉速控制不当造成的。如拉硅芯时熔体温度过高，硅芯生长会变细，而当硅芯细到一定程度时，由于高频感应线圈对硅芯的电磁感应作用变弱（硅芯离磁力线密集区远），使硅芯温度急剧下降，于是硅芯就会自动变粗，而当硅芯长粗到一定程度后，硅芯受电磁感应作用又增强了，硅芯温度又突然升高，又使生长的硅芯变得更细如此循环，拉制出的硅芯就类似糖葫芦状的粗细周期性变换着。消除“糖葫芦”的方法如下。

① 硅料熔透后需降低温度，在适当的过冷状态下拉制硅芯。

② 拉速由慢到正常拉速，应缓慢上升。

③ 选择适当的供料速度，确保熔体体积不变，并保持熔区适当饱满。

若万一操作不当，出现“糖葫芦”现象，应适当调节熔区温度和拉速逐渐消除，一般以调拉速为主，以调温度为辅，二者密切配合，效果较好。

（2）避免熔区流垮事故

分析熔区流垮原因，一般是熔化或拉硅芯时温度过高或供料速度过快或基座硅料中有氧

化夹层，熔料时产生硅跳等。为避免熔区流垮，需注意如下几点。

① 熔接籽晶时，应根据基座硅料的粗细选择适当的熔透功率，升温不可过急。

② 注意熔区在感应线圈中的位置，不能让熔区过高。

③ 如果拉晶时，熔体温度过高，在正常拉速下硅芯会变细，当发现此现象，应立即降熔体温度，使之恢复正常；若因供料速度太快产生熔区过于饱和时，操作者应根据硅芯直径变化尽快减慢下轴升速。

④ 选择无氧化夹层的多晶硅棒做原料。

⑤ 视高频炉输出功率大小及适应线圈形状尺寸选择基座原料直径。

（3）避免结晶

在控制硅芯过程中，当熔区表面刚出现结晶时，应适当升高加热功率，结晶核便很快消失，此时可继续拉硅芯。而当熔区温度降低、供料速度过快，使硅料未熔透造成结晶，此时熔区很快结晶，处理这种结晶必须立即停拉速和下轴升速，并升加热功率，待熔体熔透后方可继续拉晶。

（4）避免硅芯中出现 P-N 结或混合型

分析硅芯中产生 P-N 结的原因，这种现象一般出现在用真空室拉制 N 型硅芯的情况，如熔区温度过高，拉速过慢，熔体长时间停留在真空室内，引起施主磷杂质大量挥发，直至挥发尽，而硅中受主杂质硼的挥发系数小，故使后生长的硅芯出现反型。为避免硅芯中 P-N 结产生，应注意以下几点。

① 在真空下拉制 N 型硅芯，在给原料掺杂时，应考虑增加磷挥发值。

② 籽晶与硅料熔接时间不宜过长，以减少磷杂质挥发。

③ 采用含磷较均匀的低阻籽晶拉 N 型硅芯相当于给硅料掺杂。一般情况下拉硅芯用籽晶按型号电阻率分类，拉低阻硅芯用低阻籽晶；拉高阻硅芯用高阻籽晶，绝不能用 P 型籽晶拉 N 型硅芯。

④ 采用保护气氛（如 Ar、H_2）下拉硅芯工艺，可以减少磷杂质挥发。

（5）硅芯中的孔洞问题

硅芯中的孔洞来源于多晶硅中氧化夹层引起熔硅跳而形成，实验证明，用孔洞的多晶硅料反复拉制硅芯，硅芯中孔洞的直径愈来愈大、孔洞数也愈来愈多。因此克服硅芯孔洞选择好原料是关键，一般对拉制硅芯原料要求如下。

① 多晶硅基硼含量 2×10^{-5} 即 P 型电阻率大于 1400Ω·cm。

② 多晶硅无氧化夹层，无孔洞。

（6）芯的氧含量

为确保多晶硅和单晶硅的质量，硅芯中氧含量越低越好，故而选择高真空条件（0.0067Pa）下拉制硅芯。拉完硅芯需停炉 5min 方可打开炉门，若开门过早，硅芯大头尚未冷却，一旦接触空气，则其硅芯氧含量要高出半个数量级。

（7）合理备料

根据拉制一根直径为 d(mm)、长为 h(mm) 硅芯的重量应等于消耗基座硅棒［直径为 D(mm)、长为 H(mm)］重量，推算出如下公式：

$$H=\frac{d^2}{D^2}h$$

按此公式计算备料，有利于原材料充分利用，减少浪费。

11.1.7 安全生产

硅芯控制中存在的危险源有：高压电、熔硅的强光等易造成人身伤害，因此在操作中应注意以下几点。

① 开炉前或接班时应检查电、水、机械设备等是否正常。

② 开炉时先通水，后通电，并经常检查冷却水流畅情况，停炉时，则先停电后停水。

③ 拉、合电闸时不要面对电闸，以防电闸打火伤人。

④ 装炉前首先检查高频炉是否停高压。

⑤ 如果停炉时间长，准备开炉前手摇机械泵皮带轮转动几圈以防打滑。

⑥ 高频炉防护盖板必须盖好。

⑦ 观察炉内熔硅情况时，使用滤光镜片。

11.2 硅芯腐蚀

11.2.1 硅芯化学腐蚀原理

硅芯的腐蚀目前广泛用浓硝酸和氢氟酸的混合液，HNO_3 和 HF 的体积比为 5∶1。

在 HNO_3 和 HF 混合腐蚀液中，由于有 HF 的存在，使硅芯表面的 SiO_2 保护膜被破坏了，所以不断地被 HF 溶解，因此 HNO_3 和 HF 混合液对硅芯能进行有效的腐蚀。其反应为：

$$4HNO_3 + Si + 6HF = H_2SiF_6 + 4H_2O + 4NO_2 \uparrow$$

11.2.2 工艺流程

如图 11-5 所示，拉制好的硅芯送检后，根据检测数据，按型号、电阻率范围及均匀度进行选配成对，每根硅芯选好后截取一定长度称重、登记，再将每根硅芯大头切槽用自来水冲洗干净，分别用无水乙醇、CCl_4 擦洗去掉硅芯表面油污，然后用 HNO_3 和 HF 混合腐蚀后，再用纯水煮至中性，最后进入烘箱烘干备用。

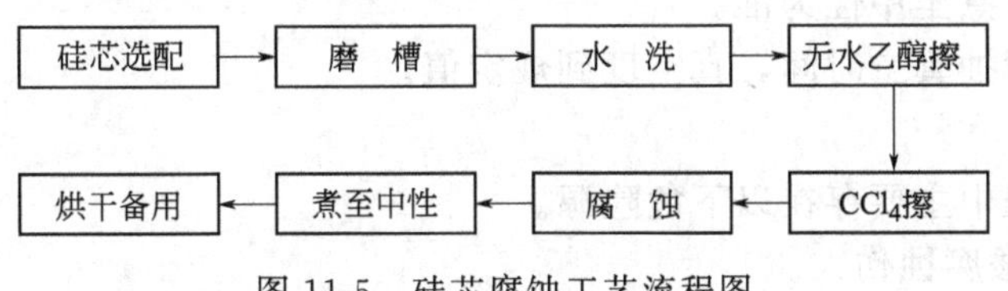

图 11-5 硅芯腐蚀工艺流程图

11.2.3 主要设备及其作用

切割机：用于硅芯切槽、磨尖。

风机：抽排腐蚀产生的尾气。

碱泵：抽碱液到碱洗塔。

真空泵：烘箱抽空。

烘箱：烘干硅芯。

腐蚀槽：腐蚀硅芯。

石英舟：硅芯在此用纯水煮至中性。

11.2.4 操作要点

① 配制碱液，加固碱至规定量。

② 配制腐蚀液：氢氟酸∶浓硝酸＝1∶5。

③ 按硅芯型号、直径、均匀度、电阻率、长度进行选配，并作好记录。同一组或同一对硅芯要求型号、直径、均匀度、电阻率大致接近，硅芯弯曲方向能相互匹配。

④ 根据硅芯弯度方向、大头与硅芯搭配情况后，切槽。

切槽时，沿硅芯长度与砂轮成一定角度方向切。切槽质量要求：硅芯弯向和所切槽沟在同一个平面上，槽沟前后深度、宽度保持一致，槽沟两边的托瓣大小、厚薄基本相同，与硅芯连接牢固。切槽后的硅芯用自来水冲洗干净。

⑤ 硅芯腐蚀

• 分别用四氯化碳和无水乙醇擦拭硅芯表面，去掉杂质和油污后放入腐蚀槽。

• 倒入配好的腐蚀液，使之淹过硅芯表面，用四氟筷子不断拨动硅芯，待有大量棕色气体冒出后，再不断搅动一会，随即用大量纯水冲洗酸液（硅芯不得露出水面），冲至接近中性。

• 将硅芯从腐蚀槽中取出，放入石英舟内，倒入纯水淹过硅芯表面，合上电源加热，边煮边倒入去离子水冲至水溶液呈中性为止。

• 用专用镊子将硅芯取出放入烘箱内烘干。

11.2.5 质量控制

腐蚀好的硅芯，要求表面无杂质、油污和氧化物，并且表面光亮，无其他色泽。因此需要对以下原辅材料及生产技术条件进行控制。

氢氟酸：符合 GB/T 260—93（40%）。

浓硝酸：优级纯（或分析纯）HNO_3（65%～68%）。

无水乙醇：分析纯 99.5%。

四氯化碳：分析纯。

硅芯：N 型电阻率、不掺杂的混合型或 P 型的电阻率达到要求。长度达规定，直径达所需。

纯水：电阻率达到要求。

腐蚀液：氢氟酸：浓硝酸＝1：5（体积比）。

水煮沸次数：以煮至中性为准。

硅芯烘箱：保障抽真空时间，真空度到规定值。

11.2.6 安全控制

在硅芯腐蚀过程中主要存在以下危险源。

① 硝酸、氢氟酸腐蚀伤人。

② NaOH 腐蚀伤人。

③ 切硅芯时，切割机伤人。

④ 氮氧化物气体泄漏。

所以在腐蚀过程中应对以上危险源进行控制，主要采取以下措施：上班前按规定穿戴好劳动保护用品，在使用酸碱时，要戴好口罩、眼镜和耐酸碱手套，尽量在通风处操作，若酸碱液溅在脸上、手上，立即用水冲洗，使用酸手套前要检查是否完好。腐蚀操作前检查碱洗池液位、碱液 pH 值是否在规定值内，风机是否运转正常。

切槽房间内光线应充足，严格按切割机操作规程操作。

小　　结

硅芯作为还原过程纯硅沉积的发热载体，对生成的多晶硅的晶体结构等有很大影响，因此在硅芯制备过程中必须保证操作步骤的严谨。

现在很多企业也在采用切割技术来制备硅芯。

习 题

11-1 在硅芯的拉制过程中，有哪些因素可影响硅芯质量？

11-2 在硅芯拉制过程中，存在哪些危险源，如何控制？

11-3 现有直径为 28cm 的多晶棒，需拉制直径 6mm、长度 2.0m 的硅芯，试计算需多长的硅棒？

11-4 如何选配硅芯，切槽时应注意什么？

11-5 要保证硅芯腐蚀的质量，应注意哪些问题？

11-6 腐蚀硅芯时，应采取哪些安全环保措施？

第12章 硅烷法制备高纯硅

学习目标

1. 掌握硅烷法制备多晶硅的原理、工艺流程。
2. 了解硅烷的制备原理、流程。

12.1 硅烷的概述

12.1.1 概述

硅烷热分解法制备高纯硅是近年来国内外研究较多的一种有发展前景的方法。它由硅烷的制备、硅烷的提纯和硅烷热分解三个基本步骤组成。

其优点如下：

① 硅烷发生时，由于硼以复盐的形式溶于液氨中，故除硼效果好；

② 硅烷和杂质氢化物性质差别很大，易于提纯；

③ 硅烷热分解无需还原剂，避免了还原剂的沾污；

④ 硅烷及热分解产物均无腐蚀性，因此对设备耐腐蚀性要求不高，同时减少了设备的沾污；

⑤ 硅烷热稳定性差，分解温度低，因此消耗电能小，同时可减轻设备及载体的沾污；

⑥ 硅烷热分解反应进行得比较彻底，尾气无需回收；

⑦ 流程相对较简单，硅烷中含硅量比其他硅化物都高，所以实收率高。

但是也存在以下缺点：

① 硅烷是一种危险性气体，在空气中能自燃，易发生爆炸事故，所以对设备气密性要求高；

② 硅烷沸点为−111.8℃，生产过程中冷量消耗大。

相比较而言，硅烷热分解法制备高纯硅由于设备简单、操作方便、产率高、纯度高等优点，仍不失为一种很有前途的方法，国际上也有一些企业采用这种方法。

12.1.2 物理性质

硅烷通常是一种无色的气体。空气中含有微量的硅烷时，可以嗅到一种像发霉一样的臭味。稍浓的气体会使人感到难受，头昏恶心。

在低温的情况下，硅烷气体能够冷凝成透明无色的液体，温度更低时，能变成冰状固体。

硅烷的物理性质如表12-1所示。

表 12-1 硅烷的物理性质

分子式	SiH_4	生成热(标准)	36.41kJ/mol
相对分子质量	32.09	汽化热(0℃)	17.79kJ/mol
−185℃液体密度	680kg/m³	氧中燃烧热	1357.47kJ/mol
气体密度(标准状况)	1.44kg/m³	临界温度	−3.5℃
沸点	−111.8℃	临界压力	47.8atm
熔点	−185℃	显著分解温度	>600℃

12.1.3 化学性质

① 硅烷（SiH_4）由一个硅原子和四个氢原子组成，分子的临界直径 0.484nm，在常温下相当稳定，在高温下才能使硅烷分解成硅和氢气。

$$SiH_4 \longrightarrow Si + 2H_2$$

② 对氧和空气极为敏感，在低达−180℃的温度时也会与氧发生剧烈反应，甚至发生爆炸。

$$SiH_4 + 2O_2 \longrightarrow SiO_2 + 2H_2O$$

浓 SiH_4 遇空气会自燃，火焰是深黄色。

③ 能与氮化物发生反应。

$$SiH_4 + 4NH_3 \longrightarrow Si(NH_2)_4 + 4H_2$$

$$3SiH_4 + 4NH_3 \longrightarrow Si_3N_4 + 12H_2$$

$$3SiH_4 + 2N_2 \longrightarrow Si_3N_4 + 6H_2$$

④ 与卤化物的反应较激烈，而燃烧生成卤化氢和硅烷的卤代衍生物。

⑤ 硅烷还具有强烈的还原性。

12.1.4 硅烷的制取方法

硅烷的制取方法比较多，主要有以下五种。

(1) 硅合金分解法

硅合金在水溶液、醇类或液氨介质中能被无机酸或卤铵盐分解而生成硅烷。

$$Mg_2Si + 4HCl \xrightarrow{\text{水溶液}} SiH_4 + 2MgCl_2$$

$$Mg_2Si + 4HAc \xrightarrow{\text{乙醇}} SiH_4 + 2Mg(Ac)_2$$

$$Mg_2Si + 4NH_4Cl \xrightarrow{\text{液氨}} SiH_4 + 2MgCl_2 + 4NH_3$$

(2) 氢化物还原法

用碱金属或碱土金属氢化物还原 $SiCl_4$ 的方法。

如将 $SiCl_4$ 的溶液滴入含过量 $LiAlH_4$ 的醚溶液中，在磁性搅拌下，硅烷即生成。

$$LiAlH_4 + SiCl_4 \xrightarrow{\text{醚溶液}} SiH_4 + LiCl + AlCl_3$$

(3) 二氧化硅氧化法

在 Al 和 AlX_3（X 为卤素）存在下，采用高温使 H_2 与 SiO_2 反应生成硅烷。

$$3SiO_2 + 4Al + 2AlX_3 + 6H_2 \xrightarrow{175℃,400atm} 6AlOX + 3SiH_4$$

(4) 四氯化硅氢化法

$$3SiCl_4 + 4Al + 6H_2 \xrightarrow{175℃,900atm} 4AlCl_3 + 3SiH_4$$

(5) 硅的直接氢化法

$$Si(粉状)+2H_2 \xrightarrow{高温、高压、催化剂} SiH_4$$

从以上五种方法中，后三种硅烷产率高，但需要高温、高压，在工业生产中成本高、危险性大。前面两种方法有工业应用价值，尤其用 NH_4Cl 在液氨介质中分解 Mg_2Si 的工艺比较成熟，特别是除硼效果好，生产相对比较安全。

12.2 原料的制取及处理

12.2.1 硅化镁的合成

硅化镁是生产硅烷的原料，其分子式 Mg_2Si，呈微粒状蓝灰色的晶体。

(1) 硅化镁的性质

硅化镁（Mg_2Si）是蓝灰色的晶体，含硅 36.8%、镁 63.2%，晶体呈八面体。其结构相当于硅金刚石结构中原来硅-硅键中插入一个镁原子，晶格平面示意图如图 12-1 所示。

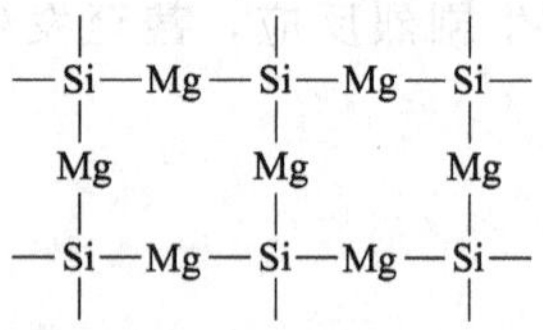

```
   |         |         |
 —Si—Mg—Si—Mg—Si—
   |         |         |
  Mg        Mg        Mg
   |         |         |
 —Si—Mg—Si—Mg—Si—
   |         |         |
```

图 12-1 硅化镁晶格平面图

硅化镁晶体具有半导体导电性能。

硅化镁密度为 $2g/cm^3$，粉末堆密度为 $0.45g/cm^3$，晶体有较高的硬度，比热容为 1.005J/(g·℃)（18～630℃），熔点为 1102℃，在高于熔点时会很快地分解成硅和镁，此时镁汽化。硅化镁从 700℃时就开始分解，逸出镁蒸气，形成不稳定的 MgSi。

硅化镁是强的还原剂，常温下在干燥的空气中是稳定的，但加热时会着火，因氧化放热加速分解，逸出镁蒸气使燃烧更激烈，发出白炽火焰，甚至发生爆炸。剧烈氧化反应的产物一般是硅酸镁：

$$Mg_2Si+2O_2 \longrightarrow MgSiO_3+MgO$$

高温下还可以与氮气发生作用，反应比较缓和，产物是易水解的淡黄色氮化镁和硅：

$$3Mg_2Si+2N_2 \longrightarrow 2Mg_3N_2+3Si$$

在常温下与湿空气没有明显作用，但易被稀酸水解。

(2) 合成硅化镁的原理

硅化镁由硅和镁直接合成，在隔绝空气和温度在 500～550℃的条件下，硅粉与镁粉混合，合成过程按下列反应进行：

$$2Mg+Si \longrightarrow Mg_2Si+77.44kJ/mol$$

从反应方程可以看出，此反应是放热反应。虽然镁的沸点为 1107℃，熔点为 651℃，但是在合成硅化镁的过程中，镁尚未熔化，而是由于镁容易汽化的特点［在 0.1Torr (1Torr=133.32Pa，下同) 时镁容易汽化］，因此合成反应是镁蒸气作用于硅晶体的气相、固相之间的反应，此时镁原子渗入硅的晶格，打断了原来的硅原子和硅原子的化学键，形成了硅镁之间的化学键。

由于放热反应使温度升高，高温下硅化镁不稳定以及高温下镁容易挥发，使合成过程复杂化了，合成温度对硅化镁的性质有十分重要的影响。

实际上合成反应有可逆过程：

$$2Mg+Si \xrightarrow{500℃} Mg_2Si \tag{12-1}$$

$$Mg_2Si \xrightarrow{>700℃} MgSi + Mg \quad (12\text{-}2)$$

$$2MgSi \xrightarrow{<700℃} Mg_2Si + Si \quad (12\text{-}3)$$

$$MgSi \xrightarrow{>1100℃} Mg + Si \quad (12\text{-}4)$$

从反应式(12-1) 可以看出，在 500℃时反应产物是 Mg_2Si。当温度高于 700℃时，镁按式(12-2) 分解成蒸气。温度越高，加热时间越长，分解得越多，生成的中间化合物 (MgSi) 是极不稳定的。高于 1100℃时，按式(12-4) 进一步分解为硅和镁。低于 700℃时，转化成 Mg_2Si，同时析出硅，所以高温下合成的硅化镁中的 Mg_2Si 少，游离的硅多，酸处理时甲硅烷的转化率低，副产物氢和乙硅烷多。低于 500℃时，镁蒸气压太低，硅中镁扩散和反应速率很低，合成速率很慢，反应不完全，硅烷的转化率也很低。图 12-2 为镁蒸气压与温度的关系图。

合成温度与硅烷转化率的关系如图 12-3 所示。图 12-3 中曲线表示用盐酸处理 Mg_2Si 的结果。因为反应是由镁原子向硅晶体内扩散为特征的，所以需要有一定的反应时间，并且固相硅的表面积应尽可能大，越细越好，而镁主要是汽化后参加反应，采用较细的镁粉不仅可增加蒸发表面积，而且有可能与硅最紧密地接触，以保证蒸发的镁尽量与硅起反应。但是考虑到镁的化学活泼性，镁粉粒度不宜过细。

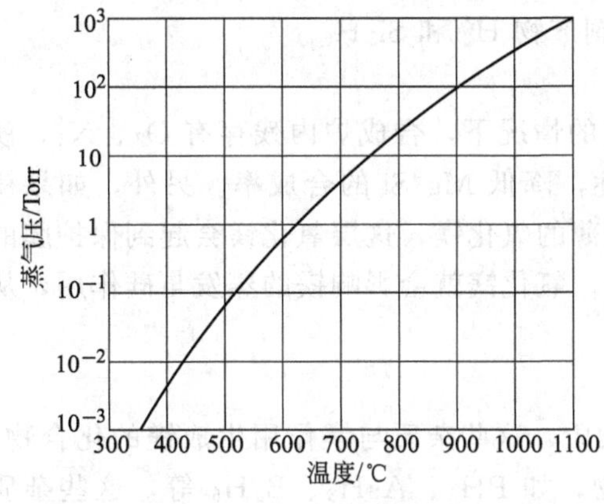

图 12-2 镁蒸气压与温度的关系

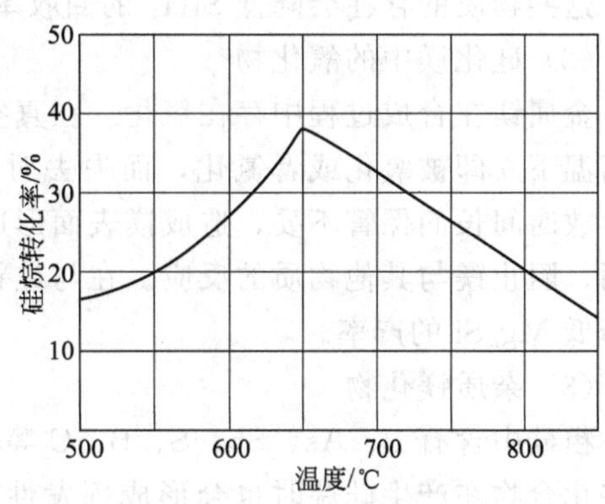

图 12-3 合成温度与硅烷转化率的关系

选择较低的合成温度（约 500℃）是为了尽量提高反应式(12-1) 中 Mg_2Si 的合成率，这样可以避免由于反应放出的热量而引起的温升过大而造成硅化镁的分解。

12.2.2 合成 Mg_2Si 的技术条件

(1) 合成温度

从硅化镁合成反应方程式可以看出，当温度高于 700℃时，生成 MgSi；当温度小于 700℃时，产物就是要得到的 Mg_2Si。温度过高会造成 Mg 过多地挥发和损失，产品容易结块；温度过低，则反应不完全。因此在 500～550℃范围内 Mg_2Si 的产率最高，在生产中一般把合成温度严格控制在 500～550℃。

(2) 保温时间

保温时间的长短影响反应完全程度和生产能力。时间过短，则反应不完全；时间过长，则易生成 Mg_3Si_2，通常间歇式固定床保温时间以 3～4h 为宜。

(3) 升温和冷却速度

升温速度过快，则造成料层温差大，反应不均匀，同时使 Mg 挥发损失增加，甚至使镁溅出舟外。通常升温速度控制在10℃/min，最好当温度升到200～300℃时保温1h再继续升温，以保证料层温度均匀，并使残余水分挥发。

冷却速度对Mg_2Si产率影响较大，缓慢冷却有利于Mg_3Si_2转化成Mg_2Si；强冷却有利于提高产物反应活性。综合考虑，目前一般采用自然冷却。

(4) 原料的配比

一般按分子式计算，其质量比为1∶1.73，由于镁挥发损失较大，所以在合成反应中采用Si∶Mg＝3∶5。但镁不能过量太多，否则游离Mg增加，发生SiH_4时产生H_2，降低SiH_4的产率。

$$Mg+2NH_4Cl \xrightarrow{\text{液}NH_3} MgCl_2+2NH_3+H_2$$

(5) 合成反应气氛

由于Mg和Mg_2Si在高温下易氧化，所以要在真空或气氛保护下合成Mg_2Si。在真空下合成的Mg_2Si疏松易粉碎；在氢气中合成Mg_2Si表面活性大，有利于NH_4Cl分解。

12.2.3 影响硅化镁合成质量的因素

合成硅化镁的质量好坏直接影响硅烷的质量和产率。影响硅化镁合成质量的因素有以下三点。

(1) 未反应硅、镁及Mg_3Si_2、MgSi的含量

这些物质的存在会降低SiH_4的回收率，增加副产物H_2和Si_2H_6。

(2) 硅化镁中的氧化物

金属镁在合成过程中存在氧化。在真空度较差的情况下，合成炉内残存有O_2、N_2，镁在高温下立即被氧化或者氮化，而失去对硅的活性，降低Mg_2Si的合成率。另外，如果镁粉存放时间长而保管不妥，造成镁表面形成一层极薄的氧化镁，这层氧化镁会起到保护膜的作用，阻止镁与其他物质的反应。在与硅粉合成时，氧化镁就会影响镁的蒸发与硅作用，从而降低Mg_2Si的产率。

(3) 杂质镁化物

粗硅中含有P、As、Sb、S、B、C等非金属杂质，这些杂质与镁作用生成镁的化合物，这些化合物在产生硅烷时也会形成挥发性的氢化物，如PH_3、AsH_3、B_2H_6等，这些杂质会影响硅烷的纯度从而影响多晶硅的纯度。

12.2.4 间断合成硅化镁工艺

(1) 工艺流程

如图12-4所示。

(2) 主要工艺参数

硅粉粒度	150～200目
镁粉粒度	80～100目
原料质量比	Si∶Mg＝3∶5
合成真空度	-1.01325×10^5～13.33Pa
合成时间	抽空约半小时
	升温约1h
	保持恒温4h
	降温1h

按上述条件合成的Mg_2Si转化率达90%～95%。为了增加产量，可以适当加大装置，

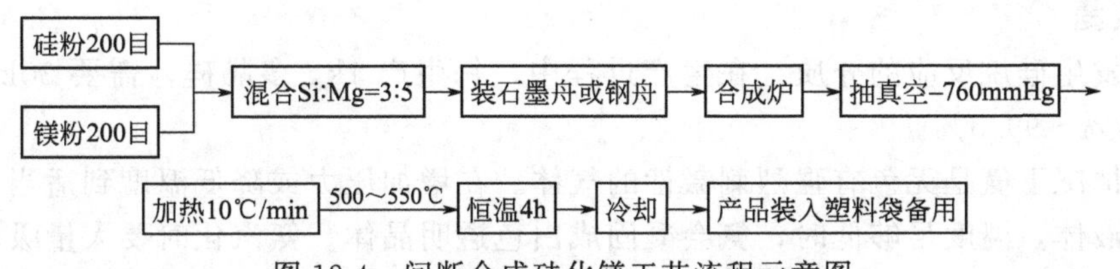

图 12-4 间断合成硅化镁工艺流程示意图

增加装料量，但是受到放热反应温升的限制，一般装料控制在 10kg，但是不适当地扩大装置，也会使转化合成率大大下降。

(3) 间歇硅化镁合成炉

间歇硅化镁合成炉一般采用卧式圆管，一端用封头焊接，另一端接法兰，在接近密封圈的管外位置焊水冷夹套。加热炉通常是可以移动的。如图 12-5 所示。

12.2.5 氯化铵

(1) 氯化铵的性质

氯化铵也是合成硅烷的原料，为白色晶体，相对分子质量为 53.49，密度为 1.53g/cm^3，干燥粉状堆比密度为 0.6g/cm^3，比热容为 1.527J/(g·℃)，易溶于水，溶于液氨，微溶于醇，不溶于丙酮。溶解于水时是吸热反应，同时会发生离解。

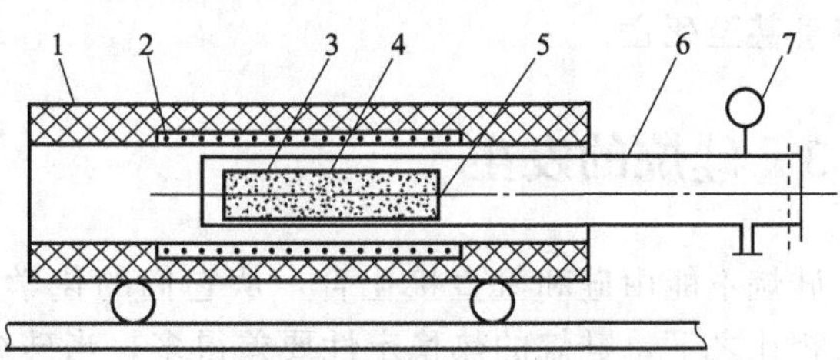

图 12-5 间歇硅化镁合成炉

1—卧式炉；2—电热丝；3—粉料；4—舟盖；5—钢舟；6—炉管；7—压力表

$$NH_4Cl \longrightarrow NH_4^+ + Cl^-$$

图 12-6 表示了氯化铵在水和液氨中的溶解度，由于溶液带有酸性，所以对普通钢材有腐蚀作用。

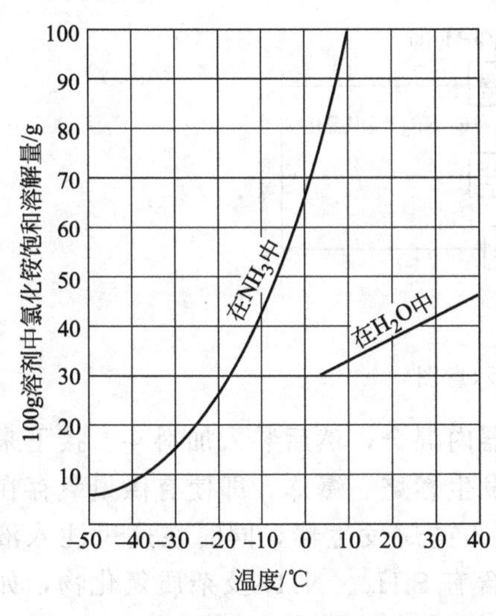

图 12-6 氯化铵在水和液氨中的溶解度

氯化铵易遇水分潮解而结块，当加热到 100℃时开始汽化，分解成氨和氯化氢气体。337.8℃时离解为氨和氯化氢。如果有微量水分存在，温度降低时又结合成氯化铵。

$$NH_4Cl \longrightarrow NH_3 + HCl + Q$$

因此，在加热 NH_4Cl 时可以见到白色烟雾，而且在较低的部位析出 NH_4Cl 晶体。

(2) 对氯化铵的预处理

根据氯化铵的性质，在有水分存在的情况下，容易潮解而结块，含水量越多，结块越严重，使氯化铵与硅化镁不能均匀地混合。这样，在进入发生器时氯化铵也不能均匀地溶入液氨，使物料架空，造成加料麻烦，还会造成氯化铵在液氨中与硅化镁的反应将不按预期产生硅烷的方向进行，硅烷产率下降，产生过多的氢气。因此，要对氯化铵进行预处理。

① 干燥 一般在特制烘箱内进行，加热温度为 90～100℃。如果氯化铵水分较多，可以适当在湿料中混入一定的干料再进行干燥。

② 粉碎 一般粉碎用轧粉设备，在条件不具备的地方，也可以采用人工粉碎。

12.2.6 液氨

液氨是发生硅烷反应的介质。在生产过程中，每生产1kg多晶硅，需要30kg液氨，其纯度为98.5%～99.5%。

在通常情况下氨是无色有强烈刺激性的气体。在增加压力或降低温度到适当值时，氨会液化为无色液体，温度足够低时，氨会凝固成白色透明晶体。氨汽化时要大量吸收热量。

氨的沸点为－33.4℃，熔点为－77.7℃，气体密度为0.77kg/m³，液体密度为0.68g/cm³。

氨极易溶解于水，同时放出大量的热，形成碱性的$NH_3 \cdot H_2O$，并且在水中离解。

$$NH_3 + H_2O \longrightarrow NH_3 \cdot H_2O$$

$$NH_3 \cdot H_2O \longrightarrow NH_4^+ + OH^-$$

氨对人体组织有一定毒害，大量吸入会伤害呼吸道，甚至伤害神经及血液循环系统，使人窒息甚至死亡。

12.3 硅烷的发生

硅烷不能由硅和氢直接化合，从它们的化学活泼性来看，硅和氢都有相当高的热稳定性。相比之下，硅烷的热稳定性要差得多，当硅烷与硅和氢气达到化学平衡时，硅烷的平衡体系中的含量是很微不足道的。因此，硅烷不得不通过间接的方法制得。

12.3.1 由硅化镁制备硅烷的原理

(1) 发生硅烷的基本流程

最基本的流程就是用液氨法制备硅烷的流程，如图12-7所示。

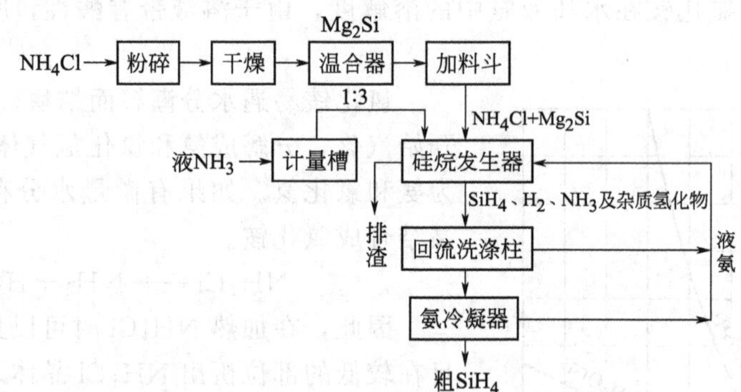

图12-7 液氨法制备硅烷流程示意图

将硅化镁和干燥氯化铵粉末按一定重量比例在混合器内混合，然后装入加料斗。接下来的步骤必须在无氧的条件下进行，因为硅烷遇氧可能会发生燃烧、爆炸，即使有微量氧存在也会沾污硅烷气体。加料斗中的混合料由螺旋推进器送入硅烷发生器，同时在这里注入液氨，液氨与粉料接触时发生反应，反应生成物的气体中含有SiH_4、NH_3及杂质氢化物，如B_2H_6、PH_3、AsH_3等。同时在液体中还析出氯化镁，呈白色泥浆状。反应在不断加料、不断搅拌中进行，产生的气体流经氨回流洗涤柱，使某些杂质氢化物与氨形成不挥发的络合物，如$B_2H_6 \cdot 2NH_3$、$AsH_3 \cdot NH_3$，留在液氨中。将气体冷凝可以回收液氨。经冷凝除氨后的粗硅烷的主要成分是硅烷，其次是氢气、少量的氨气和微量杂质氢化物。反应残渣是由氯化镁和液氨组成，间断地由发生器底部经过阀门排出。

(2) 硅烷发生器中的物理化学状态

① 物料状况 发生硅烷的反应是：

$$Mg_2Si+4NH_4Cl \xrightarrow[-30\sim-33℃]{液氨} 2MgCl_2+4NH_3+SiH_4$$

按此反应式的理论计算，76.7gMg_2Si与214g的NH_4Cl反应，产生SiH_4 32g，其中包含28g硅，副产物$MgCl_2$在液氨中溶解很少，从溶液中析出，并与一定量的氨形成$MgCl_2\cdot 6NH_3$结晶。

反应时首先进行NH_4Cl在液氨中的溶解和离解，由溶解度曲线图12-6可查得在−30℃时，每一份NH_4Cl至少需要5倍重量的液氨才能完全溶解，这部分液氨随着反应的进行，除了形成$MgCl_2$结晶时结合一部分氨外，大部分氨留在残液中，这样一方面增加了不必要的液氨消耗，同时也使后期反应溶液中铵离子浓度降低，使硅烷的产率降低，这是不利于生产的。在实际生产中，采取Mg_2Si与NH_4Cl预先混合再加入液氨的办法，使Mg_2Si尽可能与溶解的NH_4Cl反应，但又不使液氨增加过多。反应过程中氨是逐渐增加的，但这部分被夹在析出的$MgCl_2$晶体以及微小气泡之中，难以与加入的新料接触，所以，还是需要不断追加液氨使物料湿润。因此，反应物料的充分搅拌是非常必要的。采用混合料并在搅拌下反应，液氨量可降到NH_4Cl重量的3倍以下。

根据以上考虑，可以大致选取原料的配料比。硅化镁的合成率一般在90%～95%之间，考虑到NH_4Cl受析出的氯化镁结晶的包围，被限制了溶解或反应，加之物料混合不均、接触不好等因素，所以NH_4Cl要适当过量一些。目前Mg_2Si与NH_4Cl的质量比取为1∶3。

② 温度及压力 产生硅烷的反应是一个液固反应。NH_4Cl是溶解在液氨中与Mg_2Si反应的。显然，NH_4Cl溶解得越多越有利于反应的进行。NH_4Cl在液氨中的溶解度随温度降低而减少。所以降低反应温度会使硅烷的转化率大大降低。如表12-2所示。

表12-2 发生硅烷的反应温度对硅烷转化率的影响

反应温度/℃	硅烷成分/mL				硅烷的转化率/%
	H_2	SiH_4	Si_2H_6	Si_2H_6 含量/%	
−33	1360	1460	40	2.7	72
−80	1050	210	1.5	0.7	18

从表12-2可以看出，在−33℃时反应虽然乙硅烷含量稍高，但是硅烷的转化率可达70%以上，而在−80℃时发生反应，虽然乙硅烷几乎不发生，但是在混合气体中H_2含量甚至比SiH_4含量大4～5倍，硅烷的转化率在20%以下。所以反应温度不能太低，过低就会造成反应速度慢，硅烷转化率低。但是增高反应温度，则Si_2H_6的含量增加，气体中氨含量增加，液氨挥发损失较大，增加了回收氨的冷耗量和硅烷中的含氨量。所以通常发生硅烷的温度控制在−30～−33℃。

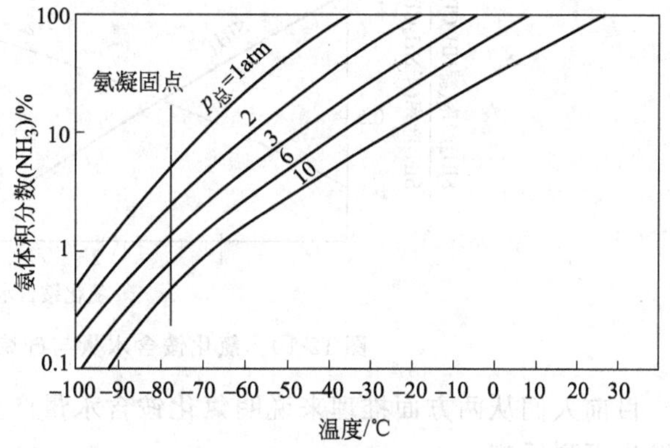

图12-8 氨的体积浓度与温度、压力的关系

图12-8表示不同总压力下气体中氨的体积浓度随温度的变化关系。为了增加粗硅烷中的硅烷含量，同时降低氨的

含量，发生反应在较高温度、较高压力下进行生产有利。

12.3.2 反应条件对硅烷产率的影响

在生产和实验过程中，用 Mg_2Si 与 NH_4Cl 在液氨中反应发生硅烷时，硅烷的产率受反应条件的影响很大，原料、反应温度、反应过程的不同会使硅烷的产率成倍地变化。在发生硅烷的同时要产生氢气，在某些条件下，如果氢气的量增加，也会使硅烷的产率相应降低。

(1) 硅化镁合成温度的影响

合成温度高于600℃时，合成的硅化镁发生甲硅烷的产率下降，而发生的氢气增加；高于900℃时，氢气也开始减少，但氢气对硅烷的比率仍然很高，高温下合成的硅化镁，乙硅烷的比率也增大。图12-9表示合成温度对发生硅烷中甲硅烷以及乙硅烷和氢气含量的影响。

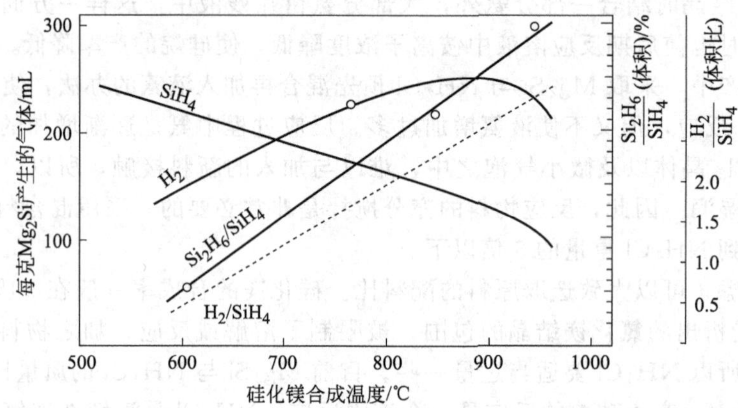

图12-9 硅化镁合成温度对发生硅烷中甲硅烷以及乙硅烷和氢气含量的影响

从图12-9中可以看出，随着合成温度的升高，硅烷的产率逐渐下降；氢气的含量先升高，高于900℃时，氢气含量也下降；乙硅烷的含量则一直在升高。造成这种情况的原因是硅化镁在高温下有分解的趋势：

$$MgSi + Mg \longrightarrow Mg_2Si$$

析出了金属镁并形成不稳定的低价硅化物MgSi，低价硅化物反应时产生乙硅烷和氢气。

(2) 氯化铵含水量的影响

氯化铵极易吸水，当含有2%～3%的水时，将在反应中产生明显增多的氢气，使硅烷产率相应地降低。图12-10表示氯化铵含水量与硅烷和氢气产率的关系。

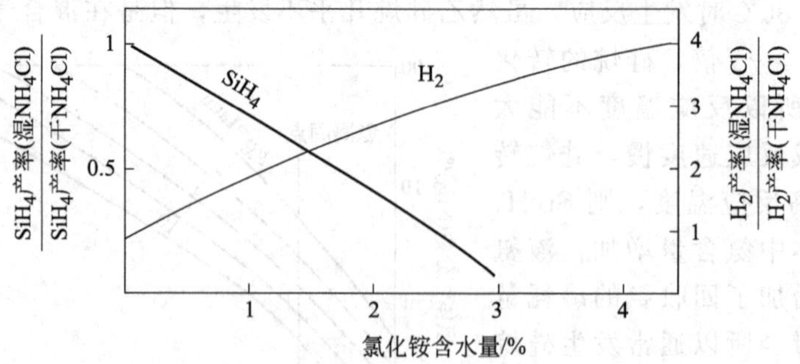

图12-10 氯化铵含水量与硅烷和氢气产率的关系

目前人们从两方面推理来说明氯化铵含水量产生氢气的原因。一种解释是氯化铵与硅化镁发生下列反应：

$$2Mg_2Si + 8NH_4Cl + 3H_2O \longrightarrow 4MgCl_2 + 6H_2\uparrow + Si_2H_2O_3 + 8NH_3\uparrow$$

此反应要求有相当多的水参加反应，而实际上氯化铵含水量是有限的。另一种解释是水的存在使氨的电离加强：

$$2NH_3 \rightleftharpoons NH_4^+ + NH_2^-$$

因为有负 NH_2^-，硅烷发生下列反应：

$$SiH_4 + 4NH_3 \longrightarrow Si(NH_2)_4 + 4H_2$$

(3) 反应温度的影响

随着反应温度的增高，硅烷产率增高，硅烷对氢气的比例也相应增高。当在−33℃时，硅烷产率约为70%，−80℃时，硅烷的产率只有10%～20%，常温时反应硅烷产率几乎达到理论值。如图12-11所示。

(4) 液氨中氯化铵浓度的影响

液氨中氯化铵溶解的量即离子的浓度对硅烷发生的过程有明显的影响。浓度较低时，反应向产生氢气的方向进行。因为液氨中氯化铵浓度与溶解度有关，所以也与温度有关。图12-12表示在液氨中氯化铵的浓度对硅烷发生的影响。

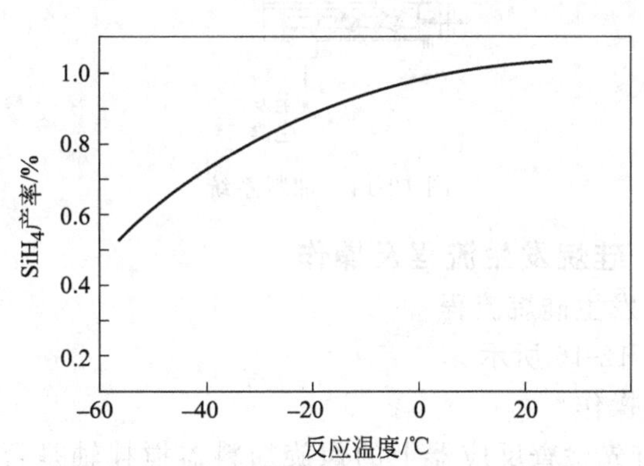

图12-11 反应温度对硅烷产率的影响

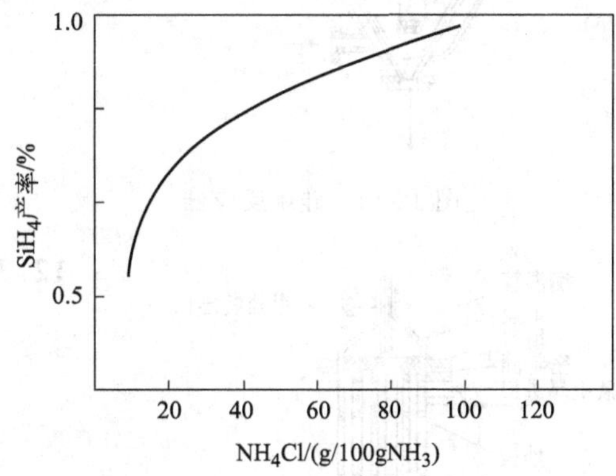

图12-12 液氨中不同的氯化铵浓度时发生硅烷的产率

12.3.3 发生硅烷的主要设备

(1) 反应器

反应器为不锈钢板直接焊成的反应罐。椭圆形截面的封头盖，60°锥角的锥底。下部有钢制夹套，上部设有粉料加入口、液氨加入口、气体出口、放空口、抽空口、压力表接口，此外还有窥视孔、照明孔，内设有搅拌器。如图12-13所示。

(2) 加料斗

包括一个储料罐和一个螺旋进料器。储料罐上部设有加料口、抽气口和 N_2 气口，下部与螺旋进料器连接。如图12-14所示。

(3) 液氨冷凝器

为不锈钢列管式热交换器。管内为含氨的硅烷气体，管外为 F_{13} 蒸发空间，与制冷系统 F_{13} 直接连通。如图12-15所示。

(4) 液氨回流柱（回流洗涤柱）

内填不锈钢屑，外部保温，使反应产物中的氨气在此部位迅速液化返回发生器中，不锈钢屑有利于气液接触，在气、液接触中使 B_2H_6 溶于 NH_3 中生成 $B_2H_6\cdot 2NH_3$ 络合物，起到了除硼作用。

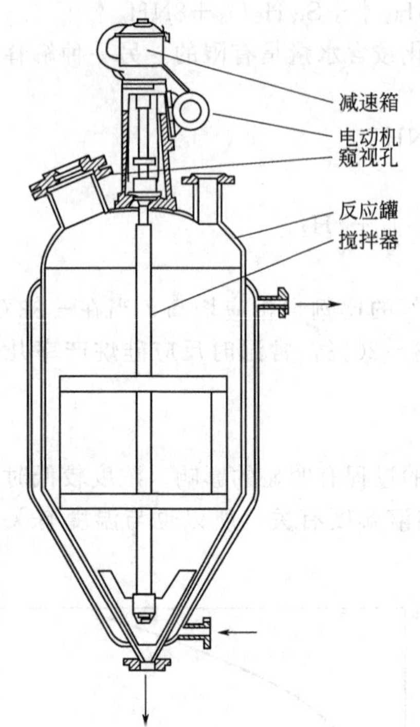

图 12-13 硅烷反应器

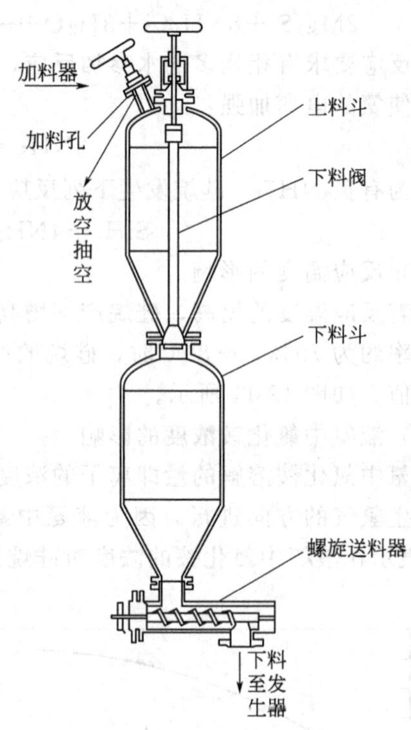

图 12-14 加料系统

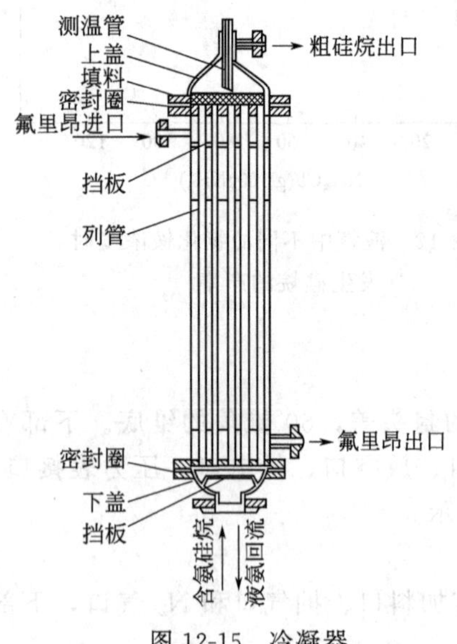

图 12-15 冷凝器

12.3.4 硅烷发生流程及操作

(1) 发生硅烷流程

如图 12-16 所示。

(2) 操作

① 首先检查反应器上的螺旋加料器搅拌轴是否灵活可靠，空转 10min。

② 反应器系统包括螺旋加料器、回流柱、冷凝器及料斗、阀门，要进行 $2\times1.01325\times10^5$Pa 气压检漏，一昼夜泄漏量不超过 1%。

③ 用机械泵抽空反应器系统到 -1.01325×10^5Pa 后，继续抽空 10min，用惰性气体充至表压 $0.1\times1.01325\times10^5$Pa，重复两次。

④ 反应器相连接的管道，投料前一定要赶气 3～5min，必须使反应器保持 $0.5\times1.01325\times10^5$Pa 压力。

⑤ 完成上述工作后，通知冷冻岗位开车，并准备往料斗加混合料。

⑥ 当冷凝器温度降低到 −75℃时，可向反应器内慢慢加液氨，并打开冷凝器放空阀，缓缓放空，待有回流液后方可开始加混合料，并继续放空，料要勤加少加，液氨要慢慢加入，并密切注意反应器压力。发生器压力控制在 $(0.8\sim1.2)\times1.01325\times10^5$Pa（表压）。

反应器中的反应进行较缓和，物料由蓝灰色转变成灰色（物料与液氨接触的地方），由于反应放出气体，并且由于反应放热使液氨汽化，液氨不断补充，同时充分搅拌，使物料充分与液氨接触，但是液氨不能太多，过多不仅浪费，还会使硅烷产率下降。

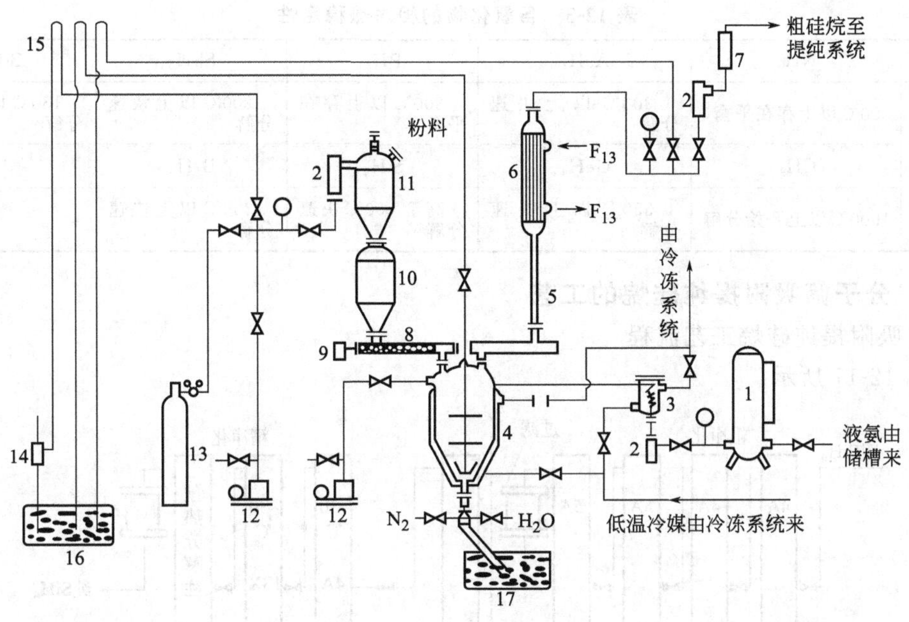

图 12-16 发生硅烷流程图

1—液氨计量器；2—过滤器；3—液氨预冷器；4—硅烷发生器；5—回流洗涤柱；6—冷凝器；7—流量计；8—螺旋送料品；9—减速器；10—下料斗；11—上料斗；12—机械真空泵；13—氮气钢瓶；14—真空泵；15—高放空管；16—水封池；17—排渣管

发生系统的条件达到稳定后，放空，经充分冷凝，除氨后的粗硅烷气体送提纯系统。

随着物料不断加入，发生硅烷的反应不断进行，发生器内反应残渣氯化镁和液氨不断积聚，适当时由反应器底部排至室外水池。

12.4 硅烷的提纯

液氨法发生的硅烷中往往含有较多的 NH_3 和百万分之一数量级的其他氢化物和硼氢化合物。这些杂质在硅烷分解成多晶硅之前必须除尽。提纯硅烷的方法很多，一般不外乎水解法、络合法、精馏提纯法、预热分解法以及分子筛吸附提纯法等。

各种提纯的方法各有优缺点，综合考虑，多数厂家和研究单位采用分子筛吸附和预热分解提纯硅烷。

12.4.1 预热分解提纯硅烷

氢化物的稳定性相差悬殊，因此可以通过适当的加热或者催化的方法，将硅烷中某些杂质氢化物，如 AsH_3、SbH_3、SnH_4 以及部分 B_2H_6 等预先分解掉。

预热分解是将硅烷气加热到约 380℃，这时硅烷分解缓慢，而硼烷和砷烷则较快。但它并不是有效的提纯措施，因为粗硅烷中可能存在碳、氮、硫等氢化物，比硅烷稳定得多，对磷、硼和砷的氢化物作用也不十分彻底。各种相关氢化物的相对热稳定性见表 12-3。

12.4.2 分子筛吸附提纯硅烷

硅烷沸点低，分子没有极性，一般与吸附剂的亲和力较弱，相比之下，其他杂质氢化物则比较容易吸附，因此，用分子筛吸附提纯硅烷是很早就采用的方法。分子筛吸附法的原理已经在前面章节讲解。

表 12-3 各氢化物的相对热稳定性

氢化物	NH_3	AsH_3	PH_3	SbH_3	BiH_3
热稳定性	300℃以上存在平衡	300℃以上快速分解	300℃以上存在平衡	200℃以上快速分解	150℃以上快速分解
氢化物	CH_4	GeH_4	SiH_4	B_2H_6	
热稳定性	1000℃以上开始分解	350℃以上快速分解	高于600℃快速分解	300℃以上快速分解	

12.4.3 分子筛吸附提纯硅烷的工艺

(1) 吸附提纯硅烷工艺流程

如图 12-17 所示。

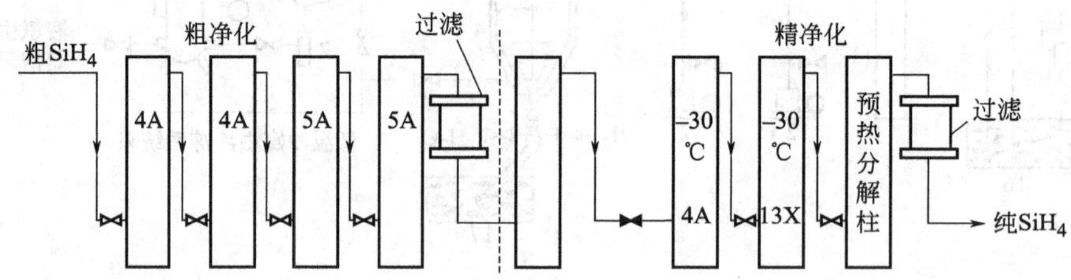

图 12-17 吸附提纯硅烷工艺流程

(2) 吸附提纯过程

粗硅烷中除了 SiH_4 和 H_2 外，还含有 NH_3、PH_3、AsH_3、Si_2H_6、CH_4 及数量很少的其他杂质氢化物、残余空气（O_2、N_2），根据杂质与硅烷性质的差异，选用 4A、5A 分子筛组合起来将其与硅烷分离。见表 12-4。

表 12-4 不同型号分子筛吸附硅烷中杂质情况

吸附剂		被吸附气体	气体分子直径/Å
型号	孔径/Å		
4A	4.2～4.8	NH_3、H_2O、H_2S、CH_4、O_2、N_2	NH_3 3.8，H_2O 3.18，H_2S 4.97，H_2 2.1，O_2 2.8，N_2 3.0
5A	4.9～5.5	NH_3、H_2O、PH_3、AsH_3、B_2H_6、SiH_4	PH_3 4.6，AsH_3 4.7，SiH_4 4.84，SbH_3 5.1，B_2H_6 4.5
13X	10～13	除上述气体外，主要吸附烷类、醇类	

注：1Å＝0.1nm，下同。

硅烷及其杂质首先进行 4A 分子筛的粗吸附。粗硅烷中数量较多的杂质 NH_3 被分离，同时 4A 分子筛不吸附 SiH_4，而吸附分子较小的杂质 CH_4、CO_2、O_2 和 N_2。然后进入 5A 分子筛和 13X 分子筛使 PH_3、B_2H_6、Si_2H_6、Si_3H_8 被吸附。13X 分子筛对氢化物的吸附性能大致与 5A 分子筛相同，但它的孔径和吸附表面积更大，在硅烷共吸的情况下，13X 分子筛的吸附速度较快。硅烷气体在通过精吸附柱的过程中，由于分子筛对各种氢化物的吸附亲和力不同引起互相的取代，结果使一些吸附亲和力较强的电性杂质氢化物被滞留在吸附柱中，达到了有效的分离。

最后气体进入预热分解柱，在这里与加热到 350～380℃的填料接触，由于气流中各氢化物热稳定性不同，热稳定性差的会在加热表面上分解，转变成不挥发的固体物质，SiH_4 在此条件下不分解，达到提纯的目的。

12.5 硅烷热分解制备多晶硅

12.5.1 硅烷热分解原理

$$SiH_4 \xrightarrow{\text{加热}} Si + 2H_2 + \Delta H_F(\text{标准生成热})$$

硅烷分解反应标准自由能变化 $\Delta F_{298}^{\ominus}$ 随温度变化的关系如图 12-18 所示。

各种相关物质的 $\Delta F_{298}^{\ominus}$ 列于表 12-5 中。

由表 12-5 中数据可以计算硅烷分解化学反应的平衡常数和平衡组成。

$$\Delta F^{\ominus} = -RT\ln K_p = -4.575T\lg K_p$$

式中 K_p——平衡常数，$K_p = \frac{p_{H_2}^2}{p_{SiH_4}}$；

R——气体常数；

T——热力学温度；

p_{SiH_4}，p_{H_2}——硅烷和氢气的平衡分压。

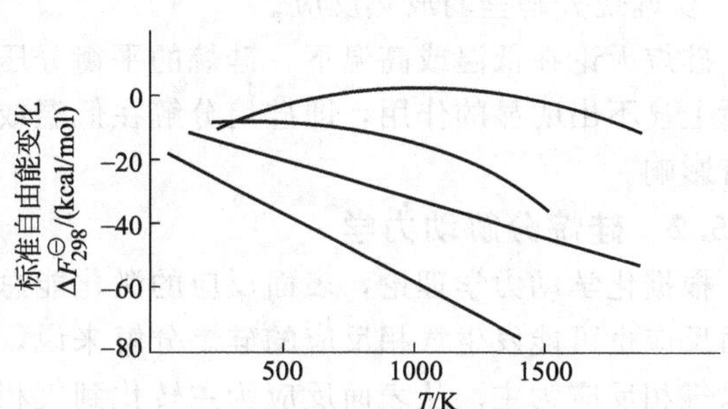

图 12-18 硅烷分解反应标准自由能变化曲线

1kcal=4.1840kJ，下同

由硅烷热分解反应平衡常数以及平衡分压的计算结果可以绘制得到图 12-19 和图 12-20。

表 12-5 各种硅化物及氢化物分解反应的 $\Delta F_{298}^{\ominus}$

反　应	$\Delta F_{298}^{\ominus}$/(kcal/mol)	反　应	$\Delta F_{298}^{\ominus}$/(kcal/mol)
SiF_4(气)══ Si(固)+$2F_2$(气)	360	CH_4(气)══ C(固)+$2H_2$(气)	12.1
$SiCl_4$(液)══ Si(固)+$2Cl_2$(气)	136.9	$2NH_3$(气)══ N_2(气)+$3H_2$(气)	3.98
$SiBr_4$(液)══ Si(固)+$2Br_2$(气)	90.6	$2PH_3$(气)══ 2P(白)+$3H_2$(气)	−4.36
SiI_4(固)══ Si(固)+$2I_2$(气)	39.9	$2AsH_3$(气)══ 2As(灰)+$3H_2$(气)	−2.4
SiH_4(气)══ Si(固)+$2H_2$(气)	−12.7	H_2Se(气)══ Se(灰)+H_2(气)	−17
B_2H_6(气)══ 2B(固)+$3H_2$(气)	−19.8	H_2Te(气)══ Te(固)+H_2(气)	−33.1

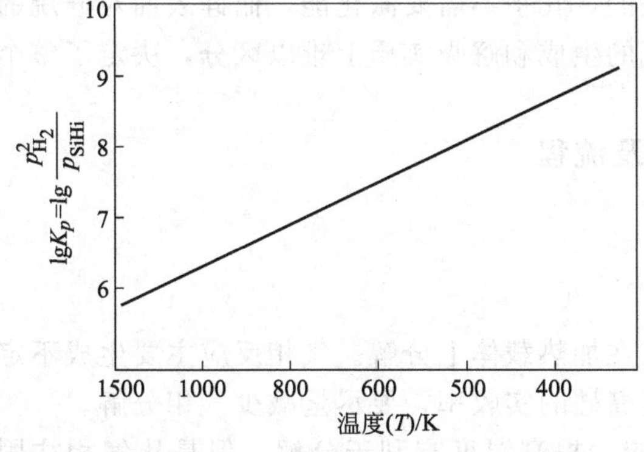

图 12-19 硅烷热分解反应平衡常数与温度的关系

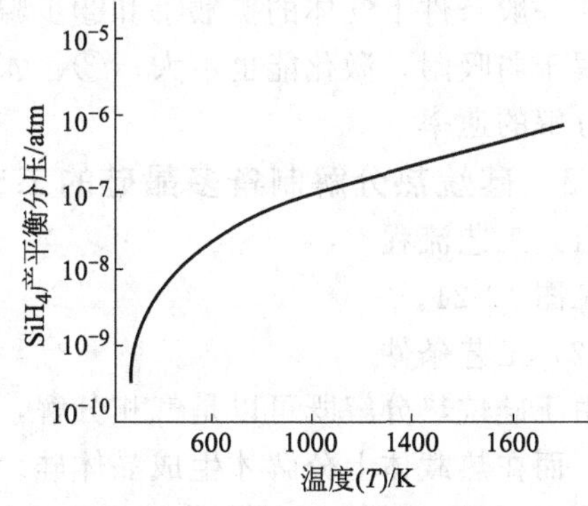

图 12-20 硅烷分解平衡分压与温度的关系

从热力学数据可得下列结论。

① 从自由能变化的符号和数值可知，硅烷与硅卤化物相比是较不稳定的化合物，因此硅烷分解的温度比硅卤化物分解或还原的温度低。

② 硅烷容易分解成其他的组成元素，标准自由能数值始终是负值表示分解反应在所有

温度下都有自发进行的趋势。

③ 与氢和硅平衡的硅烷分压是极低的，总压为 1atm 时，硅烷只有 10^{-3} Torr，也就是说在一般条件下不能直接由氢气和硅合成硅烷。

④ 提高温度，分解的趋势增加（标准自由能变化值越负），但从平衡的角度看，并不意味着硅烷的平衡分压下降。相反，随着温度上升，与硅和氢平衡的硅烷分压将增加，即使到达 1500K，硅烷还只有非常低的分压。

⑤ 硅烷分解呈弱放热反应。

硅烷无论在低温或高温下，硅烷的平衡分压都非常低，所以温度变化对平衡分压的影响实际上显不出明显的作用，即硅烷分解在低温或高温下都能充分地完成，但是温度对分解速度有影响。

12.5.2 硅烷分解动力学

根据化学动力学理论，表面反应的激化能总是低于气相反应的激化能，对于既可能发生表面反应也可能发生气相反应的硅烷分解来说，在较低温度下以表面反应为主，在较高温度时以气相反应为主。从表面反应为主转化到气相反应为主的温度转折点决定于硅烷的分压和气体组成。初压 10Torr 以上的纯硅烷在 400℃ 分解已基本上是气相反应。降低硅烷分压并增加氢气的比例，气相分解减缓，由表面反应转化为气相反应的温度相应提高，所以，高温下要使表面反应占优势，必须降低硅烷浓度和增加氢气。因为浓度降低，单位空间分子数减少，相对与表面碰撞的概率增加，因此使表面反应的概率增加。特别在流动分解系统中，如果硅烷浓度降低，使分子平均自由程增加到可与边界层厚度相比较时，气相分解基本上将被抑制。增加氢气则抑制气相分解反应。

在热载体上 SiH_4 分解基本包括五个步骤：

① SiH_4 扩散到固体表面；

② SiH_4 吸附在固体表面；

③ 分子在表面上进行分解反应；

④ 产物 Si 的沉积和 H_2 的解吸；

⑤ H_2 的扩散，离开载体表面。

在一般条件下气体的扩散①和②步骤是很快的，几乎不需要激化能，而硅表面对硅烷的吸附属于弱吸附，激化能也不大；③、④两步氢的生成和解吸实质上难以区分，决定了整个硅烷分解的速率。

12.5.3 硅烷热分解制备多晶硅的工艺条件及流程

（1）工艺流程

见图 12-21。

（2）工艺条件

由于硅烷热分解既可以是气相分解，又可以在加热载体上分解。气相反应主要生成不定形硅，而在热载体上分解才生成晶体硅。为了提高硅的实收率，要尽量减少气相分解。

① 热分解温度　硅烷热分解反应为吸热反应，提高温度有利于分解。但是从气相往固态载体上沉积时，载体温度都存在一个最高值，超过此值后，继续升高载体温度，沉积速度反而下降，对于硅烷热分解最高温度 $T_{最高}=1250℃$，但是如果采用这样的载体温度势必引起载体周围的气相分解加剧，同时，设备材料沾污也会增加。实际上在 800～1000℃ 范围内，热分解效率已经很高了，所以分解温度一般控制在 850～900℃。

② 炉内气氛　提高炉内氢气压力有利于抑制气相分解，而对在载体上的热分解反应影

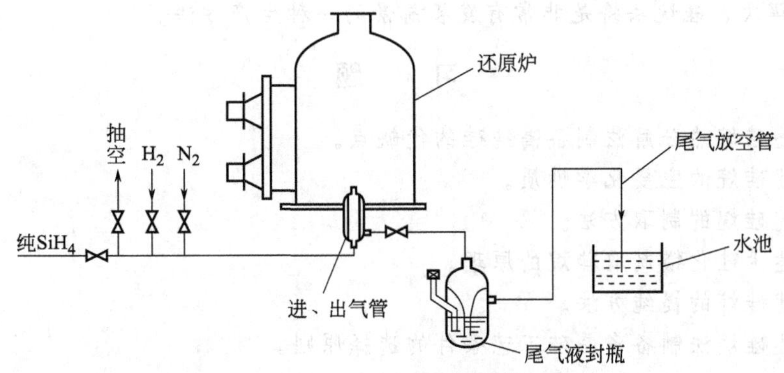

图 12-21 硅烷分解系统流程图

响很小。

③ 硅烷气体的浓度 在保证一定转化率情况下，硅烷气浓度越大，沉积速度越快，但是过大的硅烷浓度将使气相反应加剧，出现大量无定形硅，使炉内气氛浑浊，同时棒状硅的结构疏松，表面粗糙，易为杂质沾污，所以用 H_2 或惰性气体稀释硅烷浓度或减低硅烷进气压力以减少气相分解。

④ 气体流量 在载体温度和硅烷浓度适当的情况下，提高气体流量能加强气体湍动状态，有利于消除边界层、提高硅的沉积速度使之生长均匀，但是若流量过大，则在炉内停留时间短，会使反应不完全，降低硅的实收率。

(3) 硅烷气的分析

发生硅烷的原料品质和反应条件一定时，如果按工艺要求操作的话，其生产的硅烷组成是基本不变的。如果反应条件发生变化，产生的硅烷含量是难以控制的，往往需要分析检验。一般常用的是湿化学分析法和色谱法。

① 湿化学分析法主要用于判别气体中 SiH_4、NH_3、H_2 的体积分数，使用气体吸收装置。

先用浓硫酸吸收氨：

$$2NH_3+H_2SO_4 = (NH_4)_2SO_4$$

从体积减少直接得到氨的体积含量。然后用碱溶液（NaOH、KOH）水解硅烷。

$$SiH_4+2NaOH+H_2O = Na_2SiO_3+4H_2$$

从反应式可以看出，1mol 的 SiH_4 能产生 4mol 的 H_2，可以从体积增加算出硅烷的体积含量。

湿化学分析法的准确度只能到 1%左右，但对于了解粗硅烷中主要气体含量较方便和实用。

② 色谱法有较高灵敏度，可以区别硅烷中甲、乙硅烷。但通常的色谱测定方法对发生的粗硅烷中的磷、硼等微量杂质尚不能灵敏。

小　　结

硅烷法与改良西门子法相比较，不再需要精馏提纯，流程相对简单，从理论上说更优越。但是硅烷相对于其他氯硅烷来说，更易与氧等物质发生剧烈反应，一旦这个问题能够从工艺和设备上解决，硅烷法将是非常有发展前景的一种生产方法。

习　题

12-1　简述硅烷热分解法制备高纯硅的优缺点。

12-2　简述硅烷的主要化学性质。

12-3　简述硅烷的制取方法。

12-4　简述由硅化镁制取硅烷的原理。

12-5　简述硅烷的提纯方法。

12-6　简述硅烷法制备多晶硅工艺条件的选择原则。

参 考 文 献

[1] 杨德仁．太阳电池材料．北京：化学工业出版社，2006.

[2] 刘寄声．多晶硅和石英玻璃的联合制备法．北京：冶金工业出版社，2008.

[3]《2009年中国多晶硅市场研究预测报告》编委会．2009年中国多晶硅市场研究预测报告．北京：社科音像出版社，2008.

[4] 中国半导体材料协会．半导体技术．石家庄：半导体技术杂志社，2008.

[5] 陈光华等．新型电子材料薄膜材料．北京：化学工业出版社，2002.

[6] 缪家鼎等．光电技术．杭州：浙江大学出版社，1995.

[7] Wenham S R．应用光伏学．上海：上海交通大学出版社，2008.

[8] 王萍．结晶学教程．北京：国防工业出版社，2008.

[9] 秦善．晶体基础．北京：北京大学出版社，2004.

[10] 冷士良等．化工单元操作及设备．北京：化学工业出版社，2007.

[11] 丁玉兴．化工原理．北京：科学出版社，2007.

[12] 张宏丽．化工原理．北京：化学工业出版社，2007.

[13] 王绍良．化工设备基础．北京：化学工业出版社，2002.

[14] 沈发治．化工基础概论．北京：化学工业出版社，2007.

[15] 崔克清．化工工艺及安全．北京：化学工业出版社，2004.

[16] 郑广俭．无机化工生产技术．北京：化学工业出版社，2002.

[17] 蒋军成．化工安全．北京：化学工业出版社，2007.

[18] 刘景良．化工安全技术．北京：化学工业出版社，2002.

[19] 厉玉鸣．化工仪表及自动化．北京：化学工业出版社，2006.

[20]《实用工业硅技术》编写组．实用工业硅技术．北京：化学工业出版社，2005.